高等院校机械类创新型应用人才培养规划教材

自动化制造系统

主　编　辛宗生　魏国丰
副主编　刘财勇　齐建家
参　编　王晓宏　周　威　徐　莉
主　审　郭艳玲

内 容 简 介

本书系统地介绍了自动化制造系统的基本知识，自动化制造系统的规划、设计、分析及其运行的基本理论和方法。本书共分 11 章，内容包括：自动化制造系统概论、加工设备自动化、制造系统物料储运自动化、加工刀具自动化、制造系统检测过程自动化、产品装配过程自动化、自动化制造的控制系统、自动化制造系统的总体设计、自动化制造系统的计算机仿真及优化、制造系统的设计自动化、制造系统的工艺自动化。

本书的结构体系完整，立足于入门和应用，尽量选用源于生产、具有示范意义的实例，语言通俗流畅，有较多图、例配合叙述，理论联系实际，追求实用性和先进性的完美结合。考虑到教学和自学的方便，每章后都附有一定数量的复习思考题。

本书可作为机械工程、工业工程等各类与制造技术有关的学科和专业的本科生的教材，也适合有关制造企业工程技术人员自学和参考。

图书在版编目（CIP）数据

自动化制造系统/辛宗生，魏国丰主编．—北京：北京大学出版社，2012.8
（高等院校机械类创新型应用人才培养规划教材）
ISBN 978-7-301-21026-0

Ⅰ．①自…　Ⅱ．①辛…②魏…　Ⅲ．①柔性制造系统—自动化—高等学校—教材　Ⅳ．①TH164

中国版本图书馆 CIP 数据核字（2012）第 164251 号

书　　　　名：	自动化制造系统
著作责任者：	辛宗生　魏国丰　主编
策 划 编 辑：	林章波
责 任 编 辑：	童君鑫
标 准 书 号：	ISBN 978-7-301-21026-0/TH·0303
出　 版　 者：	北京大学出版社
地　　　　址：	北京市海淀区成府路 205 号　100871
网　　　　址：	http://www.pup.cn　http://www.pup6.cn
电　　　　话：	邮购部 010-62752015　发行部 010-62750672　编辑部 010-62750667
电 子 邮 箱：	编辑部 pup6@pup.cn　总编室 zpup@pup.cn
印　 刷　 者：	北京虎彩文化传播有限公司
发　 行　 者：	北京大学出版社
经　 销　 者：	新华书店
	787 毫米×1092 毫米　16 开本　19.5 印张　446 千字
	2012 年 8 月第 1 版　2025 年 1 月第 7 次印刷
定　　　　价：	48.00 元

未经许可，不得以任何方式复制或抄袭本书之部分或全部内容。
版权所有，侵权必究　　举报电话：010-62752024
　　　　　　　　　　　　电子邮箱：fd@pup.cn

前　言

自动化制造系统所涉及的内容十分广泛，其技术是一门跨学科的知识体系，包括机械设计、制造、控制、检测、管理、网络和信息处理等方面的内容。随着科学技术的不断进步，尤其是制造技术、计算机技术、控制技术、信息技术和管理技术的发展，自动化制造系统所涉及的内容也不断丰富和完善，它不仅包括传统意义上的加工过程自动化，而且还包括对制造全过程的运行规划、管理、控制与协调优化等的自动化。

制造自动化是人类在长期的社会实践中不断追求的主要目标之一。采用自动化技术和相关的思维策略，不仅可以大大降低劳动强度，而且还可以提高产品质量，改善制造系统适应市场变化的能力，从而增强企业的市场竞争力。

随着人类工业文明的不断进步，制造业已成为国家经济和综合国力的基础。它一方面直接创造价值，成为社会财富的主要创造者和国民经济收入的重要来源之一；另一方面，它为国民经济各部门，包括国防和科学技术的进步及发展提供了先进的手段和装备。制造业的发达与先进程度是国家工业化的标志与象征。制造自动化的任务就是研究制造过程的规划、管理、组织、控制和操作等方面的自动化。制造自动化代表着先进制造技术的水平，推动着制造业由劳动密集型产业向技术密集型乃至知识密集型产业转变，是制造业发展的尺度。

目前很多院校已启动实施"卓越工程师教育培养计划"，另有很多院校开展"CDIO 工程教育模式"的研究与实践。卓越工程师教育培养计划的实施强化了学生工程实践能力、工程设计能力与工程创新能力，加强了跨专业、跨学科的复合型人才培养；着力推动基于问题的学习、基于项目的学习、基于案例的学习等多种研究性学习方法，加强学生创新能力训练。

为适应"卓越工程师教育培养计划"及"CDIO 工程教育模式"教学改革的需要，按照应用型机械工程师培养的行业专业标准，本书对教学内容作了精心安排。一方面，重视基础知识的传授，使用了较多的自动化设备和系统示意图，图文并茂、通俗易懂，使学生自己能够阅读并初步运用有关资料，使教学形象、直观，有利于培养学生的逻辑思维能力；另一方面，着力做到各章内容既相互独立又相互衔接，既注重与工程应用相结合，又注意与当前科技发展的前沿相结合，逐步培养学生解决工程实际问题的能力。

本书由黑龙江工程学院辛宗生、魏国丰担任主编，刘财勇、齐建家担任副主编，全书由辛宗生、魏国丰统稿和定稿，由东北林业大学郭艳玲教授主审。全书共分为 11 章，其中第 1 章、第 8 章由刘财勇编写；第 2 章由魏国丰编写；第 3 章、第 6 章、第 10 章由辛宗生编写，第 4 章由徐莉编写；第 5 章由齐建家编写；第 7 章、第 11 章由周威编写；第 9 章由王晓宏编写。

由于编者水平有限，书中难免有欠妥之处，敬请读者批评指正。

编　者
2012 年 7 月

目 录

第1章 自动化制造系统概论 1
1.1 基本概念 2
1.1.1 系统 2
1.1.2 制造 4
1.1.3 制造系统 5
1.1.4 自动化的含义 10
1.1.5 制造自动化 11
1.2 自动化制造系统基本内容 15
1.2.1 自动化制造系统的定义 15
1.2.2 自动化制造系统的组成 15
1.2.3 自动化制造系统的生命周期 15
1.2.4 自动化制造系统的分类及其特点 16
1.2.5 自动化制造系统的适用范围 20
复习思考题 21

第2章 加工设备自动化 22
2.1 加工设备自动化的意义及分类 23
2.1.1 加工设备自动化的意义 23
2.1.2 自动化加工设备的分类 23
2.1.3 自动化加工设备的选择与布局 25
2.2 自动化加工设备的特殊要求及实现方法 29
2.2.1 高生产率 29
2.2.2 加工精度的高度一致性 30
2.2.3 自动化加工设备的高度可靠性 30
2.2.4 自动化加工设备的柔性 31
2.3 实现单机自动化的方法和方案 32
2.3.1 实现单机自动化的方法 32
2.3.2 单机自动化方案 33
2.4 数控技术及数控机床 38
2.4.1 概述 38
2.4.2 NC与CNC的定义 38
2.4.3 数控机床系统的基本构成 39
2.4.4 数控机床的分类 39
2.4.5 数控机床的基本技术 40
2.5 加工中心 46
2.5.1 加工中心的基本概念 46
2.5.2 加工中心的技术特点、加工精度、类型与适用范围 47
2.5.3 加工中心的典型自动化机构 48
2.5.4 卧式加工中心的布局结构形式 50
2.5.5 立式加工中心 50
2.5.6 五面加工中心 51
2.6 刚性自动化生产线 52
2.6.1 自动线的特征 52
2.6.2 自动线的组成 52
2.6.3 自动线的类型 53
2.6.4 自动线的控制系统 54
2.7 柔性制造单元 55
2.7.1 概述 55
2.7.2 柔性制造单元的组成形式 55
2.7.3 柔性制造单元的特点和应用 56
2.7.4 柔性制造单元的发展趋势 56
2.8 柔性制造系统 57
2.8.1 柔性制造系统的定义和组成 57
2.8.2 系统柔性的概念 58

2.8.3 柔性制造系统的特点和
　　　　　　应用 …………………… 58
　2.9 自动线的辅助设备 ……………… 60
　　　2.9.1 清洗站 ………………… 60
　　　2.9.2 去毛刺设备 …………… 60
　　　2.9.3 工件输送装置 ………… 61
　　　2.9.4 自动线上的夹具 ……… 61
　　　2.9.5 转位装置 ……………… 62
　　　2.9.6 储料装置 ……………… 62
　　　2.9.7 排屑装置 ……………… 62
　复习思考题 …………………………… 62

第3章 制造系统物料储运自动化 …… 63

　3.1 物料储运自动化概述 …………… 64
　　　3.1.1 物料储运在制造系统中的
　　　　　　地位 …………………… 64
　　　3.1.2 物料储运的概念及其
　　　　　　作用 …………………… 65
　　　3.1.3 自动化物料储运系统的
　　　　　　组成及其分类 ………… 65
　　　3.1.4 自动化物料储运系统
　　　　　　应满足的要求 ………… 66
　3.2 刚性自动化物料储运系统 ……… 66
　　　3.2.1 概述 …………………… 66
　　　3.2.2 自动供料装置 ………… 67
　3.3 自动化输送系统 ………………… 69
　　　3.3.1 带式输送机 …………… 69
　　　3.3.2 滚筒式输送机 ………… 71
　　　3.3.3 链式输送机 …………… 79
　　　3.3.4 步伐式输送机 ………… 79
　　　3.3.5 悬挂式输送机 ………… 81
　　　3.3.6 有轨导向小车 ………… 86
　3.4 柔性物料储运系统 ……………… 86
　　　3.4.1 柔性物料储运形式 …… 87
　　　3.4.2 自动导向小车 ………… 88
　　　3.4.3 搬运机器人及机械手 … 92
　　　3.4.4 托盘及托盘交换器 …… 94
　　　3.4.5 自动化立体仓库 ……… 95
　　　3.4.6 柔性物流系统的运行
　　　　　　控制策略 ……………… 100

　复习思考题 ………………………… 100

第4章 加工刀具自动化 …………… 102

　4.1 自动化机床的刀具和辅助工具 … 103
　　　4.1.1 对自动化机床刀具的
　　　　　　要求 …………………… 103
　　　4.1.2 刚性自动化刀具及
　　　　　　辅具 …………………… 104
　　　4.1.3 数控机床和柔性自动化
　　　　　　加工用的工具系统 …… 105
　　　4.1.4 刀具的快换及调整 …… 107
　4.2 自动化换刀装置 ………………… 109
　　　4.2.1 刀库 …………………… 110
　　　4.2.2 刀具交换装置 ………… 111
　　　4.2.3 换刀机械手 …………… 112
　　　4.2.4 刀具识别装置 ………… 113
　4.3 排屑自动化 ……………………… 116
　　　4.3.1 切屑的排除方法 ……… 116
　　　4.3.2 切屑的搬运装置 ……… 117
　　　4.3.3 切削液处理系统 ……… 119
　复习思考题 ………………………… 120

第5章 制造系统检测过程自动化 … 121

　5.1 概述 ……………………………… 122
　　　5.1.1 自动化检测的目的和
　　　　　　意义 …………………… 122
　　　5.1.2 自动化检测的内容 …… 123
　　　5.1.3 自动化检测装置的
　　　　　　分类 …………………… 125
　　　5.1.4 实现检测自动化的
　　　　　　途径 …………………… 126
　5.2 工件尺寸精度的检测和控制 …… 126
　　　5.2.1 影响零件加工尺寸的
　　　　　　因素 …………………… 126
　　　5.2.2 零件加工尺寸的测量
　　　　　　方法与装置 …………… 128
　5.3 刀具工作状态的检测和控制 …… 137
　　　5.3.1 刀具尺寸控制系统的
　　　　　　概念 …………………… 137
　　　5.3.2 刀具补偿装置的工作
　　　　　　原理 …………………… 138

5.3.3 刀具补偿装置的典型机构与应用 ………… 139
5.4 自动化加工过程的检测和监控 …………… 141
　5.4.1 刀具磨损和破损的检测和监控 ………… 141
　5.4.2 自动化加工设备的功能监控与故障诊断 … 144
　5.4.3 柔性制造系统的监控和故障诊断 ………… 146
复习思考题 ……………………… 151

第6章 产品装配过程自动化 … 152
6.1 概述 …………………………… 153
　6.1.1 装配自动化在现代制造业中的重要性 …… 153
　6.1.2 装配自动化的发展概况 ………………… 154
　6.1.3 实现装配自动化的途径 ………………… 156
6.2 自动装配工艺过程分析和设计 …………… 157
　6.2.1 自动装配条件下的结构工艺性 ………… 157
　6.2.2 自动装配工艺设计的一般要求 ………… 158
　6.2.3 自动装配工艺设计 … 159
6.3 自动装配机 ………………… 162
　6.3.1 单工位自动装配机 … 163
　6.3.2 多工位自动装配机 … 163
　6.3.3 工位间传送方式 …… 164
　6.3.4 装配机器人 ………… 165
6.4 自动装配线 ………………… 166
　6.4.1 自动装配线的概念和组合方式 ………… 166
　6.4.2 自动装配线对输送系统的要求 ………… 166
　6.4.3 自动装配线与手工装配点的集成 ……… 167
6.5 柔性装配系统 ……………… 169
　6.5.1 柔性装配系统的组成 …… 169

6.5.2 基本形式及特点 …… 169
6.5.3 柔性装配系统应用实例 ………………… 170
复习思考题 ……………………… 172

第7章 自动化制造的控制系统 … 173
7.1 机械制造自动化控制系统的分类 ………… 174
　7.1.1 以自动控制形式分类 …… 174
　7.1.2 以参与控制方式分类 …… 175
　7.1.3 以调节规律分类 …… 177
7.2 顺序控制系统 ……………… 178
　7.2.1 固定程序的继电器控制系统 …………… 178
　7.2.2 组合式逻辑顺序控制系统 ……………… 179
　7.2.3 可编程序控制器 …… 180
7.3 计算机数字控制系统 ……… 181
　7.3.1 CNC机床数控系统的组成及功能 ……… 182
　7.3.2 实现开放式CNC数控系统的途径 ……… 182
　7.3.3 CNC控制系统的应用 …………………… 183
7.4 自适应控制系统 …………… 184
　7.4.1 自适应控制的含义 … 184
　7.4.2 自适应控制的基本内容与分类 ………… 184
　7.4.3 自适应控制系统的应用 ………………… 186
7.5 DNC控制系统 ……………… 187
　7.5.1 DNC的含义与概念 … 187
　7.5.2 DNC系统研究国内外进展 ……………… 188
7.6 多级分布式计算机控制系统 … 190
　7.6.1 分布式计算机控制系统的产生与定义 …… 190
　7.6.2 分布式计算机控制系统的特点和结构体系 … 190
　7.6.3 第四代分布式控制系统及其技术特点 …… 192

复习思考题 …………………………… 193

第8章 自动化制造系统的总体设计 …………………………… 194

8.1 总体设计的步骤及内容 ………… 195
8.2 零件族的选择及工艺分析 ……… 196
8.2.1 零件族的选择 …………… 197
8.2.2 零件工艺分析 …………… 199
8.3 设备选择与配置和总体布局设计 …………………………… 200
8.3.1 设备选择与配置 ………… 200
8.3.2 总体平面布局设计 ……… 205
复习思考题 …………………………… 210

第9章 自动化制造系统的计算机仿真及优化 …………………… 211

9.1 计算机仿真概述 ………………… 212
9.1.1 仿真的基本概念 ………… 212
9.1.2 计算机仿真的发展历程 …………………… 214
9.1.3 计算机仿真的特点 ……… 215
9.1.4 计算机仿真的意义 ……… 216
9.1.5 自动化制造系统计算机仿真的作用 …………… 216
9.2 计算机仿真的基本理论及方法 …………………………… 217
9.2.1 仿真建模的基本理论 …… 217
9.2.2 计算机仿真的一般过程 …………………… 219
9.2.3 离散事件系统仿真的基本技术 …………… 220
9.3 自动化制造系统仿真研究的主要内容 …………………… 223
9.3.1 总体布局研究 …………… 223
9.3.2 动态调度策略的仿真研究 …………………… 223
9.3.3 作业计划的仿真研究 …… 224
9.4 面向制造系统的仿真软件介绍及其应用实例 ………… 225
9.4.1 制造系统仿真语言与支持软件概述 ……… 225
9.4.2 通用仿真语言 GPSS 简介 …………………… 227
9.4.3 主流制造系统仿真软件简介 …………………… 229
9.4.4 ProModel 仿真软件的模型元素及其使用 …… 234
9.4.5 基于 ProModel 软件的仿真应用案例 ………… 239
复习思考题 …………………………… 252

第10章 制造系统的设计自动化 …… 253

10.1 产品设计开发中的自动化技术 ………………………… 254
10.2 产品设计开发过程分析 ……… 255
10.3 数字化设计与制造系统 ……… 256
10.3.1 数字化设计与制造系统的工作过程 …………… 257
10.3.2 数字化设计与制造系统的内涵 …………………… 258
10.3.3 数字化设计与制造系统的组成 …………………… 260
10.3.4 CAD 系统的软硬件选型 …………………… 264
10.3.5 CAD 系统的设计原则 … 266
10.3.6 数字化设计与制造系统的特点 …………………… 269
10.4 现代产品快速开发方法 ……… 270
10.4.1 产品开发集成快速设计平台概述 …………… 270
10.4.2 虚拟产品开发与虚拟环境技术 …………… 270
10.4.3 产品虚拟原型技术 …… 272
10.4.4 反求工程 ……………… 274
复习思考题 …………………………… 276

第11章 制造系统的工艺自动化 …… 278

11.1 工艺自动化系统概述 ………… 279
11.1.1 工艺设计自动化的意义 …………………… 279
11.1.2 CAPP 的基本概念 …… 280
11.1.3 CAPP 的结构组成 …… 281

11.1.4　CAPP 的基本技术 …… 282
　　　11.1.5　CAPP 系统应用的社会
　　　　　　 经济效益 ………… 283
　11.2　计算机辅助工艺设计 ……… 284
　　　11.2.1　派生式 CAPP 系统 …… 284
　　　11.2.2　创成式 CAPP 系统 …… 285
　　　11.2.3　半创成式 CAPP 系统 … 288
　　　11.2.4　CAPP 专家系统简介 … 290
　11.3　CAPP 技术发展趋势 ……… 293
　复习思考题 …………………………… 295

参考文献 ……………………………… 297

第1章 自动化制造系统概论

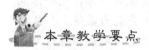
本章教学要点

知识要点	掌握程度	相关知识
制造、制造系统和制造自动化的概念	掌握制造自动化的内涵； 了解制造与制造系统的概念	系统的特征； 自动化的含义
自动化制造系统的定义； 自动化制造系统的分类和适用范围	熟悉自动化制造系统的分类和适用范围； 了解自动化制造系统的定义	自动化制造系统的组成； 自动化制造系统的生命周期

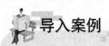导入案例

昆机 FMS 柔性制造系统通过专家鉴定

2010 年 12 月 30 日，云南省科技厅组织省内外专家在省科技厅会议室对公司承担的云南省重点产业创新工程项目 "FMS 柔性制造系统研究开发"（2008IC003）进行了科技成果鉴定。

该项目为公司自主创新研制的 FMS 柔性制造系统，由 7 台双工位精密卧式加工中心、30 块最大承重为 8000kg 的工作台和物流线组成，30 块工作台任意交换的重复定位精度达±0.005mm。可实现单机或群控运行模式，具有 3 种工艺并行，5 类零件混线加工的任意组线控制，能满足大、中型精密箱体类、盘套类、板类等多品种复杂零件的单件或批量生产制造，在工件一次装夹后，可完成铣、钻、镗、铰、攻丝和轮廓、空间曲面的加工。

项目集光、机、电、液、气、信息、控制、网络的系统集成创新为一体，充分体现了柔性制造系统的设备柔性、工艺柔性、产品柔性、维护柔性、生产能力柔性、扩展柔性、运行柔性的特点。经测试以及实际运用表明，产品主要技术性能和安全指标达到设计要求，符合有关标准规定，主机精度优于国家标准。

项目实现了柔性线 FMS1600 一套、FMS1600 三台单机和 FMS1000 五台主机的销售。并通过应用 FMS 研发成果，实现 FMS 主机及其模块化变形产品双工位精密卧式加工中心二十余台销售，为公司增加销售收入上亿元，取得了良好的社会效益和经济效益。

鉴定委员会认为，该柔性制造系统技术先进、功能齐全完备、运行可靠稳定，是国内规格最大、精度最高、结构最复杂的 FMS 柔性制造系统。项目的研发成功，使我国在大、重型精密柔性制造系统的关键技术上实现了重大突破，缩短了与国外产品的差距，可替代同类产品的进口，取得了良好的经济和社会效益。该柔性制造系统技术水平处于国内领先、国际先进，一致同意项目通过鉴定。

➡ 资料来源：http://www.c-cnc.com/mj/news/news.asp? id=32739, 2011

1.1 基本概念

1.1.1 系统

1. 系统的定义

系统是指由相互联系、相互作用的若干要素构成的具有特定功能的有机整体。

2. 系统的特征

系统的特征是从各种具体的系统中抽象出来的系统的共性。明确系统的特征是正确认识系统的关键。作为一个系统，一般具备五大特征。

1) 目的性

通常系统都具有某种目的。比如，经过改造的自然农田系统，目的是为了发展农业生产，增加粮食产量；一个技术系统的目的可能是实现某种技术要求，达到给定的性能、经济和进度指标。但明确系统的目的并非易事，必须经过严格的论证，并要求提出科学的书面报告。要实现系统目的，一般要制定具体目标。首先制定总目标及总功能，然后层层分解成各分目标并落实。另外，分目标之间可能是矛盾的，要注意整体平衡与协调。比如设计一个工厂，它的分目标可能有"基建费最低"、"运行费最小"、"可靠性最大"等等。显然，较低的基建投资往往导致较高的运行费，较高的安全可靠性标准将使基建费和运行维修费都增加。因此，要获得全局最佳结果，就要在矛盾的分目标之间根据贡献大小寻找一个折中方案。

2) 整体性

系统是由相互联系的若干要素组成的，它作为一个有机整体存在于特定的环境之中。系统的整体性可以从以下几方面来理解。

首先，系统是一个集合，是由两个或两个以上相互区别的要素结合而成。

其次，系统整体联系的统一性。在系统中各个要素对整体的影响不是独立的，而是依赖于其他若干要素的协同作用。也就是说，系统要素的性质和行为并非独立地影响系统整体的功能或特征，而是相互影响、相互协调地来适应系统整体的要求，实现系统的功能。

再次，系统功能的非加和性。系统要素相互区别、相互作用构成了整体，但整体功能不等于各要素功能之和。即使每个要素是良好的，但组成的整体不一定具有良好整体功能。

由此可知，系统之所以产生整体性，是因为系统的各个组成部分服从系统的目的和要求，形成一种协同作用。只有通过协同作用，系统的整体功能才能显现。

3) 相关性

系统的各个组成要素是相互联系和制约的，这是系统内部的相关性。系统中某一要素变化，就意味着其他要素也要作相应的调整和改变。另一方面，系统的生存与运行几乎都要从外界环境输入，并向外界环境输出，输入与输出把系统要素与环境要素连接起来，因此，系统与环境之间也具有相关性。

研究系统的相关性主要为了弄清楚各个要素之间的相互依存关系，提高系统的延续性，避免系统的内耗，提高系统的整体运行效果。弄清楚各要素的相关性也是实现系统有机集成的前提。

4) 层次性

由于客观事物的复杂性，使系统具有多层次结构。即系统可以分解为若干子系统，每个子系统又可层层分解下去，分解为若干更低层次的子系统，最后分解成要素。要素是完成系统功能的最小单元。这种分解的基本标志是目标，一系列的目标要求产生一系列分系统。系统、分系统和系统要素构成了层次结构。在层次结构的底部，通常是一些结构和功能相对简单的子系统，越往上越复杂，占据顶层的则是结构和功能相当复杂的系统。对于中间层次的系统来说，它既是独立的，又与上下层系统有着密切的联系。相对上层，它处于被支配和被控制的地位；相对下层，它处于支配和控制地位。

系统的层次性体现了系统目标逐级的具体化和系统要素在系统结构中的位置和隶属关

系。将系统适当分层,是研究和设计复杂大系统的有力手段。

5) 环境适应性

系统适应外部环境的变化,以获取生存和发展能力的性质,就是系统的环境适应性。系统与环境的作用是相互的。一方面,系统不能脱离环境而存在。系统存在于环境之中,外界环境通过与系统进行物质、能量、信息的交换,对系统产生影响,使系统结构发生振荡。当环境变化超过了系统承受能力时,系统将解体,被新的适应环境要求的系统所代替。只有系统与环境保持最佳适应状态,才能对环境做出尽可能大的贡献。另一方面,系统又可以通过输出对环境施加影响,如人类不仅能够适应自然环境,还能够利用和改造自然环境,使其满足人类的需求。为了使系统不断适应变化的环境,需要不断调整系统的内部结构。

上述系统的5个基本特征是在处理系统问题时,应具备的主要观点。即从总体目标出发,着眼长远、整体优化的观点;从系统的内在联系分析问题的观点;考虑系统结构层次性的观点;考虑外界条件变化,使系统适应环境的观点等。在系统分析、设计、评价、决策时,这些基本观点是第一位的,离开这些基本观点,将会导致错误的结果。

1.1.2 制造

1. 制造

国际生产工程学会对制造的定义为:制造是一个涉及制造工业中产品设计、物料选择、生产计划、生产过程、质量保证、经营管理、市场销售和服务的一系列相关活动和工作的总称。在实际应用中,制造的概念有广义和狭义之分。狭义的制造是指生产车间与物流有关的加工和装配过程。广义的制造是包括市场分析、经营决策、工程设计、加工装配、质量控制、生产过程管理、销售运输、售后服务直至产品报废处理等整个产品生命周期内一系列相互联系的生产活动。

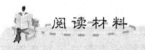

发达国家制造业发展战略

工业发达国家都把先进制造技术作为国家级关键技术和优先发展领域。尽管决定国家综合竞争力的因素有多种,但制造业的基础地位不能忽视。20世纪90年代以来,各发达国家,如美国、日本、欧共体、德国等都针对先进制造技术的研发提出了国家级发展计划,旨在提高本国制造业的国际竞争能力。如网络化制造作为未来的重要的制造模式,已经引起各国政府、研究机构和企业界的广泛重视。

20世纪90年代初,美国政府提出"先进制造技术"计划,将基于信息高速公路的敏捷制造作为美国21世纪的制造战略。1991年美国里海大学(Lehigh University)提出"美国企业网"(Factory American Net,FAN)计划,该计划的目的是研究如何利用信息高速公路,把美国的制造企业联系在一起。随后,美国相继开展了"敏捷制造使能技术"的研究(1994~1999),以敏捷制造和虚拟企业为核心内容的"下一代的制造"模式的研究(1995)、计算机辅助制造网(CAM Net)的研究(1996)、俄罗斯—美国虚拟企业网的研究(1997)等。为了支持中小企业技术创新,提高中小企业技术创新能力和效率,美国政府还帮助中小企业建立了信息网络,为中小企业免费提供广泛的信息服务。

2000年，美国洛克希德—马丁公司提出了F-22飞机研制的虚拟工厂概念，打通了从设计、生产到管理的全数字化信息流。2001年，该公司采用产品全生命周期管理(PLM)技术，为完成美国联合攻击战斗机(JSF)研制和采购项目，构建了全球虚拟企业，在整个飞机的生命周期内很好地保证了跨地区、跨企业的协同设计、协同制造和维护过程。

战斗机 F22

资料来源：http://www.gkzhan.com/Tech_news/Detail/21409.html，2009

2. 制造业

制造业是将可用资源与能源，通过制造过程转化为可供人们使用或利用的工业品或生产消费品的行业。它涉及机械、电子、轻工、化工、食品、军工、航天等很多行业，是国民经济和综合国力的支柱产业。制造业一方面创造价值，产生物质财富和新的知识；另一方面为国民经济各个部门的进步和发展提供先进的手段和装备，对一个国家的经济地位和政治地位具有至关重要的影响。

3. 制造规模

制造企业的产品品种和生产批量大小是各不相同的，人们称之为制造规模。通常，可以将制造规模分为3种：大规模制造、大批量制造和多品种小批量制造。

年产量超过5000件的制造常称为大规模制造，例如标准件(螺钉、螺母、垫圈、销等)的制造、自行车的制造、汽车制造等。大规模制造常采用组合机床生产线或自动化单机系统，通常其生产率极高，产品的一致性非常好。

年产量在500～5000件之间的制造常称为大批量制造，如大型汽车制造、大型推土机制造等均属于大批量制造。大批量制造的自动化程度和生产率通常较低，实际中多使用加工中心和柔性制造单元。

年产量在500件以下的制造通常称为多品种小批量制造，如飞机制造、大型轮船制造等。随着用户需求的不断变化，机械制造企业的生产规模越来越小，正在向着多品种、单件化的方向发展，目前已成为机械制造业的主导方式。本书所介绍的自动化制造系统就主要针对多品种小批量制造规模。

1.1.3 制造系统

1. 制造系统的定义

相对于制造的广义和狭义的定义，制造系统也有广义和狭义之分。

广义的制造系统是包含从原材料供给到销售服务的所有制造过程及其所涉及的硬件和有关软件组成的一个具有特定功能的有机整体。其中,硬件包括人员、生产设备、材料、能源和各种辅助装置;软件包括制造理论、制造技术(制造工艺和制造方法等)和制造信息。对上面所给的制造系统的定义,可以从三个方面来理解。从制造系统的结构上看,制造系统是制造过程所涉及的硬件(包括人员、设备、物料流等)及其相关软件所组成的一个统一整体。从制造系统的功能上看,制造系统是一个将制造资源(原材料、能源等)转变为产品或半成品的输入输出系统。从制造系统的过程上来看,制造系统可看成是制造生产的全部运行过程,包括市场分析、产品设计、工艺规划、制造实施、检验出厂、产品销售等各个环节。狭义的制造系统通常指产品加工和装配相关的机械制造系统。

2. 制造系统的概念模型

制造系统的基本模型如图1.1所示。它明确地描述了制造系统最核心的功能,即资源转换功能,为社会创造财富。

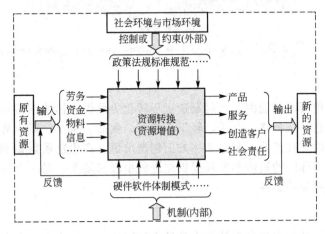

图1.1 制造系统的基本模型

从系统基本模型可以看出,制造系统的发展主要由资源输入、资源输出、资源转换、机制和控制或约束五大要素决定。

1) 输入

资源输入是实现转换功能的必备和前提条件,传统的输入资源主要是指物质和能量资源,也有信息资源和技术资源,但不占主导地位。今天,要树立新的资源观,即面对信息时代和知识经济,信息、技术、知识等无形资源将逐渐占主导地位,成为企业系统可持续发展的主要资源。总的来看,资源输入有两大类。

(1) 有形资源。如土地、厂房、机器、设备、能源、动力、各种自然资源(包括稀缺的和富有的)、人力资源等。

(2) 无形资源。主要有管理、市场、技术、信息、知识、智力资源以及企业形象、产品品牌、客户关系、公众认可等。

2) 输出

输出是企业系统的基本要素,也是企业系统存在的前提条件。现代企业系统对社会环境的输出至少应包含以下4种类型。

(1) 产品。包括硬件产品和软件产品，这是常规的认识。实际上，现代产品已扩大到无形产品，如决策咨询、战略规划等。

(2) 服务。是指从一般的售前售后服务到高级的技术输出、人员培训、咨询服务等。

(3) 创造客户。企业的生存在于是否拥有客户，如何留住老客户、创造新客户，是企业系统一项基本任务，也是企业系统的重要业绩。

(4) 社会责任。企业系统的发展受所在社区环境的支撑，必须对社区和整个社会承担责任，如环境保护、公共建设、人文环境等。

3) 资源转换

这是企业系统最本质的功能。目前，资源转换只要是依据物理的或化学的原理，有关专家指出，基于遗传工程的生物学原理将成为新的资源转换方法。衡量转换优劣主要有五大指标，即时间短、质量优、成本低、服务好、环境清洁。

4) 机制

主要是支撑企业实现资源转换的各种平台，如硬件平台、软件平台、战略平台、知识平台、文化平台等。

(1) 硬件平台。主要指生产设施、设备和系统等，如生产线、设计系统、试验系统、信息网络等基础设施，是企业系统的最基本的物质平台。

(2) 软件平台。除计算机软件外，还泛指管理思想、管理模式、管理规范、政策法规、规章制度等。

(3) 战略平台。指采用的竞争战略、制造战略，如敏捷竞争战略及其相应的敏捷制造模式。

(4) 知识平台。在知识经济时代，企业更加重视人的作用，更加重视知识的生产、分配和使用，建立一套全新的知识供应链和知识管理系统十分重要。

(5) 文化平台。知识经济时代，企业间的较量更多地表现为企业的整体科技素质和更深刻的文化内涵上，企业文化建设的重要作用越来越凸现出来。

5) 控制或约束

主要是指企业系统的外部约束，如国家的方针政策、法律法规、规范标准以及其他的有关要求和约束，如环境保护、社区要求等。

3. 制造系统的特征

首先，一个制造系统必然具备"系统"的全部特征，即目的性、整体性、相关性、层次性和环境适应性。

其次，制造系统除具有上述一般系统的特征外，还具有以下3个显著特点。

(1) 制造系统是一个动态系统。制造系统的动态特性主要表现在：①制造系统总是处于生产要素(原材料、能量、信息等)的不断输入和产品的不断输出这样一个动态过程中；②制造系统内部的全部硬件和软件也是处于不断的动态变化之中；③为适应生存的环境，特别是在激烈的市场竞争中，制造系统总是处于不断发展、不断更新、不断完善的运动中。

(2) 制造系统在运行过程中无时无刻不伴随着物料流、资金流、价值流、信息流和工作流的运动。

(3) 制造系统具有反馈特性。制造系统在运行过程中，其输出状态，如产品质量信息和制造资源利用状况,总是不断地反馈回制造过程的各个环节中,从而实现制造过程的不断调节、改善和优化。

4. 制造系统的"流"理论

1) 制造系统的"五流"理论

前已述及,资源转换是制造系统的本质功能,既然是转换,那一定是一个动态过程。在这个动态过程中,有 5 种要素流在流动,极大地影响着制造系统运行的质量和发展的活力,这就是信息流、物料流、资金流、价值流和工作流,如图1.2所示。

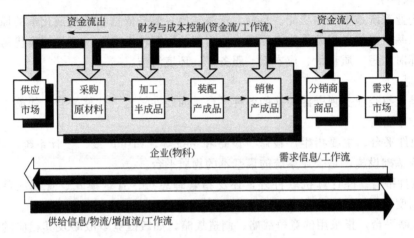

图 1.2 制造系统的"五流"示意图

(1) 信息流。根据类型将信息分为需求信息和供给信息。需求信息如客户订单、生产计划、采购合同等从需求方向供应方流动。而供给信息如入库单、完工报告单、库存记录、提货单等,同物料一起从供应方向需求方流动。

(2) 物料流。任何制造系统都是根据客户和市场的需求,开发产品,购进原料,加工制造成品,以商品的形式销售给客户并提供售后服务。物料从供应方开始,沿着各个环节向需求方移动。这是最显而易见的物质流动。

(3) 资金流。物料是有价值的,物料的流动引发资金的流动。企业系统的各项业务活动都会消耗一定的资源。消耗资源会导致资金流出,只有当消耗资源生产出产品出售给客户后,资金才会重新流回企业系统,并发生利润。一个商品的经营生产周期是以接到客户订单开始到真正收回货款为止。

(4) 价值流。从形式上看,客户是在购买商品和服务,但实质上客户是在购买商品和服务的价值。各种物料沿各环节移动,是一个不断增加其技术含量或附加值的增值过程。

(5) 工作流。信息、物料、资金都不会自己流动,物料的价值也不会自动增值,它们都要靠人的劳务来实现,要靠企业系统的业务活动——工作流来带动。工作流决定了各种流的流速和流量,企业系统的体制组织必须保证工作流畅通,对瞬息万变的环境做出响应,加快各种流的流速(生产率),在此基础上增加流量(产量),为企业系统谋求更大的效益。

2) 机械制造系统"三流"理论

狭义的制造系统——机械制造系统,在运行过程中,无时无刻不伴随着"三流"的运动,即总是伴随着物料流、信息流和能量流的运动。机械制造系统的"三流"示意图如图1.3所示。

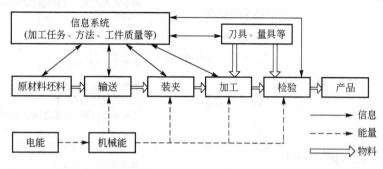

图1.3 机械制造系统"三流"示意图

(1) 物料流(物流)。机械加工系统输入的原材料或坯料(有时也包括半成品)及相应的刀具、量具、夹具、润滑油、切削液和其他辅助物料等,经过输送、装夹、加工检验等过程,最后输出半成品或成品(一般还伴随着切屑的输出)。整个加工过程(包括加工准备阶段)是物料输入和输出的动态过程,这种物料在机械加工系统中的运动被称为物料流。

(2) 信息流。在机械加工系统中,必须集成各个方面的信息,以保证机械加工过程的正常进行。这些信息主要包括加工任务、加工工序、加工方法、刀具状态、工件要求、质量指标和切削参数等。这些信息又可分为静态信息(如工件尺寸要求、公差大小等)和动态信息(如刀具磨损程度、机床故障状态等)。所有这些信息构成了机械加工过程的信息系统。这个系统不断地和机械加工过程的各种状态进行信息交换,从而有效地控制机械加工过程,以保证机械加工的效率和产品质量。这种信息在机械加工系统中的作用过程称为信息流。

(3) 能量流。能量是一种物质运动的基础。机械加工系统是一个动态系统,这个动态过程中的所有运动,特别是物料的运动,均需要能量来维持。来自机械加工系统外部的能量(一般是电能),多数转变为机械能。一部分机械能用以维持系统中的各种运动,另一部分通过传递、损耗而到达机械加工的切削区域,转变为分离金属的动能和势能。这种在机械加工过程中的能量运动称为能量流。

机械制造系统中的物料流、信息流、能量流之间相互联系、相互影响,组成了一个不可分割的有机整体。

5. 制造系统的分类

对制造系统的研究可以从不同的角度进行。在图1.4中,从人在系统中的作用、零件品种和批量、零件及其工艺类型、系统的柔性、系统的自动化程度及系统的智能程度等方面对制造系统进行了分类,并简单介绍了它们各自的特点。另外,把不同类型的制造系统进行组合,可以得到新的制造系统。例如,刚性自动化离散型制造系统就是自动化程度、系统柔性和工艺类型3种分类方式的组合,它适用于离散型制造企业的大批量自动化制造。

由于人机一体化的、面向机械制造业的多品种、中小批量生产的柔性制造系统是制造系统的主要发展方向,所以,本书主要介绍这种类型制造系统的分析与设计。

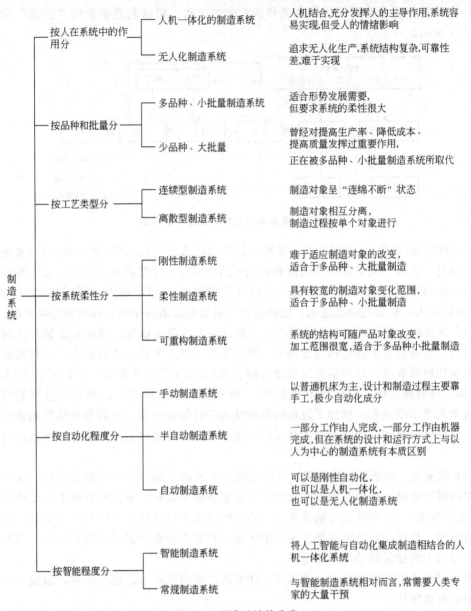

图 1.4 制造系统的分类

1.1.4 自动化的含义

任何制造过程都是由若干个工序组成，而在一个工序中，又包含若干个基本动作，如传动、上下料、换刀、切削以及检测等动作。此外，还有操纵和管理这些基本动作的操作动作，如开动和关闭传动机构等动作。这些动作可以用手动来完成，也可以用机器来完成。

当执行制造过程的基本动作由机器（机械）代替人力劳动来完成时，这个过程就是机械化；若操纵这些机构的动作也是由机器来完成，则可以认为这个制造过程是"自动化"了。

1.1.5 制造自动化

1. 制造自动化的概念

制造自动化就是在广义制造过程的所有环节采用自动化技术,实现制造全过程的自动化。其广义内涵至少包括以下几点。

(1) 在形式上,制造自动化有3个方面的含义:代替人的体力劳动;代替或辅助人的脑力劳动;制造系统中人、机及整个系统的协调、管理、控制和优化。

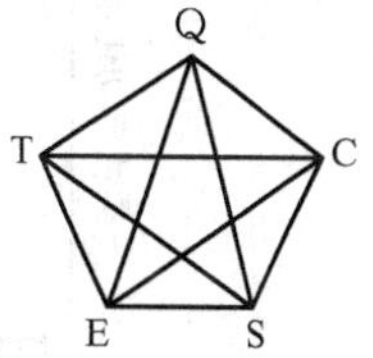

(2) 在功能上,制造自动化代替人的体力劳动或脑力劳动仅仅是制造自动化功能目标体系的一部分。制造自动化的功能目标是多方面的,已形成一个有机体系。此体系可以用功能目标模型(TQCSE模型)来描述,如图1.5所示。其中 T 表示时间(Time),Q 表示质量(Quality),C 表示成本(Cost),S 表示服务(Service),E 表示环境友善性(Environment)。

图 1.5 制造自动化功能目标模型

TQCSE模型中的 T 有两方面的含义,一是指采用自动化技术,能缩短产品制造周期,产品上市快;二是提高生产率。Q 的含义是采用自动化系统,能提高和保证产品质量。C 的含义是采用自动化技术能有效地降低成本,提高经济效益。S 也有两方面的含义,一是利用自动化技术,更好地做好市场服务工作;二是利用自动化技术,替代或减轻制造人员的体力和脑力劳动,直接为制造人员服务。E 的含义是制造自动化应该有利于充分利用资源,减少废弃物和环境污染,有利于实现绿色制造。

TQCSE模型还表明,T、Q、C、S、E 是相互关联的,它们构成了一个制造自动化功能目标的有机体系。

(3) 在范围上,制造自动化不仅涉及具体生产制造过程,而且涉及产品生命周期的各类活动——市场需求分析、产品定义、研究开发、设计、生产、支持(包括质量、销售、采购、发送、服务)以及产品最后报废、环境处理等。

2. 制造自动化的发展历程

自从英国人瓦特发明蒸汽机而引发工业革命以来,自动化制造技术就伴随着知识与技术的革新得到迅速发展。从其发展历程看,自动化制造技术大约经历了4个发展阶段,如图1.6所示。

第一个阶段:从1870年到1950年左右,随着机械控制和电液控制的大量应用,刚性自动化单机和刚性自动化系统得到长足发展。如1870年美国发明了自动制造螺钉的机器,1895年发明了多轴自动车床,它们都属于典型的单机自动化,都是采用纯机械方式控制的。1924年第一条采用流水作业的机械加工自动线在英国的 Morris 汽车公司出现,1935年原苏联研制成功第一条汽车发动机气缸体加工自动线。这两条自动线的出现使得自动化制造技术由单机自动化转向更高级形式的自动化系统。在第二次世界大战前后,位于美国底特律的福特汽车公司大量采用自动化生产线,使汽车生产的生产率成倍提高,汽车的成本大幅度降低,汽车的质量也得到明显改善。随后,西方其他工业化国家、原苏联以及日本都开始广泛采用自动化制造技术和系统,使这种形式的自动化制造系统得到迅速地普及,其技术也日趋完善,在生产实践中的应用也达到高峰。尽管这种形式的自动化制造系

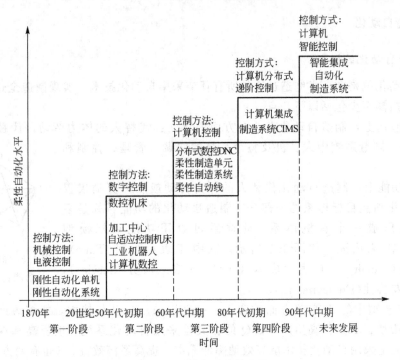

图 1.6 制造自动化的发展

统仅适合于像汽车这样的大批大量生产,但它对人类社会的发展起到了巨大的推动作用。值得注意的是,在此期间,原苏联于 1946 年提出成组生产工艺的思想,它对自动化制造系统的发展具有极其重要的意义。目前,成组技术仍然是自动化制造系统赖以发展的主要基础之一。

第二个阶段:从 1952 年到 1965 年左右,数控技术(Numerical Control,NC)特别是单机数控得到飞速发展。数控技术的出现是自动化制造技术发展史上的一个里程碑,它对多品种、小批量生产的自动化意义重大,几乎是目前经济性实现小批量生产自动化的唯一实用技术。第一台数控机床于 1952 年在美国的麻省理工学院研制成功,它一出现就立即得到人们的普遍重视。1953 年麻省理工学院又成功研制著名的数控加工自动编程语言 APT(Automatically Programmed Tools),为数控加工技术的发展奠定了坚实的基础。1958 年,第一台具有自动换刀装置的数控机床即加工中心(Machining Centre,MC)在美国研制成功,进一步提高了数控机床的自动化程度。1959 年,第一台工业机器人(Industrial Robot)又诞生在美国,它的出现对自动化制造技术具有很大的意义。工业机器人不但是自动化制造系统中必不可少的自动化设备,而且它本身可单独工作,自动进行装配、焊接、涂装、热处理、清砂、浇注铸件等工作。1960 年美国研制成功自适应控制机床(Adaptive Control Machine Tools),使机床具有了一定的智能,可以有效提高加工质量。1961 年在美国出现计算机控制的碳电阻自动化制造系统,可以称为 CAM(Computer Aided Manufacturing)的雏形。1962 年和 1963 年又相继在美国出现了圆柱坐标式工业机器人和计算机辅助设计及绘图系统 CAD(Computer Aided Design),后者为设计自动化以及设计与制造之间的集成奠定了基础。1965 年出现的计算机数控机床 CNC(Computerized Numerical Control)具有很重要的意义,因为它的出现为实现更高级别的自动化制造系统扫清了技术障碍。

第三个阶段：从1967年到20世纪80年代中期是以数控机床和工业机器人组成的柔性自动化制造系统得到飞速发展的时期。1967年英国的Molins公司成功研制计算机控制6台数控机床的可变制造系统，这就是目前称为DNC(Distributed Numerical Control)分布式系统的雏形，它的出现成功地解决了多品种、小批量复杂零件生产的自动化及降低成本和提高效率的问题。同一年，美国的Sundstand公司和日本国铁大宫工厂也相继成功研制计算机控制的数控系统。1969年日本研制出按成组加工原理运行的IKEGAI可变加工系统，1969年美国又研制出工业机器人操作的焊接自动线。随着工业机器人技术和数控技术的发展和成熟，20世纪70年代初出现了小型自动化制造系统即柔性制造单元FMC(Flexible Manufacturing Cell)，继而又出现了柔性制造系统FMS(Flexible Manufacturing System)。到目前，柔性制造单元和柔性制造系统也仍然是自动化程度最高和最实用的系统。1980年日本建成面向多品种、小批量生产的无人化机械制造厂——富士工厂，从毛坯及外购件入库、搬运、加工到成品入库等除装配以外均实现完全自动化。20世纪80年代初期，日本还搞了一个由机器人进行装配的全自动化、无人电机制造厂和一个规模庞大的利用激光加工的综合柔性制造系统。然而，这种无人自动化工厂的努力最终却是不成功的，原因并不在技术，而主要在于它的经济性太差，并且忽视了人在制造系统中的作用。

第四个阶段：从20世纪80年代至今，制造自动化系统的主要发展是计算机集成制造系统CIMS(Computer Integrated Manufacturing System)，并被认为是21世纪制造业新模式。ClMS是由美国人约瑟夫·哈林顿于1974年提出的概念，其基本思想是借助于计算机技术、现代系统管理技术、现代制造技术、信息技术、自动化技术和系统工程技术，将制造过程中有关的人、技术和经营管理三要素有机集成，通过信息共享以及信息流与物流的有机集成实现系统的优化运行。所以说，CIMS技术是集管理、技术、质量保证和制造自动化为一体的广义自动化制造系统。然而，CIMS概念刚开始提出时，并没有受到人们的重视，一直到20世纪80年代初，人们才意识到ClMS的重要性，世界各国纷纷投入巨资研究并实施CIMS。可以说，80年代是CIMS技术发展的黄金时代。早期人们对CIMS的认识是全盘自动化的无人化工厂，忽视了人的主导作用，国外也确实有些CIMS工程是按照无人化工厂来设计和实施的。但是随着对CIMS认识的不断深入，人们意识到无人化工厂并不会给企业带来经济效益，这种无人化工厂至少在目前阶段是不实用的。于是，按全盘自动化模式设计的CIMS工程纷纷下马，国外甚至有人开始否定CIMS，认为CIMS技术在现阶段是不现实的。但更多的人对CIMS技术作了重新思考，认为实施CIMS必须抛弃全盘自动化的思想，应充分发挥人的主观能动性，将人集成进整个系统，这才是CIMS的正确发展道路。于是，从20世纪90年代以来，CIMS的观念发生了巨大变化，开始提出以人为中心的CIMS的思想，并将并行工程、精益生产、敏捷制造和企业重组等新思想、新模式引入CIMS，进一步提出第二代CIMS的观念。CIMS中一般包括4个应用分系统，其中与物流有关的是制造自动化分系统MAS(Manufacturing Automation Sub-system)，它的主体就是计算机控制的柔性制造系统(DNC系统)，这种人机结合的、集成环境下的自动化制造系统就是本书将要重点介绍的内容。

3. 制造自动化的发展趋势

随着科学技术的飞速发展和社会的不断进步，先进的生产模式对自动化系统及技术提出了多种不同的要求,这些要求也同时代表了机械制造自动化今后的发展趋势。这种趋势可以用"六化"来简要描述。即制造全球化、制造敏捷化、制造网络化、制造虚拟化、制造智能化、制造绿色化。

1) 制造全球化

制造全球化的概念出于美日欧等发达国家的智能系统计划。近年来随着 Internet 技术的发展,制造全球化的研究和应用发展迅速。制造全球化包括的内容非常广泛,主要有以下内容。

(1) 市场的国际化,产品销售的全球网络正在形成。
(2) 产品设计和开发的国际合作。
(3) 产品制造的跨国化。
(4) 制造企业在世界范围内的重组与集成,如动态联盟公司。
(5) 制造资源的跨地区、跨国家的协调、共享和优化利用。
(6) 全球制造的体系结构将要形成。

2) 制造敏捷化

敏捷制造是一种面向 21 世纪的制造战略和现代制造模式,当前全球范围内敏捷制造的研究十分活跃。敏捷制造是对广义制造系统而言的。制造环境和制造过程的敏捷性问题是敏捷制造的重要组成部分。敏捷化是制造环境和制造过程面向 21 世纪制造活动的必然趋势。制造环境和制造过程的敏捷化包括的内容很广,如下所示。

(1) 柔性。包括机器柔性、工艺柔性、运行柔性和扩展柔性等。
(2) 重构能力。能实现快速重组重构,增强对新产品开发的快速响应能力。
(3) 快速化的集成制造工艺。如快速原型制造 RPM,是一种 CAD/CAM 的集成工艺。
(4) 当前由于网络技术特别是 Internet/Intranet 技术的迅速发展,正在给企业制造活动带来新的变革,其影响的深度、广度远超过人们的预测。

3) 制造网络化

基于 Internet/Intranet 的制造已成为重要的发展趋势。基于网络的制造包括以下几个方面。

(1) 制造环境内部的网络化,实现制造过程的集成。
(2) 制造环境与整个制造企业的网络化,实现制造环境与企业中工程设计、管理信息系统等各子系统的集成。
(3) 企业与企业间的网络化,实现企业间的资源共享、组合与优化利用。
(4) 通过网络,实现异地制造。

4) 制造虚拟化

虚拟化技术包括:虚拟现实(VR)、虚拟产品开发(VPD)、虚拟制造(VM)和虚拟企业(VE)。

制造虚拟化主要指虚拟制造。虚拟制造(Virtual Manufacturing)是以制造技术和计算机技术支持的系统建模技术和仿真技术为基础,集现代制造工艺、计算机图形学、并行工程、人工智能、人工现实技术和多媒体技术等多种高新技术为一体,由多学科知识形成的一种综合系统技术。

虚拟制造是实现敏捷制造的重要关键技术,对未来制造业的发展至关重要;同时虚拟制造将在今后发展成为很大的软件产业,这一点应充分注意。

5) 制造智能化

智能制造将是未来制造自动化发展的重要方向。所谓智能制造系统是一种由智能机器和人类专家共同组成的人机一体化智能系统，它在制造过程中能进行智能活动，诸如分析、推理、判断、构思和决策等。智能制造技术的宗旨在于通过人与智能机器的合作共事，去扩大、延伸和部分地取代人类专家在制造过程中的脑力劳动，以实现制造过程的优化。有人预言，下世纪的制造工业将由两个 I 来标识，即 Integration（集成）和 Intelligence（智能）。

6) 制造绿色化

绿色制造是一个综合考虑环境影响和资源效率的现代制造模式，其目标是使得产品从设计、制造、包装、运输、使用到报废处理的整个产品生命周期中，对环境的影响（负面作用）最小，资源效率最高。绿色制造是可持续发展战略在制造业中的体现，或者说绿色制造是现代制造业的可持续发展模式。

绿色制造涉及的面很广，涉及产品的整个生命周期和多生命周期。对制造环境和制造过程而言，绿色制造主要涉及资源的优化利用、清洁生产和废弃物的最少化及综合利用。绿色制造是目前和将来制造自动化系统应该予以充分考虑的一个重大问题。

1.2 自动化制造系统基本内容

1.2.1 自动化制造系统的定义

广义地讲，自动化制造系统（Automatic Manufacturing System，AMS）是由一定范围的被加工对象、一定的制造柔性和一定自动化水平的各种设备和高素质的人组成的一个有机整体，它接受外部信息、能源、资金、配套件和原材料等作为输入，在人和计算机控制系统的共同作用下，实现一定程度的柔性自动化制造，最后输出产品、文档资料、废料和对环境的污染。

1.2.2 自动化制造系统的组成

自动化制造系统的组成可以用图 1.7 所示的树状结构图表示。

从图 1.7 中可以看出，一个典型的自动化制造系统主要由以下子系统组成：毛坯制备自动化子系统、机械加工自动化子系统、储运自动化子系统、装配过程自动化子系统、辅助过程自动化子系统、热处理过程自动化子系统、质量控制子系统和系统控制子系统。人作为自动化制造系统的基本要素，可以与任何自动化子系统相结合。另外，良好的组织管理机构和机制对于自动化制造系统的设计和运行也是必不可少的。本书的内容除了热处理自动化子系统和毛坯制备自动化子系统没有涉及之外，其他的子系统均有不同程度的介绍。

1.2.3 自动化制造系统的生命周期

与任何系统一样，自动化制造系统也有它自己的寿命周期，达到一定的服役年限后系统就得报废。通常将系统的设计、制造、安装、调试、验收、应用、维护、报废这些过程

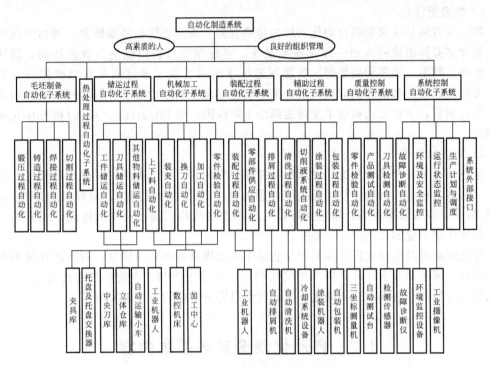

图 1.7 自动化制造系统的功能组成

的集合称为自动化制造系统的寿命周期。在寿命周期的各个阶段，人们对自动化制造系统关注的重点是不同的。

在系统的设计阶段，需要根据加工对象选择加工方法，采用成组技术将未来的加工对象进行分类成组，然后确定系统的结构，进行各组成部分的设计。在这一阶段，人们更注重从设计方面保证系统的柔性、生产率和质量。设计阶段一般由自动化制造系统的用户和供应商共同完成。

制造阶段是自动化制造系统本身的产生阶段，与一般的产品或系统不同，自动化制造系统的制造阶段主要是选择供应商，由供应商完成各组成部分的制造。在这一阶段，用户关心的是供应商提供成套设备的能力和价格以及供货期。

在安装、调试、验收阶段，供应商根据合同将各组成部分运到用户现场进行安装和调试，并进行试加工，在确认达到设计要求后再进行验收。用户验收时要考察系统是否达到预期的生产率、质量和柔性。

在验收完成后就进入系统的应用和维护阶段，这一阶段需要按照操作要求使用系统，并按照维护要求对系统进行维护。

在系统达到服役年限后，就进入系统的报废及回收处理阶段。在报废过程中，如果有些设备还可以继续使用，就可予以保留并派作其他用场，对于报废的设备，则按国家的有关规定进行处理。

1.2.4 自动化制造系统的分类及其特点

为了更好地利用自动化制造系统，就需要了解自动化制造系统的特点。不同的自动化制造系统有着不同的性能特点，因此应根据需要来选择不同的自动化制造系统。根据系的柔性和规模,人们将自动化制造系统分成如图1.8所示的一些类型。

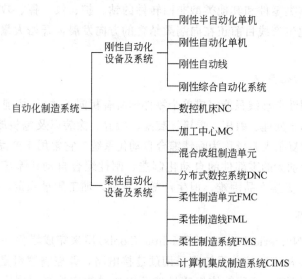

图1.8 自动化制造系统的分类

1. 刚性半自动化单机

机床可以自动地完成除上下料外单个工艺过程的加工循环,这样的机床称为刚性半自动化单机。这种机床采用的是机械控制或电液复合控制,一般采用多刀多面加工,如单台组合机床、通用多刀半自动车床、转塔车床等。从自动化程度来讲,刚性半自动化单机实现的是加工自动化的最低层次。它的调整工作量大,加工质量较差,工人的劳动强度也大。但是,刚性半自动化单机投资少、见效快,适用于产品品种变化范围和生产批量都较大的场合。

2. 刚性自动化单机

刚性自动化单机是在刚性半自动化单机的基础上增加自动上下料装置而形成的。因此这种机床实现的也是单个工艺过程的全部加工循环。这种机床往往需要定做或在刚性半自动化单机的基础上改装,常用于品种变化很小,但生产批量特别大的场合。主要特点是投资少、见效快,但通用性差,是大量生产最常见的加工装备。

3. 刚性自动线

刚性自动化生产线是用工件输送系统将各种自动化加工设备和辅助设备按一定的顺序连接起来,在控制系统的作用下完成单个零件加工的复杂大系统。在刚性自动线上,被加工零件以一定的生产节拍,顺序通过各个工作位置,自动完成零件预定的全部加工过程和部分检测过程。因此,刚性自动线具有很高的自动化程度,具有统一的控制系统和严格的生产节奏。与自动化单机相比,它的结构复杂,完成的加工工序多,所以生产率也很高,是少品种、大批量生产必不可少的加工装备。除此之外,刚性自动线还具有可以有效缩短生产周期,取消了半成品的中间库存,缩短了物料流程,减少了生产面积,改善了劳动条件,便于管理等优点。它的主要缺点是投资大,系统调整周期长,更换产品不方便。为了消除这些缺点,人们发展了组合机床自动线,系统的各个功能部件由专业厂生产,可以大幅度缩短建线周期,更换产品后只需更换机床的某些部件即可(例如可换主轴箱),大大缩短了系统的调整时间，降低了生产成本，并能起到较好的使用效果和经济效果。组合机床自动线主要用于箱体类零件和其他类型非回转件的钻、扩、铰、镗、攻螺纹和铣削等工序的加工。刚性自动化生产线目前正在向刚柔结合的方向发展，开始大量地使用加工中心等柔性加工设备。

4．刚性综合自动化系统

一般情况下，刚性自动线只能完成单个零件的所有相同工序（如切削加工工序），对于其他自动化制造内容如热处理、锻压、焊接、装配、检验、涂装以及包装却不可能全部包括在内。包括上述内容的复杂大系统称为刚性综合自动化系统。它常用于产品比较单一，但工序内容多，加工批量特别大的零部件的自动化制造。刚性综合自动化系统结构复杂，投资强度大，建线周期长，更换产品困难，但生产效率极高，加工质量稳定，工人劳动强度低。

5．一般数控机床

一般数控机床（Numerical Control Machine Tools）用来完成零件一个工序的自动化循环加工。早期的数控机床的控制系统都采用硬连接电路，即控制逻辑是通过硬件电路实现的，故称为"硬件数控"。这种数控机床虽然可以通过改变控制程序实现不同形状零件的加工，但存在很多缺点，如：零件编程工作量大、容易出错、不能够实现自适应控制、加工过程中频繁启动纸带阅读机、容易出现输入故障、控制功能由硬件电路决定、系统缺乏灵活性等。为了克服硬件数控的缺点，后来人们采用通用数字计算机代替硬连接电路，实现了软件数控，即统称的计算机数控。计算机数控的出现为更高级别的自动化制造系统的实现开辟了广阔的前景。

与硬件数控相比，计算机数控系统具有如下优点：①由于控制程序常驻内存，避免了频繁启动读带机，减少了因反复使用纸带而引起的错误，因而系统的可靠性较高；②具有较大的灵活性，允许直接在机床上编制和修改数控加工程序，使系统的操作性能得到改善；③计算机数控使得系统具有广泛的适应性，可以适应不同的品种尺寸规格零件，只需要修改零件的程序即可；④计算机数控使得机床的自适应控制成为可能。一般数控机床常用在零件复杂程度不高、品种多变、批量中等的生产场合。

6．加工中心

加工中心是在一般数控机床的基础上增加刀库和自动换刀装置而形成的一类更复杂，但用途更广、效率更高的数控机床。由于具有刀库和自动换刀装置，就可以在一台机床上完成车、铣、镗、钻、铰、攻螺纹、轮廓加工等多个工序的加工。因此，加工中心机床具有工序集中、可以有效缩短调整时间和搬运时间、减少在制品库存、加工质量高等优点。加工中心常用于零件比较复杂，需要多工序加工且生产批量中等的生产场合。根据所处理的对象不同，加工中心又可分为铣削加工中心和车削加工中心。

7．混合成组制造单元

成组制造单元是采用成组技术原理布置加工设备，包括成组单机、成组单元和成组流水线。在成组制造单元中，数控设备和普通加工设备并存，各自发挥其最大作用。如果成组制造单元与小组化工作方式以及计算机应用软件和网络系统紧密结合起来，将会在未来制造业中发挥越来越大的作用。

8. 分布式数控系统

分布式数控系统 DNC 是采用一台计算机控制若干台 CNC 机床。因此，这种系统强调的是系统的计划调度和控制功能，对物流和刀具流的自动化程度要求并不很高。DNC 系统的主要优点是系统结构简单，灵活性大、可靠性高、投资小，以软取胜，注重对设备的优化利用，是一种简单的、人机结合的自动化制造系统。

9. 柔性制造单元

柔性制造单元 FMC 是一种小型化柔性制造系统，FMC 和柔性制造系统 FMS 两者之间的概念比较模糊。但通常认为，柔性制造单元是由 1~3 台计算机数控机床或加工中心所组成，单元中配备有某种形式的托盘交换装置或工业机器人，由单元计算机进行程序编制和分配、负荷平衡及作业计划控制。与柔性制造系统相比，柔性制造单元的主要优点是：占地面积较小，系统结构不很复杂，成本较低，投资较小，可靠性较高，使用及维护均较简单。因此，柔性制造单元是柔性制造系统的主要发展方向之一，深受各类企业的欢迎。就其应用范围而言，柔性制造单元常用于品种变化不是很大，生产批量中等的生产规模。

10. 柔性制造系统

一个柔性制造系统 FMS 一般由 4 个部分组成：两台以上的数控加工设备、一个自动化的物料及刀具储运系统、若干台辅助设备（如清洗机、测量机、排屑装置、冷却润滑装置等）和一个由多级计算机组成的控制和管理系统。到目前为止，柔性制造系统是最复杂，自动化程度最高的自动化制造系统之一。

柔性制造系统的主要优点是：①系统自动化程度高，可以减少机床操作人员；②由于配有质量检测和反馈控制装置，零件的加工质量很高；③工序集中，可以有效减少生产面积；④与立体仓库相配合，可以实现 24 小时连续工作；⑤由于集中作业，可以减少加工时间；⑥易于和管理信息系统或 ERP、技术信息系统及质量信息系统结合形成更高级的自动化制造系统，即 CIMS。

柔性制造系统的主要缺点是：①系统投资大，投资回收期长；②系统结构复杂，对操作人员的要求很高；③系统的可靠性较差。

一般情况下，柔性制造系统适用于品种变化不大，批量在 200~2500 件的中等批量生产。目前柔性制造系统有向小型化和简单化发展的趋势。

11. 柔性制造线

柔性制造线 FML 与柔性制造系统之间的界限也很模糊，两者的主要区别是前者像刚性自动线（特别是组合机床自动线）一样，具有一定的生产节拍，工件沿一定的方向顺序传送，后者则没有固定的生产节拍，工件的输送方向也是随机性质的。柔性制造线主要适用于品种变化不大的中批和大批量生产，线中的机床主要是多轴主轴箱的换箱式和转塔式加工中心。在工件变换以后，各机床的主轴箱可自动进行更换，同时调入相应的数控程序，生产节拍也会作相应的调整。

柔性制造线的主要特点是：具有刚性自动线的绝大部分优点，当批量不很大时，生产成本比刚性自动线低得多，当品种改变时，系统所需的调整时间又比刚性自动线少得多，但建立系统的总费用却比刚性自动线要高得多。有时为了节省投资，提高系统的运行效率，柔性制造线常采用刚柔结合的形式，即生产线的一部分设备采用刚性专用设备（主要是组合机床），另一部分采用换箱或换刀式柔性加工机床。

12．柔性制造车间

柔性制造车间是由若干个虚拟制造单元（系统）和其他设备组成的大系统，用车间级计算机进行控制。车间级计算机接受上一级计算机的指令，与管理信息分系统、技术信息分系统和质量信息分系统实现数据交换，进行生产能力计划，完成各个虚拟制造单元之间的任务分配和平衡，跟踪任务完成情况，跟踪设备利用情况，统筹安排所有刀具、夹具、量具、模具、机器人、热处理设备、加工机床、装配设备及物流设备，并监视所有设备的运行状态，进行预防性维修等。柔性制造车间显然适用于品种多变，批量不大的场合。柔性制造车间的系统控制结构复杂，如果完全实现，其自动化程度比柔性制造系统更高。但从目前的发展情况看，其实用性却不很大，至少在目前不是自动化制造系统的主要发展方向。实现以人为中心的、适度自动化的柔性制造车间将成为研究和应用热点。

13．计算机集成制造系统

CIMS是目前最高级别的自动化制造系统，但这并不意味着ClMS是完全自动化的制造系统。事实上，目前意义上ClMS的自动化程度甚至比柔性制造系统还要低。CIMS强调的主要是信息集成，而不是制造过程物流的自动化。CIMS的主要特点是系统十分庞大，包括的内容很多，要在一个企业完全实现难度很大，但可以采取部分集成的方式，逐步实现整个企业的信息及功能集成。

1.2.5 自动化制造系统的适用范围

计算机集成制造系统不同类型的自动化制造系统具有不同的适用范围，图1.9所示表示了不同自动化制造系统的适用范围。

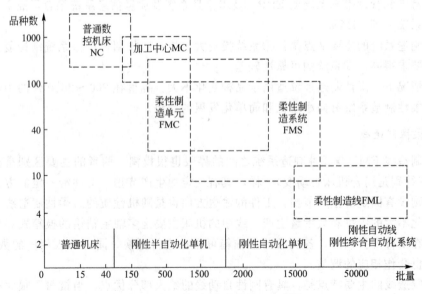

图1.9 自动化制造系统的适用范围

可以看出，通用机床由于其加工范围宽、调整简单，非常适用于品种多但批量比较小的生产纲领。刚性半自动化单机由于其调整比通用机床困难，其生产规模应该高于普通机床，但品种却受到较大的限制。刚性自动化单机由于增加了自动上下料机构，使得系统的自动化程度更高，但调整生产对象也更加困难，更适用于中等批量以上的生产规模。在生产批量特别大时，则适合于采用综合自动化程度更高的刚性自动线或刚性综合自动化系统。

对于柔性自动化加工系统而言，数控机床一般适合于批量很小的自动化加工，对零件的品种数基本上没有什么限制（只受加工尺寸和零件形状的限制）。对于加工中心而言，由于自动化程度更高，其适用范围从批量和品种上看都与普通数控机床不同，一般情况下，批量要大于普通数控机床，但品种却要少一些。柔性制造单元、柔性制造系统和柔性制造线从批量上呈递增趋势，但从品种看却呈递减趋势。

需要指出的是，图 1.9 所示的适用范围并不是绝对的。而且，各种类型制造系统的加工范围之间有一定的重叠现象，在进行系统选型时要根据情况具体分析。

复习思考题

1-1 请举出生活中系统的例子，并分析其具有的系统特征。
1-2 论述制造系统的"五流"理论。
1-3 比较机械化与自动化的区别。
1-4 论述自动化制造系统的功能组成。
1-5 试述各种自动化制造系统的特点和适用范围。

第 2 章
加工设备自动化

本章教学要点

知识要点	掌握程度	相关知识
加工设备自动化的意义、分类及实现方法	掌握加工设备自动化的意义和分类； 熟悉加工设备的选择与布局	自动化加工设备选择特点； 自动化加工设备布局特点
实现单机自动化的方法和方案	掌握实现单机自动化的方法和方案	实现单机自动化的方法和方案的特点与应用
数控技术	掌握数控机床的应用； 熟悉加工中心的结构形式	数控加工特点； 数控加工发展方向

第2章 加工设备自动化

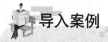 **导入案例**

1958年我国第一台数控机床在清华诞生

数控机床是国防工业的关键环节。它能生产飞机、军舰的重要零部件,备受国家的重视;它也是显示国家技术实力和工业制造能力的一项重要指标。

50年前,我国研制成功的第一台数控机床用了十多个电视机大的控制器才将机床运转起来。虽然它笨重,体积大、速度慢、精度不高,但却是一代人辛苦努力的结晶,它的成功研制带给新中国机械工业无限的希望和豪气。

清华大学的研究人员边研究、边设计、边准备原材料,只干了一年多时间,就研制出我国第一台数控机床的样机,这种速度令外国同行刮目相看、大吃一惊。前来参观的人络绎不绝,着实让中国人兴奋、激动了一番,普通机床加工、人工打磨几个月才能制成的复杂零件,数控机床只用几个小时便能完工,而且精度更高。

这台数控机床不仅成了清华大学的骄傲,也是中国的骄傲。金日成等外国领导人也曾极有兴致地参观过它。后来,数控机床投入运行后,为飞机、军舰生产了一些质量好、效率高的关键零部件,为我国的国防、航空、航海事业作出了重大贡献。

资料来源:http://chinaneast.xinhuanet.com/jszb/2009-09/15/content_17704603.htm,2009

自动化加工设备根据自动化程度、生产率和配置形式不同,可以分为不同的类型。自动化加工设备在加工过程中能够高效、精密、可靠地自动进行加工。

前面已介绍,自动化加工设备按自动化程度可以分为自动化单机、刚性自动化生产线、刚性综合自动化系统、柔性制造单元、柔性制造系统等。

2.1 加工设备自动化的意义及分类

2.1.1 加工设备自动化的意义

各类金属切削机床和其他机械加工设备是机械制造的基本生产手段和主要组成单元。加工设备生产率得到有效提高的主要途径之一是采取措施缩短其辅助时间。加工设备工作过程自动化可以缩短辅助时间,改善工人的劳动条件和减轻工人的劳动强度。不仅如此,单台机床或加工设备的自动化,能较好地满足零件加工过程中某个或几个工序的加工半自动化和自动化的需要,为多机床管理创造了条件,是建立自动生产线和过渡到全盘自动化的必要前提,是机械制造业更进一步向前发展的基础。因此,加工设备的自动化是零件整个机械加工工艺过程自动化的基本问题之一,是机械制造厂实现零件加工自动化的基础。

2.1.2 自动化加工设备的分类

随着科学技术的发展,加工过程自动化水平不断提高,使得生产率得到了很大的提高,先后开发了适应不同生产率水平要求的自动化加工设备,主要有以下种类。

1. 全(半)自动单机

该类设备又分为单轴和多轴全(半)自动单机两类。

它利用多种形式的全(半)自动单机固有的和特有的性能来完成各种零件和各种工序的加工，是实现加工过程自动化普遍采用的方法。机床的形式和规格要根据需要完成的工艺、工序及坯料情况来选择；此外，还要根据加工品种数、每批产品和品种变换的频度等来选用控制方式。在半自动机床上有时还可以考虑增设自动上下料装置、刀库和换刀机构，以便实现加工过程的全自动。

2. 专用自动机床

该类机床是专为完成某一工件的某一工序而设计的，常以工件的工艺分析作为设计机床的基础。其结构特点是传动系统比较简单，夹具与机床结构的联系密切，设计时往往作为机床的组成部件来考虑，机床的刚性一般比通用机床要好。这类机床在设计时所受的约束条件较少，可以全面地考虑实现自动化的要求。因而，从自动化的角度来看，它比改装通用机床优越。但是，有时由于新设计的某些部件不够成熟，要花费较多的调整时间。如果用于单件或小批量生产，则造价较高，只有当产品结构稳定、生产批量较大时才有较好的经济效果。

3. 组合机床

该类机床由70%~90%的通用零、部件组成，可缩短设计和制造周期，可以部分或全部改装。组合机床是按具体加工对象专门设计的，可以按最佳工艺方案进行加工，加工效率和自动化程度高；可实现工序集中，多面多刀对工件进行加工，以提高生产率；可以在一次装夹下多轴对多孔加工，有利于保证位置精度，提高产品质量；可减少工件工序间的搬运。机床大量使用通用部件使得维护和修理简化，成本降低。主要用于箱体、壳体和杂体类零件的孔和平面加工，包括钻孔、扩孔、铰孔、镗孔、车端面、加工内外螺纹和铣平面等，是用来加工指定的一种或几种特定工序，因而主要适用于大批量生产，如果是采用了转塔动力箱或可换主轴箱的组合机床，可适用于中等批量生产。

4. 数控机床

数控(NC)机床是一种用数字信号控制其动作的新型自动化机床。它按指定的工作程序、运动速度和轨迹进行自动加工。现代数控机床常采用计算机进行控制，被称为CNC，加工工件的源程序(包括机床的各种操作、工艺参数和尺寸控制等)可直接输入到具有编程功能的计算机内，由计算机自动编程，并控制机床运行。当加工对象改变时，除了重新装夹零件和更换刀具外，只需更换数控程序，即可自动地加工出新零件。数控机床主要适用于加工单件、中小批量、形状复杂的零件，也可用于大批量生产，能提高生产率，减轻劳动强度，迅速适应产品改型。在某些情况下，数控机床具有较高的加工精度，并能保证精度的一致性，可用来组成柔性制造系统或柔性自动线。

5. 加工中心

数控加工中心(MC)是带有刀库和自动换刀装置的多工序数控机床，工件经一次装夹后，能对两个以上的表面自动完成铣、镗、钻、铰等多种工序的加工，并且有多种换刀或选刀功能，使工序高度集中，显著减少原先需多台机床顺序加工带来的工件装夹、调整机床间工件运送和工件等待时间,避免多次装夹带来的加工误差,使生产率和自动化程度大大提高。根据功能可将其分为镗铣加工中心、车削加工中心、磨削加工中心、冲压加工中心以及能自动更新多轴箱的多轴加工中心等。加工中心适用于加工复杂、工序多、要求较高、需各种类型的普通机床和众多刀具夹具、需经过多次装夹和调整才能完成加工的零件,或者是形状虽简单,但可以成组安装在托盘上,进行多品种混流加工的零件,可适用于中小批量生产,也可用于大批量生产,具有很高的柔性,是组成柔性制造系统的主要加工设备。

6. 柔性制造单元

柔性制造单元(FMC)一般由1~3台数控机床和物料传输装置组成。单元内设有刀具库、工件储存站和单元控制系统。机床可自动装卸工件、更换刀具、检测工件的加工精度和刀具的磨损情况,可进行有限工序的连续加工,适于中小批量生产应用。

7. 加工自动线

加工自动线是由工件传输系统和控制系统将一组自动机床和辅助设备按工艺顺序连接起来,可自动完成产品的全部或部分加工过程的生产系统,简称自动线。在自动线工作过程中,工件以一定的生产节拍,按工艺顺序自动经过各个工位,完成预定的工艺过程。按使用的工艺设备分,自动线可分为通用机床自动线、专用机床自动线、组合机床自动线等类型。采用自动线生产可以保证产品质量,减轻工人劳动强度,获得较高的生产率。其加工工件通常是固定不变的或变化很小,因此只适用于大批量生产场合。

2.1.3 自动化加工设备的选择与布局

1. 自动化加工设备的选择

自动化加工设备的选择首先应根据产品批量的大小以及产品变型品种数量的大小确定加工系统的结构形式。对于中小批量生产的产品,可选用加工单元形式或可换多轴箱形式;对于大批量生产,可以选用自动生产线形式。在拟订了加工工艺流程之后,可根据加工任务(如工件图样要求及对生产能力的要求)来确定自动机床的类型、尺寸、数量。对于大批量生产的产品,可根据加工要求,为每个工序设计专用机床或组合机床。对于多品种中小批量生产,可根据加工零件的尺寸范围、工艺性、加工精度及材料等要求,选择适当的专用机床、数控机床或加工中心;根据生产要求(如加工时间及工具要求,批量和生产率的要求)来确定设备的自动化程度,如自动换刀、自动换工件及数控设备的自动化程度;根据生产周期(如加工顺序及传送路线),选择物料流自动化系统形式(运输系统及自动仓库系统等)。

2. 自动化加工设备的布局

自动化加工设备的布局形式是指组成自动化加工系统的机床、辅助装置以及连接这些设备的工件传送系统中,各种装置的平面和空间布置形式。它是由工件加工工艺、车间的自然条件、工件的输送方式和生产纲领所决定的。

自动线的布局形式有多种,如图2.1所示。

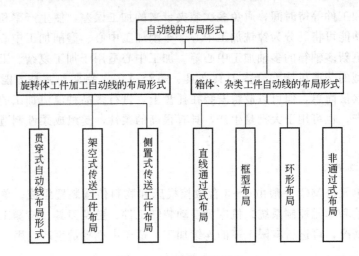

图 2.1 自动线布局形式

1) 旋转工件体加工自动线的布局形式

（1）贯穿式。工件传送系统设置在机床之间，特点是上下料及传送装置结构简单，装卸料工件辅助时间短，布局紧凑，占地面积小，但影响工人通过，料道短，贮料有限，如图 2.2 所示。

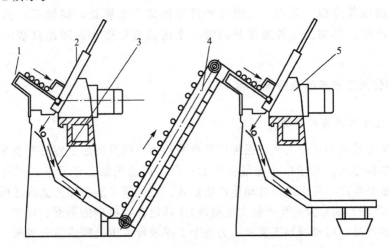

图 2.2 贯穿式传送轴类工件加工自动线布局
1—上料道；2—上料装置；3—下料道；4—提升装置；5—机床

（2）架空式。工件传送系统设置在机床的上空，输送机械手悬挂在机床上空的架上，如图 2.3 所示。机床布局呈横向或纵向排列，工件传送系统完成机床间的工件传送及上下料。这种布局结构简单，适于生产节拍较长且各工序工作循环时间较均衡的轴类零件。

（3）侧置式。如图 2.4 所示，工件传送系统设置在机床外侧，机床呈纵向排列，传送装置设在机床的前方，安装在地上。为了便于调整操作机床，可将输送装置截断。输送料道还同时具有贮料作用。这种布局的自动线有串联和并联两种方式。

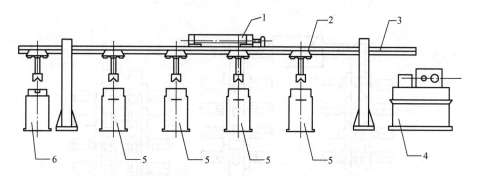

图 2.3 采用悬挂式输送机械手的自动线布局
1—输送用驱动液压缸;2—机械手;3—桁架;
4—铣端面、打中心孔机床;5—车床;6—料道

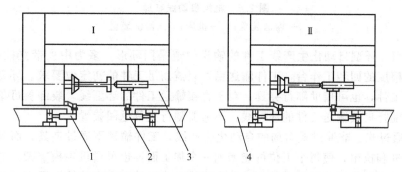

图 2.4 机床纵列的轴类工件车削自动布局
1—上料机械手;2—下料机械手;3—机床;4—传送料道

2) 箱体、杂类工件自动线的布局形式

(1) 直线通过式和折线通过式。图 2.5 所示为直线通过式自动线。步伐式输送带按一定节拍将工件依次送到各台机床上加工,工件每次输送一个步矩。工人在自动化生产线起端上料,末端卸料。

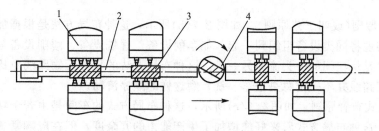

图 2.5 直线通过式自动线布局
1—机床;2—输送带;3—工件;4—转位台

对于工位数多、规模大的自动线,直线布置受到车间长度限制,因而布置成折线式。

(2) 框型。框型是折线式的封闭形式。框式布局更适用于输送随行夹具及尺寸较大和较重的工件自动化生产线,且可以节省随行夹具的返回装置,如图 2.6 所示。

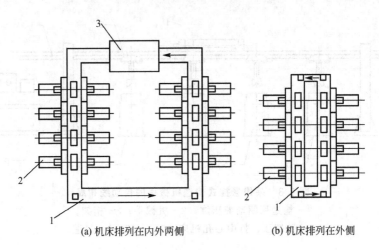

(a) 机床排列在内外两侧　　　　(b) 机床排列在外侧

图 2.6　框型自动线布局

1—输送装置；2—机床；3—清洗装置

（3）环型。环型自动化生产线工件的输送轨道是回环形，多为中央带立柱的环型线。它不需要高精度的回转工作台，工件输送精度只需满足工件的初定位要求。环型自动线可以直接输送工件，也可借助随行夹具。对于直接输送工件的环型线，装卸料可集中在一个工位。对于随行夹具输送工件的环型线，不需要随行夹具返回装置。

（4）非通过式。非通过式布局的自动化生产线，工件输送不通过夹具，而是从夹具的一个方向送进和拉出，使每个工位可能增加一个加工面，也可增设镗模支架。非通过式自动化生产线适于由单机改装联成的自动化生产线，或工件不宜直接输送而必须吊装以及工件各个加工表面需在一个工位加工的自动化生产线。

3. 柔性制造系统的布局

柔性制造系统的总体布局可以概括为以下几种布置原则，如图 2.7 所示。

（1）随机布置原则。如图 2.7(a)所示，这种布局方法是将若干机床随机地排列在一个长方形的车间内。它的缺点是很明显的，只要多于 3 台机床，运输路线就会非常复杂。

（2）功能原则(或叫工艺原则)。如图 2.7(b)所示，这种布局方法是根据加工设备的功能，分门别类地将同类设备组织到一起，如车削设备、镗铣设备、磨削设备等。这样，工件的流动方向是从车间的一头流向另一头。这种布局方法的零件运输路线也比较复杂，因为工作的加工路线并不一定总是按车、铣、磨这样的顺序流动。

（3）模块式布置原则。如图 2.7(c)所示，这种布局方式的车间是由若干功能类似的独立模块组成。这种布局方式看来好像增加了生产能力的冗余度，但在应酬紧急任务和意外事件方面有明显的优点。

（4）加工单元布置原则。如图 2.7(d)所示，采用这种布局方式的车间，每一个加工单元都能完成相应的一类产品。这种构思的产生是建立在成组技术思想基础上的。

（5）根据加工阶段划分原则。如图 2.7(e)所示，将车间分为准备加工阶段、机械加工阶段和特种加工阶段。

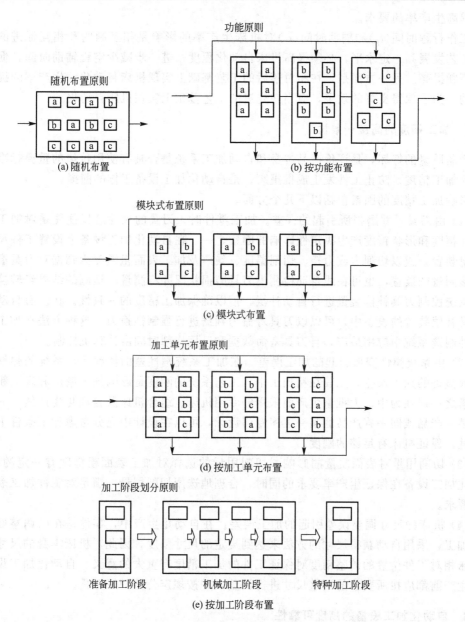

图 2.7　FMS 的总体布局原则

2.2　自动化加工设备的特殊要求及实现方法

2.2.1　高生产率

自动化生产的主要目的是提高劳动生产率和机器生产率,这是机械制造自动化系统高效率运行必须解决的基本问题。在工艺过程实现自动化时,采用的自动化措施都必须符合不断提高生产率的要求。

工作行程时间(t_g)和辅助时间(t_f)对机床生产率的影响是相互制约和相互促进的。当生产工艺发展到一定水平，必须提高机床自动化程度，进一步减少空程辅助时间，促使生产率不断提高。另一方面是，在相对落后的工艺基础上实现机床自动化，生产率的提高是有限的，为了取得良好的效果，应当在先进的工艺基础上实现机床自动化。

2.2.2 加工精度的高度一致性

产品质量的好坏，是评价产品本身和自动加工系统是否具有使用价值的重要标准。保证产品加工精度，防止工件发生成批报废，是自动化加工设备工作的前提。

影响加工精度的因素包括以下几个方面。

(1) 由刀具尺寸磨损所引起的误差。加工零件时，刀具的尺寸磨损往往是对加工表面的尺寸精度和形状精度产生决定性影响的因素之一。在自动化加工设备上设置工件尺寸自动测量装置，或以切削力或力矩、切削温度、噪声及加工表面粗糙度为判据对刀具磨损进行间接测量的装置，也可在线自动检测出刀具磨损状况并将测量、检测的结果经转换后由控制系统控制刀具补偿装置进行自动补偿，借以确保加工精度的一致性。在没有自动检测及刀具补偿装置的设备中，可以刀具寿命为判据进行强制性换刀，这种方法在加工中心和柔性制造系统中应用最广，且刀具寿命数据和已用切削时间由计算机控制。

(2) 由系统弹性变形引起的加工误差。在加工系统刚性差的情况下，系统的弹性变形可引起显著的加工误差，尤其在精加工中，工艺系统的刚度是影响加工精度和表面粗糙度的因素之一；在为中、大批量生产而采用的专用机床、组合机床及自动化生产线，一般是专为某一产品或同一族产品的某一工序专门设计，可以在设计中充分考虑加工条件下的力学特性，保证机床有足够的刚度。

(3) 切削用量对表面质量的影响。切削用量的选择对加工表面粗糙度有一定的影响。自动化加工设备在保证生产率要求的同时，合理地选用切削用量，满足对工件加工表面质量的要求。

(4) 机床的尺寸调整误差引起的加工误差。在自动化生产中，零件是在已调整好的机床上加工，采用自动获得尺寸的方法来达到规定的尺寸精度，因此，机床本身的尺寸调整及机床相对工件位置的调整精度对保证工件的加工精度有重大的意义。自动化加工设备在正式生产前都应按所要求的调整尺寸进行调整，并按规定公差调好刀具。

2.2.3 自动化加工设备的高度可靠性

产品的质量和加工成本以及设备的生产率取决于机械加工设备的工作可靠性。设备的实际生产率随着其工作可靠性的提高而接近于设计设定理论值，且充分地发挥了设备的工作能力。

故障类型可按故障密度(故障率)随运转时间而变化的模式来辨识。基本上可分为3种：初期故障、偶然(随机)故障和磨损故障。

初期故障出现在设备运转的初始阶段，设备故障的出现在开始时最高，故障密度随着时间的增加而迅速减少。初期故障主要是基于固有的不可靠性，如材料的缺陷、不成熟的设计、不精细的制造和开始时的操作失误。查出这类故障并使设备运转稳定是很重要的。故障率的迅速降低是由于掌握了设备的操作，排除了所发现的制造缺陷和配合件的运转磨合的结果。在偶然(随机)故障阶段,故障密度稳定,故障随机地出现往往是由于对设备突然加载超过了允许强度或未估计到的应力集中等。磨损故障是由零件的机械磨损、疲劳、化学腐蚀及与使用时间有关的材料性质改变等引起,此时故障密度随时间延长而急剧上升。

上述 3 类故障与生产保养密切相关。在初期故障期,增加检查次数以查明故障原因极为重要,并应将信息送回设计制造部门以便改进或修正保养措施,健全的质量管理措施可以把初期故障减到最小。在偶然故障期间,日常保养如清洗、加油和重新调节等应当与检查同时进行,力求减少故障率以延长有效寿命。在磨损故障期内,设备变坏或磨损,应采用改善的保养措施来减少故障密度和减缓磨损。

设备工作的可靠性取决于设备元件的可靠性、元件的数量及其连接方式。对于串联联接的自动线来说,在刚性输送关系的条件下,一个元件的失效会引起全线停车,这时把自动线分段可提高整条自动线的可靠性和生产率。

设备的可靠性取决于运行时的无故障水平及修理的合适性,实施综合的设计措施和工艺措施以及采用合理的使用规程可提高其无故障特性。不断地改进结构并改善其制造工艺,可随着时间的推移而提高利用系数和生产率。改进设备元件的结构,在设备运转时及时查明损坏的系统,就能提高修理的合适性。对于易发生故障的易损零部件和机构,应采用快速装拆的连接结构,用备件来成组更换特别有效,此时,由技术方面引起的故障可在短时间内排除。并联一个相同元件或备用分支系统,采用备用手动控制和管理都可以减少停机时间,从而提高可靠性。

2.2.4 自动化加工设备的柔性

由于产品需求日益多样化,更新换代加快,产品寿命周期缩短,多品种批量(尤其是中小批量)生产已是机械制造业生产形态的主流。因此,对自动化加工设备的柔性要求也越来越高。柔性主要表现在加工对象的灵活多变性,即可以很容易地在一定范围内从一种零件的加工更换为另一种零件的加工的功能。柔性自动化加工是通过软件来控制机床进行加工,更换另一种零件时,只需改变有关软件和少量工夹具(有时甚至不必更换工夹具),一般不需对机床、设备进行人工调整,就可以实现对另一种零件的加工,进行批量生产或同时对多个品种零件进行混流生产。这将显著地缩短多品种生产中设备调整和生产准备时间。

对用于中小批量生产的自动化加工系统,应考虑使其具有以下一些机能。

(1)自动变换加工程序的机能。对于自动化加工设备,可以设置一台或一组电子计算机,或用可编程控制器,作为它的生产控制及管理系统,就可以使系统具备按不同产品生产的需要,在不停机的情况下,方便迅速地自动变更各种设备工作程序的机能,减少系统的重调整时间。

(2)自动完成多种产品或零件族加工的机能。在加工系统中所设置的工件和随行夹具的运输系统以及加工系统都具有相当大的通用性和较高的自动化程度,使整个系统具备在成组技术基础上自动完成多个产品或零件族的加工的机能。

(3)对加工顺序及生产节拍随机应变的机能。具有高度柔性的加工系统应具有对各种产品零件加工的流程顺序以及生产节拍随机变换的机能,即整个系统具有能同时按不同加工顺序以不同的运送路线加工,按不同的生产节拍加工不同产品的机能。

(4) 高效率的自动化加工及自动换刀机能。采用带刀库及自动换刀装置的数控机床，能使系统具有高效率的自动加工及自动换刀机能，减少机床的切削时间和换刀时间，使系统具有高的生产率。

(5) 自动监控及故障诊断机能。为了减少加工设备的停机时间和检验时间，保证设备有良好的工作可靠性和加工质量，可以设置生产过程的自动检验、监控和故障诊断装置，从而提高设备的工作可靠性，减少停机及废品损失。

并不是所有设备都要求达到以上机能，可以根据具体生产要求和实际情况，对设备提出不同规模和功能的柔性要求，并采取相应的实施措施。

另一方面，对于用于少品种大批量生产的刚性加工系统，也应考虑增加一些柔性环节。例如，在组成刚性自动线的设备中也可以使用具有柔性的数控加工单元，或者使用主轴箱可更换式数控机床，以增加对产品变换的适应性和加工的柔性。在由刚性输送装置组成的工件运输系统中可以设置中间储料仓库，增加自动线间连接的柔性，避免由于某一单元的故障造成整个系统的停机时间损失。

2.3 实现单机自动化的方法和方案

单机自动化是大批量生产提高生产率、降低成本的重要途径。单机自动化往往具有投资省、见效快等特点，因而在大批量生产中被广泛采用。

2.3.1 实现单机自动化的方法

实现单机自动化的方法概括有以下4种。

1. 采用通用自动化或半自动机床实现单机自动化

这类机床主要用于轴类和盘套类零件的加工自动化，例如单轴自动车床、多轴自动车床或半自动车床等。使用单位一般可根据加工工艺和加工要求向制造厂购买，不需特殊订货。这类自动机床的最大特点是可以根据生产需要，在更换或调整部分零部件(例如凸轮或靠模等)后，即可加工不同零件，适合于大批量多品种生产。因此，这类机床使用比较广泛。

2. 采用组合机床实现单机自动化

组合机床一般适合于箱体类和杂件类(例如发动机的连杆等)零件的平面、各种孔和孔系的加工自动化。组合机床是一种以通用化零部件为基础设计和制造的专用机床，一般只能对一种(一组)工件进行加工，往往能在同一台机床上对工件实行多面、多孔和多工位加工，加工工序可高度集中，具有很高的生产率。由于这台机床的主要零、部件已通用化和已批量生产，因此，组合机床具有设计、制造周期短，投资省的优点，是箱体类零件和杂体类零件大批量生产实现单机自动化的最主要手段。

3. 采用专用机床实现单机自动化

专用机床是为一种零件(一组相似的零件)的一个加工工序而专门设计制造的自动化机床。专用机床的结构和部件一般都是专门设计和单独制造的，这类机床的设计、制造时间往往较长,投资也较多,因此采用这类机床时,必须考虑以下基本原则。

(1) 被加工的工件除具有大批量的特点外,还必须结构定型。

(2) 工件的加工工艺必须是合理可靠的。在大多数情况下,需要进行必要的工艺试验,以保证专用机床所采用的加工工艺先进可靠,所完成的工序加工精度稳定。

(3) 采用一些新的结构方案时,必须进行结构性能试验,待取得较好的结果后,方能在机床上采用。

(4) 必须进行技术经济分析。只有在技术经济分析认为效益明显后,才能采用专用机床实现单机自动化。

4. 采用通用机床进行自动化改装实现单机自动化

在一般机械制造厂中,为了充分发挥设备潜力,可以通过对通用机床进行局部改装,增加或配置自动上、下料装置和机床的自动工作循环系统等,实现单机自动化。由于对通用机床进行自动化改装要受被改装机床原始条件的限制,要按被加工工件的被加工精度和加工工艺要求来确定改装的内容,而且各种不同类型和用途的机床具有各不相同的技术性能和结构,被加工工件的工艺要求也各不相同,所以改装涉及的问题比较复杂,必须有选择地进行改装。总的来说,机床改装的投资少、见效快,能充分发挥现有设备的潜力,是实现单机自动化的重要途径。

2.3.2 单机自动化方案

在机械制造业的工厂中,拥有大量的、各种各样的通用机床。为了提高劳动生产率,减轻工人的劳动强度,对这类机床进行自动化改装,以实现工序自动化,或用以联成自动线是进行技术改造、挖掘现有设备潜力的途径之一。自动化机床的"自动"主要体现在自动化机床的加工循环自动化、装卸工件自动化、刀具自动化和检测自动化4个方面,其自动化大大减少了空程辅助时间,降低了工人的劳动强度,提高了产品质量和劳动生产率。

1. 加工过程运动循环自动化

加工过程运动循环是指在工件的一个工序的加工过程中,机床刀具和工件相对运动的循环过程。切削加工过程中,刀具相对于工件的运动轨迹和工作位置决定被加工零件的形状和尺寸,实现了机床运动循环自动化,切削加工过程就可以自动进行。

自动循环可以通过机械传动、液压传动和气动—液压传动方法实现。对于比较复杂的加工循环,一般采用继电器程序控制器控制其动作,采用挡块或各种传感器控制其运动行程。

1) 机械传动系统运动循环自动化

(1) 运动的接通和停止。在机械传动系统中,运动的接通和停止有3种方式,分别是凸轮控制、挡块—杠杆控制、挡块—开关—离合器控制。3种控制方式的原理及优缺点如下所示。

① 凸轮控制。其控制原理是在分配轴上安装不同形状的凸轮,通过操纵杠杆或行程开关控制各执行机构。主要适于大批量生产中的单一零件加工,受机床结构影响较大,应用较多。

② 挡块—杠杆控制。其控制原理是运动部件上的挡块碰撞杠杆操纵离合器或运动部

件。其特点是控制简单,受机床结构影响较大,操纵系统磨损大,应用较少。

③ 挡块—开关—离合器控制。其控制原理是运动部件上的挡块压下行程开关,通过电磁铁、气缸或液压缸操纵离合器或运动部件。其特点是机械结构较简单,容易改变程序,但控制系统比较复杂,应用较多。

(2) 快速空行程运动和工作进给的自动转换。机床自动化改装时,要求机床能够快速运动,以缩短空行程时间。在机床传动系统中,快速运动既可来自于主传动装置中某一根中间轴,如图 2.8(a)、(b)所示,也可用单独的快速电动机驱动,如图 2.8(c)、(d)、(e)所示。

图 2.8(a)所示为借助主轴箱中的中间轴 5 实现快速运动。离合器 M1 结合、M2 脱开为工作进给,M2 结合、M1 脱开为快速运动。这种驱动方式的缺点是快速运动速度取决于进给箱内选定的传动链,且快速运动时,进给箱的轴和齿轮高速旋转,容易磨损。图 2.8(b)中,快速运动直接传给进给箱最后一根轴,克服了上述缺点,但有些环节仍高速旋转,最好是将快速运动直接传给传动装置的末环或尽可能靠近末环。采用快速电动机时,为使快速运动不致传给进给箱,可以在快速轴和进给箱之间加超越离合器,如图 2.8(d)所示。

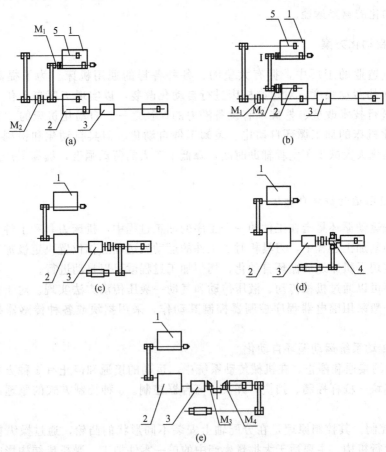

图 2.8　快速运动改装

1—主轴箱;2—进给箱;3—进给箱与溜板间的中间传动;4—超越离合器;5—中间轴

进给装置一般都有工作进给的正、反向变换装置,如图 2.8(e)所示,快速进给接通时,正反向离合器 M3 和 M4 都处于脱开状态。

机床快速移动实现机械化后,再在运动部件上装挡块,用挡块压行程开关,发出离合器通、断和电动机开、停及正反转控制指令,就可实现快速空行程运动和工作进给运动的自动转换。

2) 气动和液压传动的自动循环。由于气动和液压传动的机械结构简单,容易实现自动循环,动力部件和控制元件的安装都不会有很大困难,故应用较广泛。

在机床改装中,还经常采用气动—液压传动,即用压缩空气作动力,用液压系统中的阻尼作用使运动平稳和便于调速。动力气缸与阻尼液压缸有串联和并联两种形式。

实现气动和液压自动工作循环的方法相同,都是通过方向阀来控制。

图 2.9 所示为快速变慢速的各种方法。图 2.9(a)所示为挡块直接压下行程阀,行程阀压下时为慢速,放开时为快速。在挡块压下行程阀的回程中也是慢速运动。图 2.9(b)所示为用挡块压单向行程阀,前进过程中单向阀关闭,行程快慢取决于挡块是否压下行阀;回程时单向阀打开,全部为快速行程。图 2.9(c)所示为挡块压电气行程开关,通过继电器控制电磁阀,电磁阀通电为慢速,断电为快速。图 2.9(d)所示为挡块压气压或液压开关,由发出的信号控制二通阀,实现快慢速转换。

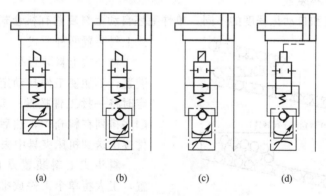

图 2.9 液压传动的快速进给和慢速进给

液压传动系统中,运动的接通和切断靠换向阀控制,可以切断液压源或用固定挡块来使运动停止。前者一般用三位四通阀控制,如图 2.10(a)所示;后者可用三位四通阀,也可用二位四通阀,如图 2.10(b)所示。气动传动系统与此类似,但因气体有可压缩性,用切断动力源的方法停止运动时,工作不准确,一般都用固定挡块定位。

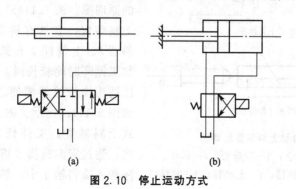

图 2.10 停止运动方式

2. 装卸工件自动化

自动装卸工件装置是自动机床不可缺少的辅助装置。机床实现了加工循环自动化之后，还只是半自动机床，在半自动机床上配备自动装卸工件装置后，由于能够自动完成装卸工作，因而自动加工循环可以连续进行，即成为自动机床。

自动装卸工件装置通常称为自动上料装置，它所完成的工作包括将工件自动安装到机床夹具上以及加工完成后从夹具中卸下工件。其中重要部分在于自动上料过程采用的各种机构和装备，而卸料机构在结构上比较简单，在工作原理上与上料机构有若干共同之处。

根据原材料及毛坯形式的不同，自动上料装置有以下三大类型。

（1）卷料（或带料）上料装置。在加工时，当以卷料（卷状的线材）或带料（卷状的带材）做毛坯时，将毛坯装上自动送料机构，然后从轴卷上拉出来经过自动校直被送向加工位置。在一卷材料用完之前，送料和加工是连续进行的。

（2）棒料上料装置。当采用棒料作为毛坯时，将一定长度的棒料装在机床上，按每一工件所需的长度自动送料。在用完一根棒料之后，需要进行一次手工装料。

（3）单件毛坯上料装置。当采用锻件或将棒料预先切成单件坯料作为毛坯时，机床上设置专门的件料上料装置。

根据工作特点和自动化程度的不同，单件毛坯自动上料装置有料仓式上料装置和料斗式上料装置两种形式。

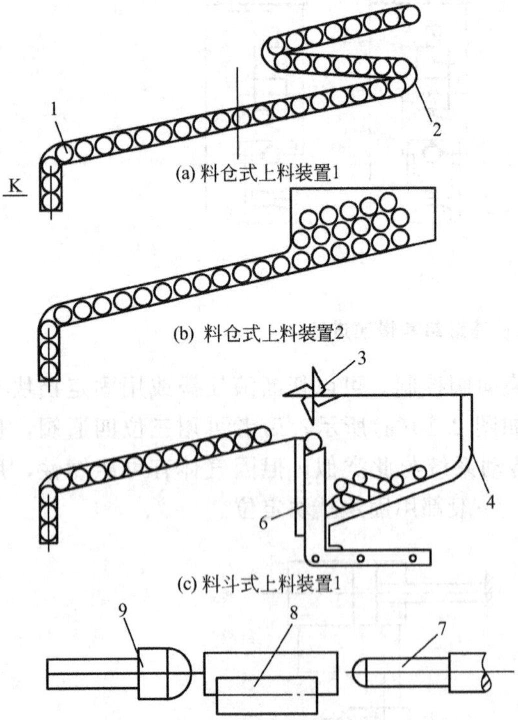

料仓式上料装置是一种半自动的上料装置，不能使工件自动定向，需要由工人定时将一批工件按照一定的方向和位置，顺序排列在料仓中，然后由送料机构将工件逐个送到机床夹具中去。

料斗式上料装置是自动化的上料装置，工人将单个工件成批地任意倒进料斗后，料斗中的定向机构能将杂乱堆放的工件进行自动定向，使之按规定的方位整齐排列，并按一定的生产节拍把工件送到机床夹具中去。

图 2.11 所示为这两种自动上料装置的原理图。图 2.11(a)、(b)所示是料仓式上料装置，它具有料仓 2、输料槽 1、送料器 8、上料杆 7 和卸料杆 9。当工件的加工循环时间较长时，为了简化结构，可以适当加长输料槽使之兼有料仓的作用，如图 2.11(a)所示。图 2.11(c)所示是料斗式上料装置，工件任意地堆放在料斗 4 内，通过定向机构 6 将工件按一定方向顺序送入输料槽 1 中，然后由送料器 8 送到

图 2.11　自动上料装置原理图

1—输料槽；2—料仓；3—剔除器；4—料斗；
6—定向机构；8—送料器；7—上料杆；9—卸料杆

机床的加工位置。在料斗上还设有剔除器3，用以防止定向不正确的工件混入输料槽。

料斗式上料装置由于能够实现工件的自动定向，因而能进一步减轻工人的体力劳动，便于多机床管理。这种自动定向的料斗多适用于工件外形比较简单、体积和质量都比较小，而且生产节拍短、要求频繁上料的场合。料仓式上料装置虽然需要工人周期性地将工件按规定的方向和顺序进行装料，但结构比较简单，工作可靠性较强，适用于工件外形较复杂、尺寸和质量较大以及加工周期比较长的情况。

近年来，在各种类型的自动化机床上，广泛应用了机械手来实现装卸工件自动化。它从料仓或输料槽中抓取工件，直接送入机床夹具；当工件加工完成后，也能从夹具中把工件卸到固定的地点。机械手代替了图2.11(d)中送料器8、上料杆7和卸料杆9的作用。所以，从作用原理上看，仍然可以把它当作上述两类上料装置的组成部分。

3. 自动换刀装置

在自动化加工中，要减少换刀时间，提高生产率，实现加工过程中的换刀自动化就需要刀架转位自动化，自动转位刀架应当有较高的重复定位精度和刚性，应便于控制。

刀架的转位可以由刀架的退刀（回程）运动带动，也可以由单独的电动机、气缸等带动。由退刀运动带动的转位，不需单独的驱动源，而用挡块和杠杆操纵。

图2.12所示为利用回程运动带动的自动转位刀架结构。底座8固定在溜板上，在回程运动中，齿条6与固定挡块相碰，带动齿轮5转动。通过固定在齿轮轴上的棘轮4，经销子3带动回转刀架1转位。钢球2和销子9将弹簧压缩而退入底座8的孔中，刀架1转位完毕。由钢球2进行初定位，销子9作精确定位。刀架再一次快速前进时，齿条6在弹簧7作用下，带动齿轮5反转，销子3在棘轮背面上滑过，做好下次转位准备。这种刀架的特点是结构简单，容易制造，但定位精度低，刚性较差。

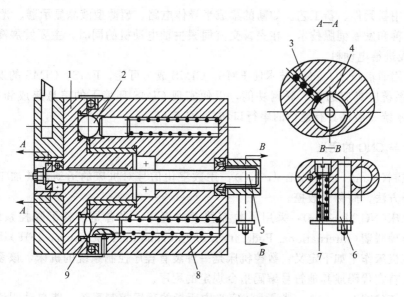

图2.12 回程运动带动的转位刀架

1—回转刀架；2—钢球；3—销；4—棘轮；
5—齿轮；6—齿条；7—弹簧；8—底座；9—销

2.4 数控技术及数控机床

数控机床是一种高科技的机电一体化产品，是由数控装置、伺服驱动装置、机床主体和其他辅助装置构成的可编程的通用加工设备，它被广泛应用在加工制造业的各个领域。加工中心是更高级形式的数控机床，它除了具有一般数控机床的特点外，还具有刀库和自动换刀装置等。与普通机床相比，数控机床最适宜加工结构较复杂、精度要求高的零件以及产品更新频繁、生产周期要求短得多品种小批量零件的生产。现在的数控机床正朝着高速度、高精度化、智能化、多功能化、高可靠性等方向发展。

2.4.1 概述

数控机床和数控技术是微电子技术与传统机械技术相结合的产物。它根据机械加工的工艺要求，使用计算机技术对整个加工过程进行信息处理与控制，实现生产过程的自动化、柔性化。数控机床较好地解决了复杂、精密、多品种、小批量机械零件加工问题，为典型多品种、单件小批量生产零件的精密加工提供了优良的技术条件，是一种灵活、通用、高效的自动化机床。近年来，数控机床更是日趋完善，具体有以下特点。

(1) 不断改善和扩展以高精、高速、高效为代表的功能。通过采用 64 位 RISC 控制功能和交流伺服系统、提高元件的分辨率、主轴速度和进给速度、改善插补功能达到此目标。

(2) 开放结构系统的发展。所谓开放是指系统内部数据可与外部的控制设备互相控制。

(3) 采用新元件、新工艺。如新的集成半导体电路、超薄型液晶显示器、光纤等。

(4) 改善和发展伺服技术。在完善交流伺服主轴电动机的同时，主要发展高速主轴电动机、直线进给电动机。

(5) 采用通信技术。CNC 技术使 FMS、CIMS 成为可能，FMS、CIMS 的发展反过来要求 CNC 系统应具有通信、联网功能，以便实现 CIMS 环境下的信息集成和系统管理。现代 CNC 系统一般都具有通信的串行口和 DNC 接口。

2.4.2 NC 与 CNC 的定义

数字控制(Numerical Control，NC)：用数字化信号对机床的运动及其加工过程进行控制的一种方法，简称为数控。

数控机床(NC Machine)：采用了数控技术的机床，或者是装备了数控系统的机床。国际信息处理联盟(International Federation of Information Processing，IFIP)第五技术委员会对数控机床作了如下定义：数控机床是一种装有程序控制系统的机床，该系统能逻辑地处理具有特定代码或其他符号编码指令规定的程序。

数控系统(NC System)：就是上述定义中所指的程序控制系统，能自动阅读输入载体上事先给定的程序，并将其译码，从而控制机床运动和加工零件过程。

计算机数控系统(Computerized Numerical Control System)：是一种数控系统，由装有数控系统程序的专用计算机、输入/输出设备、可编程序控制器(PLC)、存储器、主轴驱动及进给驱动装置等部分组成。习惯上称为 CNC 系统。

2.4.3 数控机床系统的基本构成

数控机床基本结构如图 2.13 所示，包括加工程序、输入装置、数控系统、伺服系统、辅助控制装置、检测装置及机床本体等几部分。

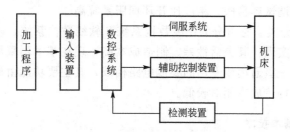

图 2.13 数控机床的基本构成

数控机床完成的基本动作主要有以下几种。

(1) 主轴运动。和普通机床一样，主轴运动主要完成切削任务，其动力占整个机床动力的 70%～80%。基本控制是主轴的正、反转和停止，可自动换挡及无级调速。对加工中心和有些数控车床还必须具有定向控制和 C 轴控制。

(2) 进给运动。数控机床与普通机床最根本的区别在于，用电气驱动替代了机械驱动。数控机床的进给运动由进给伺服系统完成，伺服系统包括伺服驱动装置、伺服电动机、进给传动及位置检测装置。

(3) 输入/输出(I/O)。数控系统对加工程序处理后输出的控制信号除了对进给运动轨迹进行连续控制外，还要对机床的各种状态进行控制。这些状态控制包括主轴的变速控制、主轴的正、反转及停止，冷却和润滑装置的启动和停止，刀具自动交换，工件夹紧和放松及分度工作台转位等。

2.4.4 数控机床的分类

数控机床的种类很多，按不同的分类方法可以分成不同类别，归纳起来主要有以下几种分类方式。

(1) 运动轨迹分类。它可分为点位控制系统、直线控制系统、轮廓控制系统。点位控制系统控制刀具相对于工件定位点的坐标位置，对定位移动的轨迹无要求，在定位移动过程中不进行切削加工，如数控钻床、数控坐标镗床等。直线控制系统是指以给定的速度能控制刀具或工作台，沿平行于某一坐标轴方向进行直线切削加工的控制系统，如数控车床、数控镗、铣床和加工中心等。轮廓控制系统也称为连续控制系统，它能对两个或两个以上的坐标轴同时进行连续控制，在加工过程中，需要不断进行插补运算，然后进行相应的速度和位移控制。采用轮廓控制系统的数控机床的功能比较完善。

(2) 按用途分类。它可分为金属切削类、金属成型类数控机床和数控特种加工机床。金属切削类机床主要有数控车、铣、钻、镗、磨床等。金属成型类机床主要有数控折弯机、弯管机和压力机等。数控特种加工机床主要有数控线切割机床、电火花加工机床和激光加工机床等。

(3) 按进给伺服控制系统分类。它可分为开环伺服系统、闭环伺服系统和半闭环伺服系统。开环伺服系统对执行机构不进行位置检测，多采用步进电动机或电液脉冲马达作为伺服驱动元件，其控制精度较低。闭环伺服系统通过检测工作台的实际移动位移，并将其反馈回伺服控制系统，控制系统通过与理想值相比较，从而调整工作台的位移偏差。这种方式控制精度高、速度快，但系统复杂、成本高。半闭环伺服系统与闭环伺服系统的区别在于，检测装置是检测伺服电动机的转角而不是检测工作台的实际位置。它的构造成本比闭环伺服系统要低、调试容易些，精度比开环伺服系统高。

（4）按数控装置分类。它可分为硬线数控系统和软线数控系统。硬线数控系统由专用的固定组合逻辑电路实现，其灵活性差、制造成本高，现在基本不采用。软线数控系统由小型或微型计算机和一些通用或专用的集成电路构成，其主要功能由软件实现，系统的适应性强、利用率高、构造成本相对较低。

2.4.5 数控机床的基本技术

1. 数控编程技术

1）数控编程概念

数控编程是指从确定零件加工工艺路线到制成控制介质的整个过程，生成一定格式的加工程序单。数控程序作为数控机床加工零件的指令集，直接影响零件加工的质量、生产效率和生产成本。

在数控编程过程中，首先考虑的问题是要满足零件加工的要求，能加工出符合图样的合格零件，同时也应该考虑尽量优化生产效率和生产成本，充分发挥数控机床的功能。一般来说，数控编程过程主要包括：零件图样分析、工艺处理、数学处理、程序编制、控制介质制作和程序校核试切等过程，如图2.14所示。

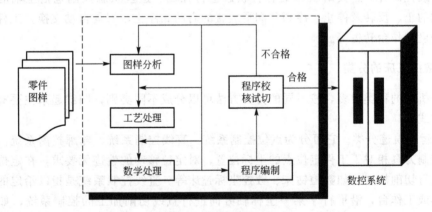

图2.14 数控编程过程

数控编程过程的具体步骤如下所示。

（1）零件图样分析。分析零件的材料、形状、尺寸、精度、批量要求以及毛坯形状和热处理要求等，在此基础上明确加工内容要求，确定加工方案。

（2）工艺处理。主要包括选择合适的数控机床、设计夹具、选择刀具、确定合理的走刀路线及选择合理的切削用量等。

（3）数学处理。根据零件图样和确定的加工路线，计算出数控机床所需要的输入数据。

(4) 程序编制。根据数学处理计算出数据和确定的加工用量，编制相应的数控代码，并根据数控装置对输入信息的要求制作相应的输入介质。

(5) 程序校核试切。生成的数控代码进行试切验证，如果加工的零件合格，则可以进行数控加工，如果试加工的零件达不到图样规定的要求，应该分析原因，返回前面适当的步骤进行修改，直到满足要求为止。

2) 编程方法

数控编程方法主要有手工编程、语言式自动编程、CAD/CAM 集成系统和面向车间的编程(Workshop Oriented Programming，WOP)的数控编程。

(1) 手工编程。手工编程是指编制零件数控加工程序的各个步骤均是由人工完成的。对于几何形状不太复杂的零件，计算比较简单，程序段不多，采用手工编程容易实现。但对于具有复杂空间曲面轮廓的零件，计算烦琐、程序量大、难校对，甚至无法手工编制出控制程序。

(2) 语言式自动编程。使用计算机语言编制数控加工程序，自动地输出零件加工程序及自动制作控制介质过程称为自动编程。常用的有美国的 APT(Automatically Programmed Tool)系统，APT 语言是对工件、刀具的几何形状以及刀具相对于工件的运动等进行定义时所用的符号语言。使用 APT 语言书写零件加工程序，经过 APT 语言编译系统编译可生成刀位文件，进行数控后置处理，能自动产生数控系统能接受的零件加工程序。在此基础上发展起来还有日本的 FAPT、德国的 EXAPT 等。国内开发的自动编程工具主要有 SKC-1、ZCX-1 等。

(3) CAD/CAM 集成系统的数控编程。它是以待加工零件的 CAD 模型为基础的一种集加工工艺规划及数控编程为一体的自动编程方法。适用于数控编程的 CAD 模型主要有表面模型(Surface Model)和实体模型(Solid Model)，其中表面模型应用得最为广泛。其编程的过程一般包括刀具定义和选择、刀具相对于零件表面运动方式的定义、切削参数的选择、走刀轨迹的生成、加工过程动态仿真、程序校验和后置处理等。目前流行的 CAD 软件，如 Solidworks、UGⅡ、Pro/E、I-DEAS 等，都具有数控编程模块，而更专业的数控编程 CAD 软件有 MasterCAM、SurfCAM 等。

(4) 面向车间的编程(WOP)。它介于手工编程和自动编程之间的一种编程方法。它可借助计算机完成一些复杂的数学处理工作，并提供人机交互界面，让编程人员可以方便地融入自己实际的加工经验。它在很大程度上减轻了编程人员的编程强度，提高了编程效率。

2. 数控机床插补原理

在数控加工过程中，加工对象的轮廓种类很多。对于一些复杂的高次空间轮廓曲面，其刀具轨迹的计算非常复杂，计算量很大，难以满足数控加工的适时性要求。因此在实际应用中，采用小段直线或圆弧(在有些场合，使用抛物线、螺旋线甚至三次样条等高次曲线)对加工对象的轮廓曲面进行插补(也可理解为曲面拟合)。一般来说，对两坐标联动，有直线、圆弧和抛物线插补；对三坐标联动，有空间直线插补，空间直线、圆弧与抛物线之间的两两组合的综合插补；对四坐标联动，有圆弧、抛物线与双直线(单直线)综合的五维(四维)的插补。

插补的任务就是根据进给速度的要求，完成这些拟合曲线起点和终点之间的中间点的坐标值计算。目前普遍应用的插补算法主要分为两大类。

1) 脉冲增量插补

脉冲增量插补法适用于以步进电动机为驱动装置的开环数控系统。这类插补算法的特点是每次插补的结果仅产生一个行程增量,以一个个脉冲的方式输出给步进电动机。脉冲增量插补的实现方法较简单,通常仅用加法和移位就可完成插补运算,因而可用硬件电路来实现,这类用硬件实现的插补运算的速度很快。但是,CNC 系统一般均用软件来完成这类算法。脉冲增量插补输出的速率主要受插补程序所用时间的限制,它仅仅适用于中等精度和中等速度、以步进电动机为执行机构的机床系统。

2) 数据采样插补

数据采样插补适用于闭环和半闭环以直流或交流伺服电动机为执行机构的 CNC 系统。这种方法是将加工一段直线或圆弧的时间划分为若干相等的插补周期,每经过一个插补周期就进行一次插补计算,算出在该插补周期内各个坐标轴的进给量,边计算边加工,若干次插补周期后完成一个曲线段的加工,即从曲线段的起点走到终点。

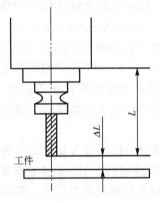

图 2.15 刀具长度补偿

3. 数控机床的刀具补偿

为了简化数控编程,使数控程序尽量与刀具的尺寸和安装位置无关,数控系统一般都提供刀具补偿功能,主要是刀具长度补偿和刀具半径补偿。

1) 刀具长度补偿

由于夹具高度、刀具长度、加工深度等变化需要对切削深度进行刀具长度补偿,如图 2.15 所示,一般是使刀具垂直于走刀面偏移一个刀具长度修正值。刀具长度补偿主要针对两坐标或三坐标联动数控机床,对三坐标以上联动的数控机床是无效的。刀具长度补偿大多由操作者通过手动数据输入方式实现,也可通过编程实现。

2) 刀具半径补偿

在轮廓加工过程中,由于刀具总有一定的半径(如铣刀半径),刀具中心的运动轨迹与工件轮廓是不一致的,如图 2.16 所示。如果不考虑刀具半径,直接按照工件轮廓编程,则加工出来的零件会比图样要求的轮廓小一圈或大一圈,因此实际加工时,应该使刀具偏移一个刀具半径 r,这种偏移称为刀具半径补偿。由于同一轮廓的零件采用不同尺寸的刀具,或同一尺寸刀具因重新调整或因磨损引起尺寸变化,所以程序编制时很难考虑刀具的补偿,一般由数控装置提供刀补功能进行刀补。

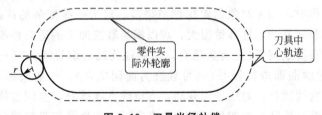

图 2.16 刀具半径补偿

4. 数控机床的伺服控制系统

数控伺服是数控系统和机床机械传动部件间的连接环节,是数控机床的重要组成部分。伺服系统主要包含机械传动、电器驱动、检测、自动控制等内容,它根据数控系统插补运算生成的位置指令,精确地变换为机床移动部件的位移。伺服系统直接反映机床坐标轴跟踪运动指令和实际定位的性能。

数控伺服通常指进给伺服系统,图 2.17 所示是一个典型的闭环进给伺服系统结构图。

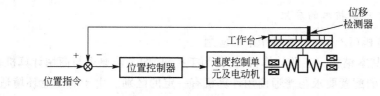

图 2.17　闭环进给伺服系统结构图

对于机床主轴控制,一般只需要满足主轴调速及正、反转功能。对于一些特殊加工,例如螺纹加工等,需要对主轴位置提出相应的控制要求时,也应该具有伺服驱动功能,此时称为主轴伺服系统。数控机床对伺服系统的一般要求如下所示。

(1) 调速范围宽。一般速比应大于 1:10000,低速平稳,高速能满足进给速度要求。

(2) 高精度。控制精度能满足定位精度和加工精度要求,位置伺服系统的定位精度一般要求能达到 $1\mu m$ 甚至 $0.1\mu m$。

(3) 快速响应好。一般使电动机转速从 0 升至加工转速或从加工转速降至 0,要在 $0.2s$ 以内实现,甚至为几十毫秒。

(4) 低速大转矩。低速进给驱动要有大的转矩输出,以满足对切削力的要求。

(5) 系统工作可靠性较高,抗干扰能力强,工作稳定。

(6) 伺服驱动系统常用的驱动元件有步进电动机、直流伺服电动机和交流伺服电动机等。伺服驱动系统对驱动元件的要求主要有调速范围宽、稳定性好、负载特性硬、反应速度快、能适应频繁启停和换向等。

5. 数控系统的位置检测装置

在闭环和半闭环系统中,必须有位置检测装置。位置检测装置的作用是检测位移并发出反馈信号,经过 A/D 转换,返回控制装置,与控制信号相比较以修正机床的运动偏差。位置检测装置根据安装形式和测量方式可分为下面几种检测方式。

1) 增量式和绝对式

增量式检测只检测位移增量,它可以以任何一个对中点作为测量的起点。增量式检测优点是检测装置简单,然而一旦发生计数错误,就会引起后面的测量结果全错。绝对式检测的特点是被测点的任一点的位置都从一个固定的零点算起,每一被测点都有一个相应的测量值,从而克服了增量式检测的缺点。

2) 数字式和模拟式

数字式检测是以量化后的数字形式表示测量值,得到的测量信号是脉冲形式,以计数后得到的脉冲个数表示位移量。数字式检测的信号抗干扰能力强,便于显示和处理。模拟式检测将被测量用连续的变量表示,如电压变化、相位变化。模拟式检测的信号处理电路较复杂,易受干扰,其主要用于小量程的高精度测量。

3) 直接检测和间接检测

若位置检测装置检测的对象就是被测对象本身,即称为直接检测,否则称为间接检测。对于工作台的直线位移，直接检测可以直观反映其位移量，但检测装置要与行程等长，在大型数控机床上应用有一定的限制。间接检测通过和工作台运动相关联的回转运动来间接地检测工作台的直线位移，使用可靠，无长度限制，但检测信号加入了直线转变为旋转运动的转动链误差，从而影响了检测精度。

6. 数控机床中新技术的应用

1) 工业计算机(IPC)在数控机床中的应用

(1) IPC 的基本结构。工业计算机(也称为工控机)的工作原理与商用计算机基本相同，但其结构和配件的配置要求与普通商用计算机有一定的区别。由于对工业环境适应性的特殊要求，其稳定性、抗干扰性等方面大大优于普通商用计算机。它与普通商用计算机主要区别在于以下几方面。

① 箱体。工业计算机的机箱要求防尘、防震、防潮。

② 供电系统。由于工业计算机不仅要为自身工作供电，而且还要为许多扩展卡、现场仪器仪表供电。因此其供电系统的功率设计要根据系统的实际要求确定。在要求连续作业的场合，还必须提供后备电源。

③ 底板。由于工业计算机在应用过程中，除了具备常用计算机显卡、声卡、网卡、Modem 卡等常用扩展卡外，还需要添加 A/D 卡、D/A 卡、I/O 卡等扩展卡，因此常用计算机主板上的扩展槽不够用，所以一般工业计算机带有一块底板，其作用就是提供更多的扩展槽，并且通常采用工业标准体系（Industry Standard Architecture，ISA）总线结构。

④ 主板。工业计算机主板上不带扩展槽，并同其他的扩展板卡一样插在底板上。有的主板集成有显卡，甚至集成有电子盘接口板。工业计算机比常用的计算机备有更多的串行输入/输出口，以满足通信的需求。

⑤ 扩展板。除了常用计算机的扩展板卡(如显卡、声卡、Modem 卡等)以外，工业计算机一般还有 I/O 板、A/D 板、D/A 板等扩展卡，以适应现场信号检测、动作控制的需要，具体配置可根据系统具体要求选用。

(2) IPC - NC 的实现途径。IPC - NC 的主要实现形式可归纳为 3 种：IPC 内藏型 NC、NC 内藏型 IPC、软件 NC。

IPC 内藏型 NC 是在 NC 内部加装 IPC 板，IPC 板与 CNC 之间通过专用总线相连，如图 2.18 所示。这一形式主要为一些大型 CNC 控制器制造商所采用，其优点是原型 NC 几乎可以不加改动就可以使用，且数据传送快、系统响应快；其缺点是不能直接使用通用 IPC，开放程度受到限制。

NC 内藏型 PC 就是将运动控制板或整个 NC 单元插入到 PC 的扩展槽中。PC 作非实时处理，实时控制由 CNC 单元或运动控制板来承担，如图 2.19 所示。这种类型的优点是能充分保证系统性能，软件的通用性强，而且编程处理灵活；其缺点是很难利用原型 CNC 资源，系统可靠性有待进一步提高。

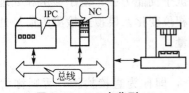

图 2.18　IPC 内藏型 NC

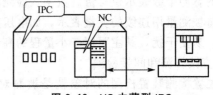

图 2.19　NC 内藏型 IPC

软件 NC 是指 NC 系统的各项功能,如编译、解释、插补和 PLC 等,均由软件模块来实现,并通过装在 PC 扩展槽中的接口卡对伺服驱动进行控制,如图 2.20 所示。这类系统优点是可借助现有的操作系统平台(如 Windows、Linux 等)和大量应用软件(如 VC,VB 等),通过对 NC 软件的适当组织、划分、规范和开发,能方便地实现 NC 功能的扩充;其缺点是在通用 PC 上进行实时处理较困难,难以利用原型 CNC 资源,可靠性也还有待进一步提高。

2) 计算机网络技术在数控机床中的应用

(1) 计算机网络技术在企业中应用状况。计算机网络是把分布在不同地点具有独立功能的多个计算机通过通信线路及其设备连接起来,配上相应网络操作系统,按照网络协议互相通信。其目的是共享各个计算机处理单元的软硬件资源和数据资源。

企业内部网络的应用可以分为两层,如图 2.21 所示,即处理企业管理与决策信息的信息网和处理企业现场实时测控信息的控制网。信息网一般处于企业上层,处理大量的、变化的、多样的信息,具有高速、综合的特征。控制网处于企业的下层,处理大量的车间现场设备信息,这些现场设备包括各种数控机床。而控制网要求具有协议简单、容错性强、安全可靠、成本低廉等特征。

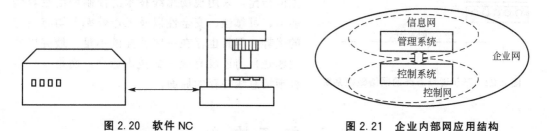

图 2.20 软件 NC　　　　　图 2.21 企业内部网应用结构

(2) Net-NC 实现方式。目前 Net-NC 的典型应用是 DNC(Direct Numerical Control)系统和 FMS 系统。DNC 是把车间加工设备与上层控制计算机集成起来,实现若干台数控机床的集中管理。而 FMS 的主要特征之一是增加了物料流控制系统。

Net-NC 连接方式主要有以下 3 种。

① 通过符合 MAP(Manufacturing Automation Protocol)标准的网络接口连接。它是美国 GM 公司研究和开发的一种通信标准,采用了标准 7 层 OSI/OS 网络模型,其特点是传输速度快,可以实现多种网络拓扑结构,但实现复杂,开发费用高,在国内应用很少。

② 通过 RS232/RS485 等串口通信方式直接相连。在主机中安装一块串口通信卡,数控机床通过 RS232 或 RS485 以星形结构与主机连接。它的实现成本低,方法简单,但其通信速度慢,网络实现方式不灵活。

③ 通过以太网(Ethernet)相连。以太网采用目前网络技术最流行的、应用最广泛的 TCP 协议。它的实现简单、开放性好、网络实现方式灵活,是最具发展前景的一种互连方式之一。

Net-NC 从网络体系结构上可分为主从网络结构和分布式网络结构。在主从网络结构系统中,所有的数控机床必须依赖中央主机,中央主机负责存储分配各个数控机床数控程序。其连接方式简单,成本低,实现方便,但一旦主机出现故障,整个系统就瘫痪了。分布式网络结构正好克服了主从网络结构的缺陷。在这种体系结构中,每台数控机床通过

PC 与中央服务器连接，中央服务器只是提供信息交换和任务调度功能。当中央服务器出现故障时，每个数控单元也可单独作业，而不会造成整个系统瘫痪，从而提高了系统的安全性，但其成本较高。

3) 现场总线技术在数控系统中的应用

现场总线(Field bus)是一种互连现场自动化设备及其控制系统的双向数字通信协议。它是 20 世纪 90 年代蓬勃发展起来的新技术。这一新技术已经对 21 世纪工业控制、工业自动化的各个领域产生深远的影响，并在工业和其他领域中得到广泛应用。目前，现场总线有许多种类，其中应用较多的有 CAN(Controlled Area Network)、LON(Local Operating Network)、Profibus 等。现场总线具有以下特点：①高通信速率，可达 1Mbit/s；②远距离传输，可达 10km；③接口简单、安装方便；④通信控制简单；⑤扩展能力强；⑥互操作性强；⑦系统成本低。

典型基于现场总线的网络数控系统如图 2.22 所示。在数控系统中采用现场总线技术主要为了更好适应 Net-NC 系统中低层网络通信和控制的需要。与 MAP 协议网络以及基于 TCP 协议的以太网相比，采用现场总线技术的控制网络在容错能力、可靠性、安全性以及工作效率上均有一定的优势。但其也存在一些明显的不足，最突出的问题是目前还没有统一的技术标准，而是一个多种现场总线并存的局面。

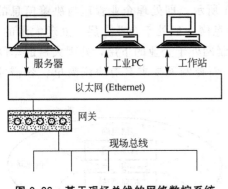

图 2.22 基于现场总线的网络数控系统

2.5 加工中心

2.5.1 加工中心的基本概念

加工中心是在数控机床之后出现，为了进一步提高加工效率，减少辅助时间，将更换刀具的动作与功能和数控机床集成而形成的自动化程度和生产率更高的新型数控机床。加工中心是备有刀库并能自动更换刀具对工件进行多工序集中加工的数控机床。工件经一次装夹后，数控系统能控制机床按不同工序(工步)自动选择和更换刀具，自动改变机床主轴转速、进给量和刀具相对工件的运动轨迹及实现其他辅助功能，依次完成工件多种工序的加工。通常，加工中心仅指主要完成镗铣加工的加工中心。这种自动完成多工序集中加工的方法已经扩展到各种类型的数控机床，例如车削中心、滚齿中心、磨削中心等。由于加工工艺复合化和工序集中化，为适应多品种小批量生产的需要，还出现了能实现切削、磨削以及特种加工的复合加工中心。加工中心具有刀具库及自动换刀机构、回转工作台、交换工作台等，有的加工中心还具有可交换式主轴头或卧—立式主轴。

加工中心和普通数控机床的主要区别有以下 4 点。

(1) 有自动换刀装置(包括刀库和换刀机械手)，能实现工序间的自动换刀，这是加工中心最突出的标志性结构。

(2) 三坐标以上的全数字控制，经济型数控系统一般不能满足需要。

(3) 具有多工序的功能。在一次装夹中，尽可能完成多工序加工，要实现多面加工一般应有回转工作台。

(4) 还可配置自动更换的双工作台，实现机床上、下料的自动化。

世界上工业发达国家如美、德、日重视机床技术和机床工业的发展，机床制造技术先进，因此其工业发展较快。第一台加工中心是在1958年由美国卡尼—特雷克公司首先研制成功的。它在数控卧式镗铣床的基础上增加了自动换刀装置，从而实现了工件一次装夹后即可进行铣削、钻削、镗削、铰削和攻螺纹等多种工序的集中加工。

目前，加工中心是各类数控机床产品中发展最快、所占比重最大的一类产品，已成为制造业应用最广的一类设备之一。一些经济发达国家都把发展加工中心作为发展数控机床的首要任务，它的发展直接关系到国家经济建设和国防安全。

2.5.2 加工中心的技术特点、加工精度、类型与适用范围

1. 加工中心的技术特点

加工中心的技术特点主要表现在以下4个方面。

(1) 带有自动换刀装置(ATC)。可实现铣、钻、镗、铰、攻等多工序加工。

(2) 加上托板自动交换装置(APC)。可实现工件自动储存和上下料，组成柔性加工单元(FMC)。加工中心还可方便地组成FAL(柔性自动线)或FMS(柔性制造系统)，由"单机"构成"制造系统"，便于进一步发展实现FA(工厂自动化)、CIM(计算机集成制造)、CIMS(计算机集成制造系统)，可实现24h无人化运转，甚至可达72h等等。

(3) "柔性"大，换品种调整方便。能实现中小批量、多品种、柔性生产自动化，克服了高效自动化机床、自动线的"刚性"缺点。随着技术的发展，加工中心不断向高速化、复合化、柔性化等方面发展，不断提高加工效率，已逐步替代组合机床、自动线。

(4) 生产率高。加工中心因有自动换刀功能实现多工序集中加工，停机时间短；同时，因可以减少工序周转时间，工件的生产周期显著缩短。加工中心在正常生产条件下其开动率可达90%以上，而切削时间与开动时间的比率可达70%～85%（普通机床仅为15%～30%），有利于实现多机床看管，提高劳动生产率。

2. 加工中心的加工精度

加工中心的加工精度一般介于卧式铣镗床与坐标镗床之间，精密加工中心也可以达到生产型坐标镗床的精度。加工中心的加工精度主要与其位置精度有关，加工孔的位置精度（例如孔距误差）大约是相关运动坐标定位精度的1.5倍。铣圆精度是综合评价加工中心相关数控轴的伺服跟随运动特性和数控系统插补功能的指标，其允差普通级为0.03～0.04mm，精密级为0.02mm。加工中心可粗、精加工兼容，为适应这一要求，其精度往往有较多的储备量并有良好的精度保持性。加工中心实现自动化加工还可避免如非数控机床加工时因人工操作出现的失误，保证加工质量稳定可靠，这对于复杂、昂贵的工件，意义尤为重要。加工中心自动完成多工序集中加工，可减少工件安装次数，也有利于保证加工质量。

3. 加工中心的类型与适用范围

加工中心适用范围广，主要适用于多品种、中小批量生产中对较复杂、精密零件的

多工序集中加工,或为完成在通用机床上难以加工的特殊零件(如带有复杂多维曲面的零件)的加工。工件一次装夹后即可完成钻孔、扩孔、铰孔、攻螺纹、铣削、镗削等加工。

加工中心的类型及适用范围见表 2-1。

表 2-1 加工中心类型及适用范围

类型	布局型式	特点	适用范围
立式加工中心	固定立柱型、移动立柱型	主轴支撑跨距较小。占地面积较小,刚性低于卧式加工中心,刀库容量多为 16~40 个	适用于中型零件、高度尺寸较小的零件加工,尤其是盖板类零件加工
卧式加工中心	固定立柱型、立柱型	主轴及整机刚性强,镗铣加工能力较强,加工精度较高,刀具容量多为 40~80 个	适用于中、大型零件及工序复杂且精度较高的零件加工,通常用于箱体类零件加工
五面加工中心	交换主轴头、回转主轴头、转换圆工作台	主轴或工作台可立、卧式兼容,多方向加工而无需多次装夹工件,但编程较复杂,主轴或工作台刚性受到一定影响	适用于多面、多方向或多坐标复杂型面的零件加工
龙门加工中心	工作台移动型、龙门架移动型	由数控龙门镗铣床配备自动换刀装置、附件刀库等组成。立柱、横梁构成龙门结构,纵向行程大。多数具有五面加工性能,成为龙门式五面加工中心	适用于大型、长型、复杂零件加工

2.5.3 加工中心的典型自动化机构

加工中心除了具有一般数控机床的特点外,还具有其自身的特点。加工中心必须具有刀具库及刀具自动交换机构,其结构形式和布局是多种多样的。刀具库通常位于机床的侧面或顶部。刀具库远离工作主轴的优点是少受切削液的污染,使操作者在加工时调换库中刀具免受伤害。FMC 和 FMS 中的加工中心通常需要大量刀具,除了满足不同零件的加工外,还需要后备刀具,以实现在加工过程中实时更换破损刀具和磨损刀具,因而要求刀库的容量较大。换刀机械手有单臂机械手和双臂机械手,180°布置的双臂机械手应用最普遍。

(1) 自动换刀与刀库。加工中心刀具的存取方式有顺序方式和随机方式,刀具随机存取是最主要的方式之一。随机存取就是在任何时候可以取用刀库中任一刀具,选刀次序是任意的,可以多次选取同一刀具,从主轴卸下的刀具允许放在不同于先前所在刀座上,CNC 可以记忆刀具所在的位置。采用顺序存取方式时,刀具严格按数控程序调用。程序开始时,刀具按照排列次序一个接着一个取用,用过的刀具仍放回原刀座上,以保证确定的顺序不变。

(2) 触发式测头测量系统。用于循环(In cycle)测量,工序前对工件及夹具通过检测控制其正确位置,以保证精确的工件坐标原点和均匀的加工余量;工序后主要测量加工工件的尺寸,根据其误差作出相应的坐标位置调整,以便进行必要的补充加工,避免出现废品。触发式测头测量系统原理如图 2.23 所示。触发式测头具有三维测量功能。测量时,机械手将触发式测头从刀库中取出装于主轴锥孔中。工作台以一定速度趋近测头。当测杆端球触及工件被测表面时,发出编码红外线信号,通过装在主轴箱上方的接收器传入数控装置,使测量运动中断,并采集和存储在接触瞬间的 X、Y、Z 坐标值,与原存储的公称坐标值进行比较,即得出误差值。当检测某一孔的中心坐标时,可将该孔圆周上测得的 3~4 点坐标值,调用相应程序运算处理,即可得出所测孔的中心坐标。该测量系统一般只用于相对比较测量,重复精度 $0.5\mu m$。在经测量值修正后,测量值误差可在 $5\mu m$ 以内,可做全方位精密测量。触发式测头测量系统信号的传输和接收除上述红外辐射式外,常用的还有电磁耦合式。

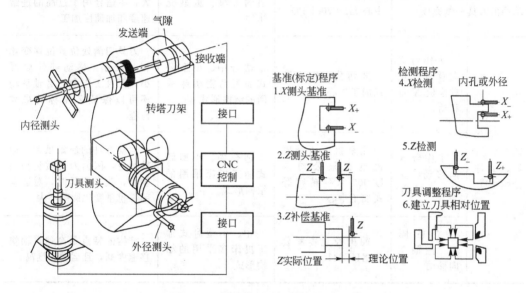

图 2.23 触发式测头测量系统原理图

(3) 刀具长度测量系统。用以检查刀具长度正确性以及刀具折断、破损现象,检测准确度为 ±1mm。当发现不合格刀具时,测量系统会发出停车信号。刀具长度测量系统是在机床正面两侧的地面上,装有光源和接收器,如需检测主轴上的刀长,可令主轴向前移动,接收器向数控系统发出信号,在数据处理后即可得出刀具长度实测值。经与规定的刀具设定长度比较,如果超出允差时,可发出令机床停车的信号。此外,也可以用触发式测头检测刀具长度的变化。

(4) 回转工作台。回转工作台是卧式加工中心实现 B 轴运动的部件,B 轴的运动可作为分度运动或进给运动。回转工作台有两种结构形式,仅用于分度的回转工作台用鼠齿盘定位。用于进给运动的回转工作台用伺服电动机驱动,用回转式感应同步器检测及定位,并控制回转速度,也称数控工作台。数控工作台和 X、Y、Z 轴及其他附加运动构成 4~5 轴轮廓控制,可加工复杂轮廓表面。此外,加工中心的交换工作台和托盘交换装置配合使用,实现了工件的自动更换,从而缩短了消耗在更换工件上的辅助时间。

2.5.4 卧式加工中心的布局结构形式

卧式加工中心的主要运动包括 3 个移动轴（X、Y、Z）和一个回转轴（B 轴），在 4 个运动轴的分配上，4 个相对运动既可以分配给刀具，也可以分配给工件，或者由工件和刀具共同来完成。从目前机床结构看，回转轴一般都由工作台的回转来完成（B 轴），所以机床的布局主要在 3 个移动轴的分配上。按 3 轴运动实现方式和 3 个运动的分配，卧式加工中心的结构形式主要有 3 个，其移动轴的主要结构形式及特点见表 2-2 所示。

表 2-2 卧式加工中心移动轴的主要结构形式及特点

三个移动轴		典型产品	应用范围	优缺点
工作台固定、三轴移动均由刀具一侧完成		哈挺公司卧式加工中心 HMC700HPD	加工具有复杂型面的大型、重型壳体件	运动部件质量大、惯性力大，不适合用于过高的进给速度和加速度加工
三轴移动用刀具、工件分别完成	工作台 Z 向移动，立柱拖板 X 向移动	迪西公司精密卧式加工中心 DHP80	适合中、小型卧式加工精密机床采用的结构形式	刀具切削处位置位移变化相对较小，移动部件质量小，而且工作台的 Z 轴移动还可以保证 Z 坐标的最大行程
	工作台 X 向移动，立柱 Z 向移动	北京机床所精密机电有限公司的 U2000 系列精密卧式加工中心	适合中、小型卧式加工机床采用的结构形式	运动部件的质量虽大，但较恒定，因为刀具质量相对较小，改变刀具时，对运动部件重量变化影响不大
	立柱固定，主轴 X 向移动	德国爱克赛罗公司 XHC241	中、小型卧式加工机床多采用的结构形式	结构的特点是高速，轴快移速度高，且运动精度高

2.5.5 立式加工中心

立式加工中心是指主轴轴线与工作台垂直设置的加工中心，主要适用于加工板类、盘类、模具及小型壳体类复杂零件。立式加工中心能完成铣削、镗削、钻削、攻螺纹等工序。立式加工中心最少是三轴二联动，一般可实现三轴三联动，有的可进行五轴、六轴控制。立式加工中心立柱高度是有限的，对箱体类工件加工范围小，这是立式加工中心的缺点。但立式加工中心工件装夹、定位方便；刀具运动轨迹易观察，调试程序检查测量方便，可及时发现问题，进行停机处理或修改；冷却条件易建立，切削液能直接到达刀具和加工表面；3 个坐标轴与笛卡儿坐标系吻合，感觉直观与图样视角一致，切屑易排除和掉落，避免划伤加工过的表面。与相应的卧式加工中心相比，结构简单，占地面积较小，价格较低。

立式加工中心分类一般如下。

(1) 依据导轨分类。依据立式加工中心各轴导轨的形式可分硬轨及线轨。硬轨适合重切削，线轨运动更灵敏。

(2) 依据转速分类。立式加工中心主轴转速 6000～15000r/min 为低速型，18000r/min 以

（3）依据结构分类。依据立式加工中心的床身结构可分为 C 型及龙门型。

2.5.6 五面加工中心

五面加工中心是在工件一次装夹后，能完成除安装底面外的五个面的加工设备。五面加工中心的功能比多工作台加工中心的功能还要多，控制系统先进，其价格是工作台尺寸相同的多工位加工中心的两倍左右。这种加工中心兼有立式和卧式加工中心的功能，在加工过程中可保证工件的位置公差。常见的五面加工中心有两种形式，一种是主轴按相应角度旋转，可成为立式加工中心或卧式加工中心；另一种是工作台带着工件作旋转，主轴不改变方向而实现五面加工。无论是哪种五面加工中心都存在着结构复杂、造价昂贵的缺点。五面加工中心的坐标系统如图 2.24 所示。

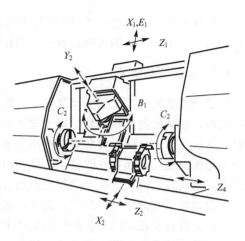

图 2.24 五面加工中心坐标系统示意图

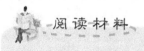

并联机床

并联机床（Parallel Machine Tools），又称并联结构机床（Parallel Structured Machine Tools）、虚拟轴机床（Virtual Axis Machine Tools），也曾被称为六条腿机床、六足虫（Hexapods）。并联机床是基于空间并联机构 Stewart 平台原理开发的，是近年才出现的一种新概念机床，它是并联机器人机构与机床结合的产物，是空间机构学、机械制造、数控技术、计算机软硬技术和 CAD/CAM 技术高度结合的高科技产品。它克服了传统机床串联机构刀具只能沿固定导轨进给、刀具作业自由度偏低、设备加工灵活性和机动性不够等固有缺陷，可实现多坐标联动数控加工、装配和测量多种功能，更能满足复杂特种零件的加工。

并联机构机床则机构简单而数学复杂，整个平台的运动牵涉到相当庞大的数学运算，因此虚拟轴并联机床是一种知识密集型机构。这种新型机床完全打破了传统机床结构的概念，抛弃了固定导轨的刀具导向方式，采用了多杆并联机构驱动，大大提高了机床的刚度，使加工精度和加工质量都有较大的改进。另外，由于其进给速度的提高，从而使高速、超高速加工更容易实现。由于这种机床具有高刚度、高承载能力、高速度、高精度以及重量轻、机械结构简单、制造成本低、标准化程度高等优点，在许多领域都得到了成功的应用，因此受到学术界的广泛关注。由并联、串联同时组成的混联式数控机床，不但具有并联机床的优点，而且在使用上更具实用价值。

INGERSOLL 公司的并联机床

➡ 资料来源：http://baike.baidu.com/view/1246229.htm，2012

2.6 刚性自动化生产线

机械加工自动化生产线(简称自动线)是一组用运输机构联系起来的由多台自动机床(或工位)、工件存放装置以及统一自动控制装置等组成的自动加工机器系统。

2.6.1 自动线的特征

自动线能减轻工人的劳动强度,并大大提高劳动生产率,减少设备布置面积,缩短生产周期,缩减辅助运输工具,减少非生产性的工作量,建立严格的工作节奏,保证产品质量,加速流动资金的周转和降低产品成本。自动线的加工对象通常是固定不变的,或在较小的范围内变化,而且在改变加工品种时要花费许多时间进行人工调整。由于其初始投资较多,自动线只适用于大批量的生产场合。

自动线是在流水线的基础上发展起来的,它具有较高的自动化程度和统一的自动控制系统,并具有比流水线更为严格的生产节奏性等。在自动线的工作过程中,工件以一定的生产节拍,按照工艺顺序自动地经过各个工位,在不需工人直接参与的情况下,自行完成预定的工艺过程,最后成为合乎设计要求的制品。

2.6.2 自动线的组成

自动线通常由工艺设备、质量检查装置、控制和监视系统、检测系统以及各种辅助设备等所组成。由于工件的具体情况、工艺要求、工艺过程、生产率要求和自动化程度等因素的差异,自动线的结构及其复杂程度常常有很大的差别。但是其基本部分大致是相同的,如图 2.25 所示。

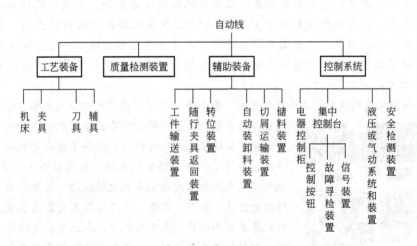

图 2.25 自动线的组成

图 2.26 所示表示了常见的加工箱体类零件的组合机床自动线。从图中可以看出,该自动线主要由 3 台组合机床 1、2 和 3,输送带 4,输送带传动装置 5,转位台 6,转位鼓轮 7,夹具 8,切屑运输装置 9,液压站 10 以及操纵台 11 等所组成。

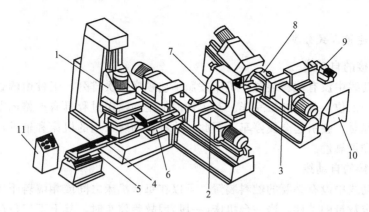

图 2.26 组合机床自动线

2.6.3 自动线的类型

自动线的类型可从以下三方面分类。

1. 按工件外形和切削加工过程中工件运动状态分类

1) 旋转体工件加工自动线

这类自动线由自动化通用机床、自动化改装的通用机床或专用机床组成,用于加工轴、盘及环类工件,在切削加工过程中工件旋转。这类自动线完成的典型工艺是:车外圆、车内孔、车槽、车螺纹、磨外圆、磨内孔、磨端面、磨槽等。

2) 箱体、杂类工件加工自动线

这类自动线由组合机床或专用机床组成,在切削过程中工件固定不动,可以对工件进行多刀、多轴、多面加工。这类自动线完成的典型工艺是:钻孔、扩孔、铰孔、镗孔、铣平面、铣槽、车端面、套车短外圆、加工内外螺纹以及径向切槽等。随着技术的发展,车削、磨削、拉削、仿形加工、珩磨、研磨等工序也纳入了组合机床自动线。

2. 按所用的工艺设备类型分类

1) 通用机床自动线

这类自动线多数是在流水线基础上,利用现有的通用机床进行自动化改装后联成的。其建线周期短、制造成本低、收效快,一般多用于加工盘类、环类、轴、套、齿轮等中小尺寸、较简单的工件。

2) 专用机床自动线

这类自动线所采用的工艺设备以专用自动机床为主。专用自动机床由于是针对某一种(或某一组)产品零件的某一工序而设计制造的,因而其建线费用较高。这类自动线主要针对结构比较稳定、生产纲领比较大的产品。

3) 组合机床自动线

用组合机床连成的自动线,在大批量生产中日益得到普遍的应用。由于组合机床本身具有一系列优点,特别是与一般专用机床相比,其设计周期短、制造成本低,而且已经在生产中积累了较丰富的实践经验,因此组合机床自动线能收到较好的使用效果和经济效益。这类自动线在目前大多用于箱体、杂类工件的钻、扩、铰、镗、攻螺纹和铣削等工序。

3. 按设备连接方式分类

1) 刚性连接的自动线

在这类自动线中没有贮料装置，机床按照工艺顺序依次排列，工件由输送装置从一个工位传送到下一工位，直到加工完毕。其工件的加工和输送过程具有严格的节奏性，当一个工位出现故障时，会引起全线停车。因此，这种自动线采用的机床和辅助设备都要具有良好的稳定性和可靠性。

2) 柔性连接的自动线

在这类自动线中设有必要的贮料装置，可以在每台机床之间或相隔若干工位设置贮料装置，贮备一定数量的工件，当一台机床（一段）因故障停车时，其上下工位（工段）的机床在一定时间内可以继续工作。

2.6.4 自动线的控制系统

自动线为了按严格的工艺顺序自动完成加工过程，除了各台机床按照各自的工序内容自动地完成加工循环以外，还需要有输送、排屑、储料、转位等辅助设备和装置配合并协调地工作，这些自动机床和辅助设备依靠控制系统连成一个有机的整体，以完成预定的连续的自动工作循环。自动线的可靠性在很大程度上决定控制系统的完善程度和可靠性。

自动线的控制系统可分为3种基本类型：行程控制系统、集中控制系统和混合控制系统。

行程控制系统没有统一发出信号的主令控制装置，每一运动部件或机构在完成预定的动作后发出执行信号，启动下一个（一组）运动部件或机构，如此连续下去直到完成自动线的工作循环。由于控制信号一般是利用触点式或无触点式行程开关，在执行机构完成预定的行程量或到达预定位置后发出，因而称之为行程控制系统。行程控制系统实现起来比较简单，电气控制元件的通用性强，成本较低。在自动循环过程中，若前一动作没有完成，后一动作就得不到启动信号，因而控制系统本身具有一定的互锁性。但是，当顺序动作的部件或机构较多时，行程控制系统不利于缩短自动线的工作节拍；同时，控制线路电器元件增多，接线和安装会变得复杂。

集中控制系统由统一的主令控制器发出各运动部件和机构顺序工作的控制信号。一般主令控制器的结构原理是在连续或间歇回转的分配轴上安装若干凸轮，按调整好的顺序依次作用在行程开关或液压（气动）阀上；或在分配圆盘上安装电刷，依次接通电触点以发出控制信号。分配轴每转动一周，自动线就完成一个工作循环。集中控制系统是按预定的时间间隔发出控制信号的，所以也称为"时间控制系统"。集中控制系统电气线路简单，所用控制元件较少，但其没有行程控制系统那样严格的连锁性，后一机构按一定时间得到启动信号，与前一机构是否已完成了预定的工作无关，可靠性较差。集中控制系统适用于比较简单的自动线，在要求互锁的环节上，应设置必要的连锁保护机构。

混合控制系统综合了行程控制系统和集中控制系统的优点，根据自动线的具体情况，将某些要求连锁的部件或机构用行程控制，以保证安全可靠，其余无连锁关系的动作则按时间控制，以简化控制系统。混合控制系统大多在通用机床自动线和专用（非组合）机床自动线中应用。

2.7 柔性制造单元

2.7.1 概述

随着对产品多样化、降低制造成本、缩短制造周期和适时生产等需要的日趋迫切以及以数控机床为基础的自动化技术的快速发展，1967 年 Molins 公司研制了第一个柔性制造系统(Flexible Manufacturing System，FMS)。FMS 的产生标志着传统的机械制造行业进入了一个发展变革的新时代，自其诞生以来就显示出强大的生命力。它克服了传统的刚性自动线只适用于大量生产的局限性，表现出了对多品种、中小批量生产制造自动化的适应能力。在以后的几十年中，FMS 逐步从实验阶段进入商品化阶段，并广泛应用于制造业的各个领域，成为企业提高产品竞争力的重要手段。FMS 是一种在批量加工条件下，高柔性和高自动化程度的制造系统。它之所以获得迅猛发展，是因为它综合了高效率、高质量及高柔性的特点，解决了长期以来中小批量和中大批量、多品种产品生产自动化的技术难题。1975 年，出现了柔性制造单元(Flexible Manufacturing Cell，FMC)，它是 FMS 向大型化、自动化工厂发展时的另一个发展方向——向廉价化、小型化发展的产物。尽管 FMC 可以作为组成 FMS 的基本单元，但由于 FMC 本身具备了 FMS 绝大部分的特性和功能，因此 FMC 可以看作独立的最小规模的 FMS。

柔性制造单元通常由 1~3 台数控加工设备、工业机器人、工件交换系统以及物料运输存储设备构成。它具有独立的自动加工功能，一般具有工件自动传送和监控管理功能，以适应于加工多品种、中小批量产品的生产，是实现柔性化和自动化的理想手段。由于 FMC 的投资比 FMS 小，技术上容易实现，因此它是一种常见的加工系统。

2.7.2 柔性制造单元的组成形式

通常，FMC 有两种组成形式：托盘交换式和工业机器人搬运式。

托盘交换式 FMC 主要以托盘交换系统为特征，一般具有 5 个以上的托盘，组成环形回转式托盘库，如图 2.27 所示。托盘支承在环形导轨上，由内侧的环链拖动而回转，链轮由电动机驱动。托盘的选择和定位由可编程控制器(PLC)进行控制，借助终端开关、光电编码器来实现托盘的定位检测。这种托盘交换系统具有存储、运送、检测、工件和刀具的归类以及切削状态监视等功能。该系统中托盘的交换由设在环形交换导轨中的液压或电动推拉机构来实现。这种交换首先指的是在加工中心上加工的托盘与托盘系统中备用托盘的交换。如果在托盘系统的另一端再设置一个托具工作站，则这种托盘系统可以通过托具工作站与其他系统发生联系，若干个 FMC 通过这种方式，可以组成一条 FMS 线。目前，这种柔性系统正向高柔性、小体积、便于操作的方向发展。

对于回转体零件，通常采用工业机器人搬运的 FMC 形式，如图 2.28 所示。搬运机器人 3 在车削中心和缓冲储料装置(毛坯台 4、成品台 5)之间进

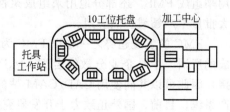

图 2.27 托盘交换式 FMC 示意图

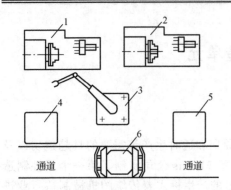

图 2.28 加工回转体零件的 FMC 示意图
1、2—车削中心；3—搬运机器人；
4—毛坯台；5—成品台；6—自动导向小车

行工件的自动交换。工件毛坯及成品到仓库的运输由自动导向小车 6 完成。由于工业机器人的抓取力和抓取尺寸范围的限制，工业机器人搬运式 FMC 主要适用于小件或回转体零件。

FMC 由于属于无人化自动加工单元，因此一般都具有较完善的自动检测和自动监控功能。如刀尖位置的检测、尺寸自动补偿、切削状态监控、自适应控制、切屑处理以及自动清洗等功能，其中切削状态的监控主要包括刀具折断或磨损、工件安装错误的监控或定位不准确、超负荷及热变形等工况的监控，当检测出这些不正常的工况时，便自动报警或停机。

2.7.3 柔性制造单元的特点和应用

柔性制造单元具有如下特点。

(1) 柔性。柔性制造单元的柔性是指加工对象、工艺过程、工序内容的自动调整性能。加工对象的可调整性即产品的柔性，FMC 能加工尺寸不同、结构和材料亦有差异的"零件族"的所有工件；工艺过程的可调整性包括对同一种工件可改变其工序顺序或采用不同的工序顺序；工序内容的可调整性包括同一工件在同一台加工中心上可采用的加工工步、装夹方式和工步顺序、切削用量的可调整性。

(2) 自动化。柔性制造单元使用数控机床进行加工，采用自动输送装置实现工件的自动运输和自动装卸，由计算机对工件的加工和输送进行控制，实现了制造过程的自动化。

(3) 加工精度和效率高、质量稳定。由于柔性制造单元由数控设备构成，所以其具备数控设备的效率高、加工质量稳定和精度高的特点。

(4) 同 FMS 相比，FMC 的投资和占地面积相对较小。柔性制造单元虽然具有柔性的特点，但由于受其设备数量的限制，设备种类比较少，所以一个柔性制造单元不可能同时具备加工主体结构不同的各类零件的能力。柔性制造单元一般针对某一类零件设计，能够满足该成组零件的加工要求，如轴类零件柔性加工单元和箱体类零件柔性加工单元。柔性制造单元一般用于中小企业成批生产中。

2.7.4 柔性制造单元的发展趋势

FMC 正向装配 FMC 及其他功能 FMC 方向发展。为适应组成系统的需要，FMC 不但用来组成 FMS，还部分地用来组成柔性制造线，并将从中小批量柔性自动化生产领域向大批量生产领域扩散应用。

FMC 的发展趋势之一是以 FMC 为基础的网络化。它是由 FMC 与局部网络(LAN)组成的所谓"中小企业分散综合型 FMS"。这些 FMC 之间的信息流用"LAN 环"加以连接，因此可以共同使用 CAD/CAM 站的信息、技术等，构成了物料和信息有机结合的生产系统。目前，国外正致力于开发研究分散型 FMC 的课题。

2.8 柔性制造系统

20世纪60年代以来，随着生活水平的提高，用户对产品的需求向着多样化、新颖化方向发展，传统的适用于大批量生产的自动线生产方式已不能满足企业的要求，企业必须寻找新的生产技术以适应多品种、中小批量的市场需求。同时，计算机技术的产生和发展，CAD/CAM、计算机数控、计算机网络等新技术及新概念的出现以及自动控制理论、生产管理科学的发展，也为新生产技术的产生奠定了技术基础。在这种情况下，柔性制造技术应运而生。

柔性制造系统作为一种新的制造技术，在零件加工业以及与加工和装配相关的领域都得到了广泛的应用。

2.8.1 柔性制造系统的定义和组成

柔性制造系统(FMS)是在计算机统一控制下，由自动装卸与输送系统将若干台数控机或加工中心连接起来构成的一种适合于多品种、中小批量生产的先进制造系统。图2.29所示是一个典型的柔性制造系统示意图。

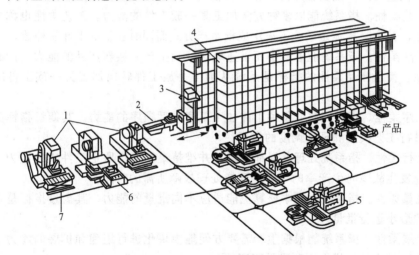

图 2.29 典型的柔性制造系统示意图

1、5—加工中心；2—仓库进出站；3—堆垛机；
4—自动化仓库；6—自动导向小车；7—托盘交换站

由上述定义可以看出，FMS主要由以下3个子系统组成。

(1) 加工系统。加工系统是FMS的主体部分，主要用于完成零件的加工。加工系统一般由两台以上的数控机床、加工中心以及其他的加工设备构成，包括清洗设备、检验设备、动平衡设备和其他特种加工设备等。加工系统的性能直接影响着FMS的性能，加工系统在FMS中是耗资最多的部分。

(2) 物流系统。该系统包括运送工件、刀具、夹具、切屑及冷却润滑液等加工过程中所需"物流"的搬运装置、存储装置和装卸与交换装置。搬运装置有传送带、轨道小车、无轨小车、搬运机器人、上下料托盘等；存储装置主要由设置在搬运线始端或末端的自动仓库和设在搬运线内的缓冲站构成，用以存放毛坯、半成品或成品；装卸与交换装置负责FMS中物料在不同设备或不同工位之间的交换或装卸，常见的装卸与交换装置有托盘交换器、换刀机械手、堆垛机等。

(3) 计算机监控系统。

2.8.2 系统柔性的概念

柔性的概念可以表现在两个方面：一是指系统适应外部环境变化的能力，可采用系统所能满足新产品要求的程度来衡量；二是指系统适应内部变化的能力，可采用在有干扰（如各种机器故障）的情况下系统的生产率与无干扰情况下的生产率期望之比来衡量。

FMS与传统的单一品种自动生产线（相对而言，可称之为刚性自动生产线，如由机械式、液压式自动机床或组合机床等构成的自动生产线）的不同之处主要在于它具有柔性。一般认为，柔性在FMS中占有相当重要的位置。一个理想的FMS应具备多方面的柔性。

(1) 设备柔性。指系统中的加工设备具有适应加工对象变化的能力。其衡量指标是当加工对象的类、族、品种变化时，加工设备所需刀、夹、辅具的准备和更换时间，硬、软件的交换与调整时间，加工程序的准备与调校时间等也随之变化。

(2) 工艺柔性。指系统能以多种方法加工某一族工件的能力。工艺柔性也称加工柔性或混流柔性，其衡量指标是系统不采用成批生产方式而同时加工的工件品种数。

(3) 产品柔性。指系统能够经济而迅速地转换到生产一族新产品的能力。产品柔性也称反应柔性。衡量产品柔性的指标是系统从加工一族工件转向加工另一族工件时所需的时间。

(4) 工序柔性。指系统改变每种工件加工工序先后顺序的能力。其衡量指标是系统以实时方式进行工艺决策和现场调度的水平。

(5) 运行柔性。指系统处理其局部故障，并维持继续生产原定工件族的能力。其衡量指标是系统发生故障时生产率的下降程度或处理故障所需的时间。

(6) 批量柔性。指系统在成本核算上能适应不同批量的能力。其衡量指标是系统保持经济效益的最小运行批量。

(7) 扩展柔性。指系统能根据生产需要方便地模块化进行组建和扩展的能力。其衡量指标是系统可扩展的规模大小和难易程度。

(8) 生产柔性。指系统适应生产对象变换的范围和综合能力。其衡量指标是前述7项柔性的总和。

上述各种柔性是相互影响、密切相关的，一个理想的FMS系统应该具备所有的柔性。功能上说，一个柔性制造系统柔性越强，其加工能力和适应性就越强。但过度的柔性会大大地增加投资，造成不必要的浪费。所以在确定系统的柔性前，必须对系统的加工对象（包括产品变动范围、加工对象规格、材料、精度要求范围等）作科学的分析，确定适当的柔性。

2.8.3 柔性制造系统的特点和应用

柔性制造系统的主要优点表现在以下几个方面。

(1) 设备利用率高。由于采用计算机对生产进行调度，一旦有机床空闲，计算机便分配给该机床加工任务。在典型情况下,采用柔性制造系统中的一组机床所获得的生产量是单机作业环境下同等数量机床生产量的3倍。

(2) 减少生产周期。由于零件集中在加工中心上加工,减少了机床数和零件的装夹次数。采用计算机进行有效的调度也减少了周转的时间。

(3) 具有维持生产的能力。当柔性制造系统中的一台或多台机床出现故障时,计算机可以绕过出现故障的机床,使生产得以继续。

(4) 生产具有柔性。可以响应生产变化的需求,当市场需求或设计发生变化时,在FMS的设计能力内,不需要系统硬件结构的变化,系统具有制造不同产品的柔性。并且,对于临时需要的备用零件可以随时混合生产,而不影响FMS的正常生产。

(5) 产品质量高。FMS减少了夹具和机床的数量,并且夹具与机床匹配得当,从而保证了零件的一致性和产品的质量。同时自动检测设备和自动补偿装置可以及时发现质量问题,并采取相应的有效措施,保证了产品的质量。

(6) 加工成本低。FMS的生产批量在相当大的范围内变化,其生产成本是最低的。它除了一次性投资费用较高外,其他各项指标均优于常规的生产方案。

柔性制造系统的主要缺点是:①系统投资大,投资回收期长;②系统结构复杂,对操作人员的要求高;③复杂的结构使得系统的可靠性降低。

柔性制造技术是一种适用于多品种、中小批量生产的自动化技术。从原则上讲,FMS可以用来加工各种各样的产品,不局限于机械加工和机械行业,而且随着技术的发展,应用的范围会愈来愈广。

目前FMS主要用于生产机床、重型机械、汽车、飞机和工业产品等。从加工零件的类型来看,大约70%的FMS用于箱体类的非回转体的加工,30%左右的FMS用于回转体的加工。大约有一半的系统是加工切屑处理比较容易的铸铁件,其次是钢件和铝件,加工这3种材料的FMS占总数的85%~90%。图2.30所示表示了FMS加工零件的品种数约为4~100种,实际情况现已扩大到3~200种之间。FMS的年产量一般为200~2500件的中等批量生产。对大批量生产的产品,就目前的柔性制造技术水平来看,还不适宜于使用柔性制造系统。

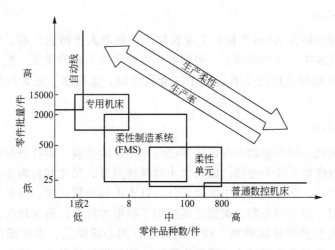

图 2.30 FMS 的适用范围

2.9 自动线的辅助设备

在自动化制造过程中，为了提高自动线的生产效率和零件的加工质量，除了采用高柔性、高精度及高可靠性的加工设备和先进的制造工艺外，零件的运储、翻转、清洗、去毛刺及切屑和切削液的处理也是不可缺少的工序。零件在检验、存储和装配前必须要清洗及去毛刺；切屑必须随时被排除、运走并回收利用；切削液的回收、净化和再利用，可以减少污染，保护工作环境。有些自动化制造系统(AMS)集成有清洗站和去毛刺设备，可实现清洗及去毛刺自动化。

2.9.1 清洗站

清洗站有许多种类、规格和结构。一般按其工作是否连续分为间歇式(批处理式)和连续通过式(流水线式)。批处理式清洗站用于清洗质量和体积较大的零件，属中小批量清洗，流水线式清洗站用于零件通过量大的场合。

批处理式清洗机有倾斜封闭式清洗机、工件摇摆式清洗机和机器人式清洗机。机器人式清洗机是用机器人操作喷头，工件固定不动。有些大型批处理式清洗站内部有悬挂式环形有轨车，工件托盘安放在环形有轨车上，绕环形轨道作闭环运行。流水线式清洗站用辊子传送带运送工件。零件从清洗站的一端送入，在通过清洗站的过程中被清洗，在清洗站的另一端送出，再通过传送带与托盘交接机构相连接，进入零件装卸区。

有些 AMS 不使用专门的清洗设备，切削加工结束后，在机床加工区用高压切削液冲洗工件、夹具，用压缩空气通过主轴孔吹去残留的切削液。这种方法可节省清洗站的投资、零件搬运和等待时间，但零件清洗占用机床切削加工时间。

2.9.2 去毛刺设备

最常用的去毛刺方法有机械法、振动法、热能法、电化学法等。

1. 机械法去毛刺

机械法去毛刺包括在 AMS 中使用工业机器人，机器人手持钢丝刷、砂轮或油石打磨毛刺。打磨工具安放在工具存储架上，根据不同零件和去毛刺的需要，机器人可自动更换打磨工具。机械去毛刺常用的工具有砂带、金属丝刷、塑料刷、尼龙纤维刷、砂轮、油石等。

2. 振动法去毛刺

振动法去毛刺机适用于清除小型回转体或棱体零件的毛刺。零件分批装入一个筒状的大容器罐内，用陶瓷卵石作为介质，卵石大小因零件类型、尺寸和材料而异。盛有零件的容器罐快速往复振动，在陶瓷介质中搅拌零件，以去毛刺和氧化皮。振动强烈程度可以改变，猛烈地搅拌用于恶劣型毛刺，柔缓地搅拌用于精密零件的打磨和研磨。

振动去毛刺法包括回转滚筒法、振动滚筒法、离心滚筒法、涡流滚筒法、旋磨滚筒法、往复槽式法、磨料流动槽式法、摇动滚筒法、液压振动滚筒法、磨料流去毛刺法、电流变液去毛刺法、磁流变液去毛刺法、磁力去毛刺法等，这些方法原理上也属于机械去毛刺的范畴。

3. 喷射去毛刺法

喷射去毛刺法是利用一定的压力和速度将去毛刺介质喷向零件，以达到除毛刺的效果。喷射去毛刺法包括水平喷射去毛刺、喷丸去毛刺、抛丸去毛刺、气动磨料流去毛刺、液体珩磨去毛刺、浆液喷射去毛刺、低温喷射去毛刺等。严格来讲，喷射去毛刺法也属于机械去毛刺的范畴。

4. 热能法去毛刺

热能法去毛刺是利用高温除毛刺和飞边。将需去毛刺的零件放在坚固的密封室内，然后送入一定量的、经充分混合的、具有一定压力的氢气和氧气，经火花塞点火后，混合气体瞬时爆炸，放出大量的热，瞬时温度高达3300℃以上，毛刺或飞边燃烧成火焰，立刻被氧化并转化为粉末，前后经历时间大约25～30s，然后用溶剂清洗零件。

热能法去毛刺的优点是能极好地除去零件所有表面上的多余材料，即使是不易触及的内部凹入部位和孔相贯部位也不例外。热能法去毛刺适用零件范围宽，包括各种黑色金属和有色金属。

5. 电化学法去毛刺

电化学法去毛刺是通过电化学反应将工件上的材料溶解到电解液中，对工件去毛刺或成形。与工件型腔形状相同的电极工具作为负极，工件作为正极，直流电流通过电解液。电极工具进入工件时，工件材料超前电极工具被溶解。电化学法通过调节电流来控制去毛刺和倒棱，材料去除率与电流大小有关。

电化学法去毛刺的过程慢，优点是电极工具不接触工件，无磨损，去毛刺过程中不产生热量，因此不引起工件热变形和机械变形。因而，高硬度材料非常适合用电化学法。

2.9.3　工件输送装置

工件输送装置是自动线中最重要的辅助设备，它将被加工工件从一个工位传送到下一个工位，为保证自动线按生产节拍连续地工作提供条件，并从结构上把自动线的各台自动机床联系成为一个整体。

工件输送装置的形式与自动线工艺设备的类型和布局、被加工工件的结构和尺寸特性以及自动线工艺过程的特性等因素有关，因而其结构形式也是多样的。在加工某些小型旋转体零件(例如盘状、环状零件、圆柱滚子、活塞销、齿轮等)的自动线中，常采用输料槽作为基本输送装置。输料槽有利用工件自重输送和强制输送两种形式。自重输送的输料槽又称滚道，它不需要其他动力源和特殊装置，因而结构简单。对于小型旋转体工件，大多采用以自重滚送的办法实现自动输送。对于体积较大和形状复杂的零件，可以采用各种输送机械。

2.9.4　自动线上的夹具

自动线上所采用的夹具，可归纳为两种类型，即固定式夹具与随行式夹具。

固定式夹具附属于每一加工工位，不随工件输送而移动的夹具，固定安装于机床的某一部件上，或安装于专用的夹具底座上。这类夹具亦分为两种类型：一种是用于钻、镗、铣、攻螺纹等加工的夹具，在加工过程中固定不动；另一种是工件和夹具在加工时尚需作旋转运动。前者多用于箱体、壳体、盖、板等类型的零件加工或组合机床自动线中，后者多用于旋转体零件的车、磨、齿形加工等自动线中。

随行式夹具为随工件一起输送的夹具，适用于缺少可靠的输送基面、在组合机床自动线上较难用输送带直接输送的工件。此外，对于有色金属工件，如果在自动线中直接输送时其基面容易磨损，也须采用随行夹具。

2.9.5 转位装置

在加工过程中，工件有时需要翻转或转位以改换加工面。在通用机床或专用机床自动线中加工中、小型工件时，其翻转或转位常常在输送过程或自动上料过程中完成。在组合机床自动线中，需设置专用的转位装置。这种装置可用于工件的转位，也可以用于随行夹具的转位。

2.9.6 储料装置

为了使自动线能在各工序的节拍不平衡的情况下连续工作较长的时间，或者在某台机床更换调整刀具或发生故障而停歇时保证其他机床仍能正常工作，必须在自动线中设置必要的储料装置，以保持工序间（工段间）具有一定的工件储备量。

储料装置通常可以布置在自动线的各个分段之间，也有布置在每台机床之间的。对于加工某些小型工件或加工周期较长的工件的自动线，工序间的储备量常建立在连接工序的输送设备（例如输料槽、提升机构及输送带）上。根据被加工工件的形状大小、输送方式及要求的储备量的大小不同，储料装置的结构形式也不相同。

2.9.7 排屑装置

在切削加工自动线中，切屑源源不断地从工件上流出，如不及时排除，就会堵塞工作空间，使工作条件恶化，影响加工质量，甚至使自动线不能连续地工作。因此，排屑装置是自动线不可缺少的辅助装置。

复习思考题

2-1 自动化加工设备分为哪几类，各有何特点？
2-2 自动化加工设备有什么特殊要求，是如何实现的？
2-3 什么是自动化加工设备的布局形式？其布局形式有哪几种？
2-4 实现单机自动化的方法有哪些？
2-5 自动化生产线的特征、类型及组成是什么？
2-6 什么是 FMC 和 FMS，它们各有何特点？

第 3 章
制造系统物料储运自动化

本章教学要点

知识要点	掌握程度	相关知识
物料储运的概念及其作用； 自动化物料储运系统的组成及其分类	掌握自动化物料储运系统的组成及其分类； 熟悉物料储运的概念及其作用； 了解自动化物料储运系统应满足的要求	自动化物料储运系统的功能； 自动化物料储运系统的组成及其分类
刚性自动化物料储运系统的概念、组成及其作用	掌握刚性自动化物料储运系统的组成及其特点； 熟悉刚性自动化物料储运系统的概念	自动供料装置的组成及其各自结构特点
自动化输送系统的作用及组成	熟悉各类输送机及有轨导向小车的工作原理及其结构特点； 了解自动化输送系统的作用及组成	输送机的分类、结构及其工作原理
柔性物料储运系统的作用、组成及储运形式	熟悉柔性物料储运系统的组成及其各自结构工作原理； 熟悉柔性物料储运系统的作用和储运形式； 了解柔性物流系统的运行控制策略	自动导向小车、搬运机器人及机械手、托盘及托盘交换器、自动化立体仓库的结构特点和工作原理； 物料储运运行控制策略

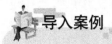 **导入案例**

国内系统规格最高的全自动化立体仓库亮相兰州

近日,国内系统规格最高的全自动化立体仓库在兰州石化建成并投入使用,这也是中国石油首座全自动化立体仓库。

立体仓库是目前国内最先进的自动化立体库系统之一,由一套1.1万多个托盘货位货架系统、9台有轨巷道堆垛起重机、3套托盘入出库输送系统组成,总库容为5670吨,储存天数为15天,为我国第三代物流仓储系统关键设备及技术的奠基技术,集成和体现了我国当前物流仓储最新技术成果,是目前国内规格最高的全自动化物流配送系统。它具有节约用地、减轻劳动强度、消除差错、提高仓储自动化水平及管理水平、提高管理和操作人员素质、降低储运损耗、有效地减少流动资金的积压、提高物流效率等诸多优点。

具体来说,自动化立体仓库(AS/RS)是由立体货架、有轨巷道堆垛机、出入库托盘输送机系统、尺寸检测条码阅读系统、通讯系统、自动控制系统、计算机监控系统、计算机管理系统以及其他如电线电缆桥架配电柜、托盘、调节平台、钢结构平台等辅助设备组成的复杂的自动化系统。它运用一流的集成化物流理念,采用先进的控制、总线、通讯和信息技术,通过以上设备的协调动作,按照用户的需要完成指定货物的自动有序、快速准确、高效的入库出库作业。

其实随着制造业对现代物流自动化、机械化的重视,中国自动化立体库的建设步伐逐步加快,很多企业纷纷开始了对企业物流中心进行改造,建设先进、自动化的自动化立体库,推动企业物流技术装备的升级,这也极大地促进了企业的发展。

资料来源:http://www.ca800.com/news/html/2008-6-17/n85803.htm,2008

在自动化制造系统中,伴随着制造过程的进行,贯穿着各种物料的流动和储运,简称物流。物流系统是机械制造系统的重要组成部分,它将制造系统中的物料(如毛坯、半成品、成品、工夹具等)及时准确地送到指定加工位置、仓库或装卸站。在制造系统中,物料首先输入到物流系统,然后由物料输送系统送至指定位置。物流系统的自动化是当前制造企业追求的目标。现代物流系统在全面信息集成和高度自动化环境下,以制造工艺过程的知识为依据,高效、合理地利用全部储运装置将物料准时、准确和保质地运送到位。

3.1 物料储运自动化概述

3.1.1 物料储运在制造系统中的地位

在制造业中,原材料从入厂,经过冷热加工、装配、检验、涂装及包装等各个生产环节,到产品出厂,机床作业时间仅占5%,工件处于等待和传输状态的时间占95%。而物料传输与存储费用占整个产品加工费用的30%~40%。物流系统是生产制造各环节组成有机整体的纽带,又是生产过程维持延续的基础。因此,对物流系统的优化有助于降低生产成本、压缩库存、加快资金周转、提高综合经济效益。

3.1.2 物料储运的概念及其作用

美国物料储运工业协会(MHIA)将物料储运定义为:"在制造或分销过程(包括消耗和废弃)中对物料的移动、储存、保护和控制"。物料供输必须以安全、高效、低成本、及时、准确(将正确的物料以正确的数量送到正确的地点)的方式进行,同时对物料没有损伤。

物料储运,即物流是物料的流动过程。物流按其物料性质不同,可分为工件流、工具流和配套流。其中,工件流主要由原材料、半成品、成品构成;工具流由刀具、夹具构成;配套流由托盘、辅助材料、备件等构成。在制造系统中,各种物料的流动贯穿于整个制造过程。

在自动化制造系统中,物流系统是指对工件、工具和配套装置及材料进行移动与存储的系统,主要完成物料的存储、输送、装卸、管理等功能。

(1) 存储功能。在制造系统中,有许多工件处于等待状态,即不处在加工和处理状态,这些工件需要存储或缓存。

(2) 输送功能。完成工件在各工位之间的传输,满足工件加工工艺过程和处理顺序的要求。

(3) 装卸功能。实现加工设备及辅助设备上下料的自动化,以提高劳动生产率。

(4) 管理功能。物料在输送过程中是不断变化的,因此需对物料进行有效的识别和管理。

3.1.3 自动化物料储运系统的组成及其分类

现代物流系统由管理层、控制层和执行层三大部分组成,各部分功能如图3.1所示。

管理层是计算机物流管理软件系统,是物流系统的中枢。它主要完成以下工作:①接收上级系统的指令(如生产计划等),并将此计划下发;②调度运输作业:根据运输任务的紧急程度和调度原则,决定运输任务的优先级别。根据当前运输任务的执行情况形成运输指令和最佳运输路线;③管理立体仓库库存:库存管理、入库管理、出库管理和出/入库协调管理;④统计分析系统运行情况:统计分析物流设备利用率、物料库存状况、设备运行状况等;⑤物流系统信息处理。

控制层是物流系统的重要组成部分。它接收来自管理层的指令,控制物流设备完成指令所规定的任务。控制层本身数据处理能力不强,主要是接收管理层的命令。控制层的另一任务,是实时监控物流系统的状态。例如物流设备情况、物料运输情况、物流系统各局部协调配合情况等。将监测的情况反馈给管理层,为管理层的调度决策提供参考。

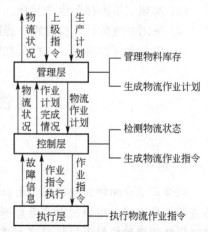

图 3.1 现代生产物流的基本组成

执行层由自动化的物流设备组成。物流设备的控制器接受控制层的指令,控制物流设备，执行各种操作。执行层一般包括：①存储设施，包括各种仓库、缓冲站及其相关设备；②自动输送设备，包括各类输送机、各种输送小车、随行夹具返回装置、搬运机器人及机械手；③辅助设备，如各种托盘交换装置等。

根据管理层、控制层和执行层的不同分工，物流系统对各个层次的要求是不同的。对管理层要求具有较高的智能，对控制层要求具有较高的实时性，对执行层则要求较高的可靠性。

物料储运系统的分类如图3.2所示。

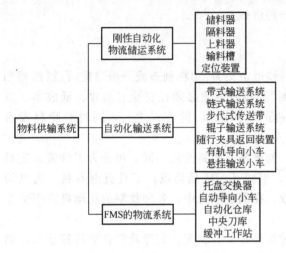

图 3.2 物料储运系统的分类

(1) 刚性自动化物料储运系统完成刚性自动化生产线中机床的自动上下料任务及物料的存储与输送，由储料器、隔料器、上料器、输料槽、定向定位装置等组成。

(2) 自动线输送系统完成自动线上的物料输送任务，由各种连续输送机、通用悬挂小车、有轨导向小车及随行夹具返回装置等组成。

(3) FMS物流系统完成FMS物料的传输，由自动导向小车、积放式悬挂小车、积放式有轨导向小车、搬运机器人、自动化仓库等组成。

3.1.4 自动化物料储运系统应满足的要求

(1) 应实现可靠、无损伤和快速地物料流动。
(2) 应具有一定的柔性，即灵活性、可变性和可重组性。
(3) 实现"零库存"生产目标。
(4) 采用有效的计算机管理，提高物流系统的效率，减少建设投资。
(5) 应具有可扩展性、人性化和智能化。

3.2 刚性自动化物料储运系统

3.2.1 概述

刚性自动化的物料储运系统由自动供料装置、装卸站、工件传送系统和机床工件交换装置等部分组成。按原材料或毛坯形式的不同，自动供料装置一般可分为卷料供料装置、棒料供料装置和件料供料装置三大类。前两类自动供料装置多属于冲压机床和专用自动机床的专用部件。件料自动供料装置一般可以分为料仓式供料装置和料斗式供料装置两种形式。装卸站是不同自动化生产线之间的桥梁和接口，用于实现自动化生产线上物料的输入和输出功能。工件传送系统用于实现自动线内部不同工位之间或不同工位与装卸站之间工件的传输与交换功能，其基本形式有链式输送系统、辊式输送系统、带式输送系统，详见本章3.3节。机床工件交换装置主要指各种上下料机械手及机床自动供料装置，其作用是将输料道来的工件通过上料机械手安装于加工设备上,加工完毕后,通过下料机械手取下,放置在输料槽上输送到下一个工位。

3.2.2 自动供料装置

自动供料装置一般由储料器、输料槽、定向定位装置和上料器组成。储料器储存一定数量的工件,根据加工设备的需求自动输出工件,经输料槽和定向定位装置传送到指定位置,再由上料器将工件送入机床加工位置。储料器一般设计成料仓式或料斗式。料仓式储料器需人工将工件按一定方向摆放在仓内;料斗式储料器只需将工件倒入料斗,由料斗自动完成定向。料仓或料斗一般储存小型工件,较大的工件可采用机械手或机器人来完成供料过程。

1. 料仓

料仓的作用是储存工件。根据工件的形状特征、储存量的大小以及与上料机构的配合方式的不同,料仓具有不同的结构形式。由于工件的重量和形状尺寸变化较大,料仓结构设计没有固定模式,一般人们把料仓分成自重式和外力作用式两种结构,如图3.3所示。图3.3(a)、(b)所示是工件自重式料仓,它结构简单,应用广泛。图3.3(a)所示将料仓设计成螺旋式,可在不加大外形尺寸的条件下多容纳工件,同时增大工件下滑的摩擦力,减小冲击;图3.3(b)所示将料仓设计成料斗式,它设计简单,但料仓中的工件容易形成拱形面而阻塞出料口,一般应设计拱形消除机构,拱形消除机构一般采用仓壁振动器。仓壁振动器使仓壁产生局部、高频微振动,破坏工件间的摩擦力和工件与仓壁间的摩擦力,从而保证工件连续地由料仓中排出。图3.3(c)、(d)、(e)、(f)、(g)和(h)所示为外力作用式料仓。图3.3(c)所示为重锤垂直压送式料仓,它适合易与仓壁黏附的小零件;图3.3(d)所示为重锤水平压送式料仓;图3.3(e)为扭力弹簧压送工件的料仓;图3.3(f)所示为利用工件与平带间的摩擦力供料的料仓;图3.3(g)所示为链条传送工件的料仓,链条可连续或间歇传动;图3.3(h)所示为利用同步齿形带传送的料仓。

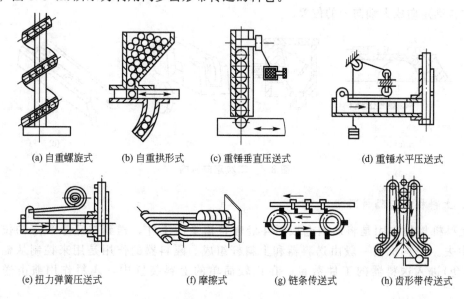

(a) 自重螺旋式　　(b) 自重拱形式　　(c) 重锤垂直压送式　　(d) 重锤水平压送式

(e) 扭力弹簧压送式　　(f) 摩擦式　　(g) 链条传送式　　(h) 齿形带传送式

图3.3 料仓的结构形式

2. 料斗装置和自动定向方法

料斗上料装置带有定向机构，工件在料斗中自动完成定向，但并不是所有工件在送出料斗之前都能完成定向。没有定向的工件在料斗出口处被分离，返回料斗重新定向，或由二次定向机构再次定向。因此料斗的供料率会发生变化，为了保证正常生产，应使料斗的平均供料率大于机床的生产率。料斗机构结构设计主要依据工件特征（如几何形状、尺寸、重心位置等）选择合适的定向方式，然后确定料斗的形式。常用的工件自动定向方法分为机械式定向方法和振动式定向方法，相应的料斗装置为机械传动式料斗装置和振动式料斗装置。

机械传动式料斗装置具有自动定向机构，能实现装料过程完全自动化。振动式料斗装置的工作原理是借助于电磁力-弹簧系统产生的微小振动依靠惯性力和摩擦力的综合作用驱使工件向前运动，并在运动中自动定向。

3. 输料槽

根据工件的输送方式（靠自重或强制输送）和工件的形状来确定输料槽的结构形式。一般靠工件自重输送的自流式输料槽结构简单，但可靠性较差；半自流式或强制运动式输料槽可靠性高。

4. 工件的二次定向机构

有些外形复杂的工件，不可能在料斗内一次定向完成，因此需在料斗外的输料槽中进行二次定向。常用的二次定向机构如图 3.4 所示。图 3.4(a)所示机构适用于重心偏置的工件，工件向前送料的过程中，只有工件较重端朝下落入输料槽。图 3.4(b)所示机构适用于一端开口的套类工件，开口向左的工件，利用钩子的作用，工件改变方向落入输料槽；开口向右的工件推开钩子返回料斗。图 3.4(c)所示机构适用于重心偏置的盘类工件，工件向前运动经过缺口时，如果重心偏向缺口一侧，则翻转落入料斗；如果重心偏向无缺口一侧，工件继续在输料槽内向前运动。图 3.4(d)所示机构适用于带轴肩类工件，工件在运动过程中自动定向成大端向上的位置。

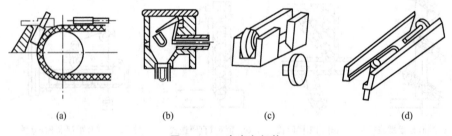

图 3.4 二次定向机构

5. 上料机构与隔料器

上料机构的作用是将从料仓或料斗经输料槽来的工件，送到机床上预定的位置或夹具中去。上料机构一般由送料器和上料杆组成。隔料器的作用是用来控制从输料槽（或料仓）进入送料器的工件数量。在比较简单的上料装置中，隔料作用兼由送料器完成。

3.3 自动化输送系统

自动化的物料输送系统是物流系统的重要组成部分。在制造系统中,自动线的输送系统起着人与工位、工位与工位、加工与存储、加工与装配之间的衔接作用,同时具备物料的暂存和缓冲功能。运用自动化输送系统如带式、滚筒式、链式、步伐式、悬挂式输送机和有轨导向小车及自动导向小车等设备,可以加快物料流动速度,使各工序之间的衔接更加紧密,从而提高生产效率。

3.3.1 带式输送机

带式输送机是应用最广泛的输送机械,它是由一条封闭的输送带和承载构件连续输送物料的机械。其特点是工作平稳可靠,易实现自动化,可应用于工厂、仓库、车站、码头、矿山等场合。

基本工作原理:无端输送带绕过驱动滚筒和张紧滚筒,利用输送带与滚筒之间的摩擦力来带动输送带运动,物料通过装载装置送到输送带,随输送带运动一起到卸载点,通过卸载装置从输送带上卸出。

带式输送机的特点是输送距离长、生产率高、结构简单、营运费用低、输送线路可灵活布置、工作平稳可靠、操作简单、安全可靠、易实现自动控制等。

一般带式输送机结构主要包括输送带、支撑装置、驱动装置、张紧装置、制动装置及改向装置等。其结构组成如图 3.5 所示。

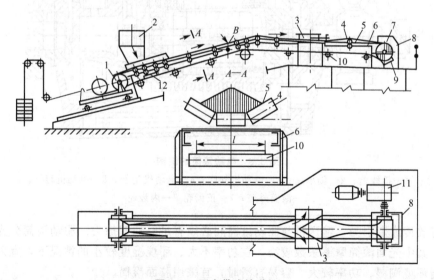

图 3.5 固定带式输送机

1—张紧滚筒;2—装载装置;3—犁形卸载挡板;4—槽形托辊;5—输送带;6—机架;
7—驱动滚筒;8—卸载罩壳;9—清扫装置;10—平托盘;11—减速器;12—空段清扫器

(1) 输送带。输送带的作用是传递牵引力和承载物料,要求强度高、耐磨性好、挠性强、伸长率小。输送带按材质可分为橡胶带、塑料带、钢带、金属网带等,其中最常用是橡胶带；按用途分主要有强力型、普通型、轻型、井巷型、耐热型5种；此外还有花纹型、耐油型等。输送带两端可使用机械接头、冷粘接头和硫化接头连接。机械接头强度仅为带体强度的35%~40%，应用日渐减少。冷粘接头强度可达带体强度的70%左右，应用日趋增多。硫化接头强度能达带体强度的85%~90%，接头寿命最长，输送带的宽度比成件物料宽度大50~100mm。

(2) 支撑装置。支撑装置的作用是支撑输送带及带上的物料，减少输送带的下垂，使其能够稳定运行。

(3) 驱动装置。驱动装置的功用是驱动输送带运动。驱动装置主要包括动力部分、传动部分(减速器和联轴器)和滚筒部分。普通带式输送机的驱动装置通过摩擦传递牵引力，动力部分多数采用电动机。对于通用固定式和功率较小的带式输送机，多采用单滚筒驱动，即电动机通过减速器和联轴器带动一个驱动滚筒运转。驱动滚筒通过与带接触表面产生的摩擦力带动输送带运行。传动装置多采用皮带、链条或齿轮传动，还可采用电动滚筒传动。

图3.6所示是电动滚筒的结构图，它把电动机和传动装置都装在驱动滚筒内部，因而结构紧凑、质量轻、便于布置，操作安全。减速器的内齿轮与滚筒外壳作固定连接。当电动机转动时，通过一套齿轮机构传动内齿轮，驱动滚筒外壳旋转，从而带动输送带。

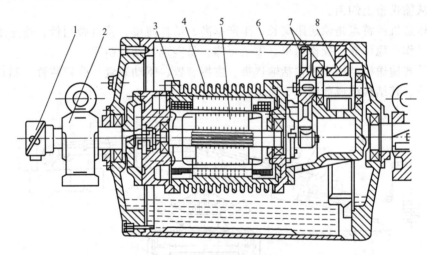

图3.6 电动滚筒的结构

1—接线盒；2—轴承座；3—电动机外壳；4—电动机定子；5—电动机转子；
6—滚筒外壳；7—正齿轮 8—内齿轮

为有效传递牵引力，输送带与驱动滚筒间必须有足够的摩擦力。驱动滚筒分光面和胶面两种，其中光面滚筒摩擦系数较小。在功率不大、环境湿度较小的情况下，宜采用光面滚筒；当环境潮湿、功率较大、容易打滑时，宜采用胶面滚筒。

(4) 张紧装置。张紧装置的作用一是保证带有必要的张力，与滚筒有必要的摩擦力，避免打滑；二是限制带在各种支撑滚柱间的垂度，使其在允许的范围内。张紧装置的主要结构形式有小车重锤式、螺旋式和垂直重锤式3种。

(5) 制动装置。在倾斜式的带式输送机中，为防止其停车时因物料重力作用而发生反向运动，需在驱动装置中设置制动装置。通常制动装置可分为滚柱逆制器、带式逆制器、电磁瓦块式和液压式电磁制动器。

(6) 改向装置。改向装置是用来改变输送方向的装置。在末端改向可采用改向滚筒；在中间改向可采用几个支撑滚柱或改向滚筒。

3.3.2 滚筒式输送机

滚筒式输送机也称滚柱输送机或辊子输送机，是由一系列有一定间距的滚筒（辊子）排列组成，沿水平方向或较小倾斜方向运送成件物料（托盘）的输送机。滚筒式输送机所运送的物料一般具有平直的底部作支撑面，如板、棒、型材、托盘、箱类容器以及具有平底的各种工件。对于非平底物料及柔性物料，可借助托盘实现输送。一般为了保证输送物料稳定、连续支撑，滚筒的间距应小于物料支撑面长度的 1/4，滚筒支撑数与物料稳定性的关系为：运输硬底物品至少同时覆盖 3 只滚筒，而运送柔软物品至少覆盖 4 只以上滚筒。滚筒的材料多由钢管制成，也可采用塑料或铝合金（轻载）。

滚筒式输送机在生产流水线中大量采用，它不仅可连接生产工艺过程，还可直接参与生产工艺过程，因而在冶金、机械、电子、化工、轻工、家电、食品、纺织、邮电等行业和部门的物流系统中，尤其在各种加工、装配、包装、储运、分配等现代装备传输系统中得到广泛的应用。

1. 滚筒式输送机的特点

滚筒式输送机是一种没有挠性牵引构件的输送机，与其他输送机相比，除了具有结构简单、运转可靠、维护方便、经济、节能等特点外，最突出的就是它与生产工艺过程能较好地衔接和配套，并具有功能多样性。

2. 滚筒式输送机的分类和结构

滚筒输送机的种类有很多，通常可分为无动力式和动力式两种。

1) 无动力滚筒输送机

无动力滚筒输送机自身无驱动装置，其结构如图 3.7 所示，滚筒转动呈被动状态，物料依靠人力、重力或外部推拉装置输送。按布置方式分水平和倾斜两种。

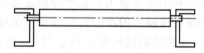

图 3.7 无动力滚筒输送机结构

水平布置依靠人力或外部推拉装置移动物料，其中，人力推动用于物料重量轻、输送距离短、工作不频繁的场合；外部推拉采用链条牵引、胶带牵引、液压气动装置推拉等方式，可以按要求的速度移动物料，便于控制运行状态，需要时还可以实现步移、积放等功能，用于物料重量大、输送距离长、工作比较频繁的场合。

倾斜布置依靠物料重力进行输送，优点是结构简单，不消耗能源，经济实用；缺点是不易控制物料输送状态，物料之间易发生撞击，不宜输送易碎物料，适用于工序间短距离输送及重力式高架仓库。如输送距离较长，必须分成几段，在每段的终点升降台把物料提升一定高度，使物料再次沿重力式辊道输送。

2) 动力式滚筒输送机

动力式滚筒输送机本身有驱动装置（电动机驱动），滚筒转动呈主动状态，可以严格控制物料运行状态，按规定的速度和精度平稳而可靠地输送物料，便于实现输送过程的自动控制。动力式滚筒输送机按驱动方式分为带驱动式、锥齿轮驱动、链条驱动、电动机驱动。

(1) 带驱动滚筒输送机。带驱动滚筒输送机又可分为平带驱动、V带驱动、圆带驱动和同步带驱动。

① 平带驱动滚筒输送机。图3.8所示是平带驱动滚筒输送机结构示意图。在平带上安装了许多承载滚筒，下方装有调节平带松紧的压力滚筒。承载滚筒的选择和间隔大小与承载物料尺寸、重量有关。位于两承载滚筒之间的压力滚筒可上下调整，从而达到调整带驱动力的目的。因带宽与实际输送的物料的表面无关，所以可选用较窄的带宽。但是选择带宽时必须考虑带的有效拉力和负载能力。

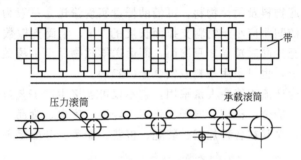

图3.8 平带驱动滚筒输送机

② V带驱动滚筒输送机。V带驱动滚筒输送机驱动方式同平带相同，不同之处在于把平带改成V带，主要用于轻负载短距离输送作业。因为V带可沿曲线弹性形变，这种驱动方式还可用于输送线的转弯和结合部。

③ 同步带驱动滚筒输送机。同步带驱动滚筒输送机适用于轻负载的输送工作。由于各滚筒上的工程塑料齿轮配合同步带传动，不但所占空间较小，而且噪声也小。

④ 圆带驱动滚筒输送机。圆带驱动滚筒输送机是目前较先进的中等载荷的滚筒输送机。如图3.9所示，它的传动是电动机通过减速机、链轮链条把运动传给线轴上的链轮，再通过线轴上的圆带轮和圆带传给各滚筒。其优点是干净卫生、安全可靠、成本低、噪声小(比其他输送机噪声小35%)。输送机输送速度高(可达60m/min)，可以组合成各种圆弧角度的分支与合流的输送线。

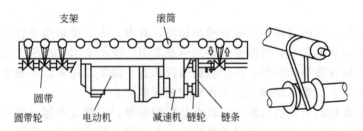

图3.9 圆带驱动滚筒输送

(2) 锥齿轮驱动滚筒输送机。图3.10所示为锥齿轮驱动滚筒输送机，这种输送机负载能力大，但由于输送机侧面安装有驱动齿轮，在宽度方向所占空间较大。为保证安全生产，必须加安全罩，在需要转弯输送的情况下，转弯处驱动锥齿轮之间需采用万向节，如图3.11所示。

(3) 链条驱动滚筒输送机。图3.12所示是链条驱动的滚筒输送机结构示意图。这种输送机承载能力大,通用性好,布置方便,对环境适应性强,可在经常接触油、水及湿度较高的地方工作,但在多尘环境中工作时链条容易磨损,高速运行时噪声较大。

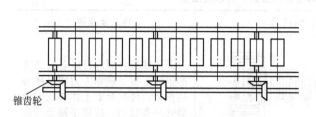

图 3.10 锥齿轮驱动滚筒输送机　　　　图 3.11 转弯时用万向节头连接主动轮

链条驱动可分为单链式和双链式驱动。单链式驱动结构布置紧凑,适用于轻载、低速、持续运行的场合,如图 3.12(a)所示;双链式驱动适用于载荷较大、速度较高、启动和制动比较频繁的场合,如图 3.12(b)所示。

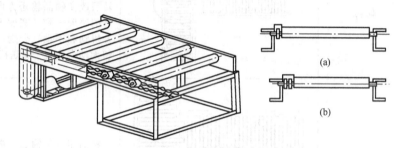

图 3.12 链条驱动滚筒输送机

(4) 电动机驱动滚筒输送机。如图 3.13 所示,每个驱动滚筒都配备一台电动机和一台减速机单独驱动(或直接用电动滚筒),由于每个驱动滚筒自成系统,故更换维修比较方便,但费用较高。实际使用中,每隔几根无动力滚筒才安装一根驱动滚筒。

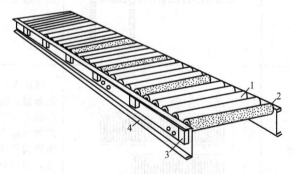

图 3.13 电动机驱动滚筒输送机
1—被动滚筒;2—驱动滚筒;3—电动机;4—滚筒支架

3. 滚筒式输送机的换向装置

在比较复杂的滚筒式输送机线路系统中,当相邻区段滚筒输送机成垂直、平行、上下等布置形式时,物料一般需要通过相应的换向装置进行转运,实现物料的集中或分流。

1) 换向装置

表 3-1 列出了换向装置的形式、特点及应用。

表 3-1 换向装置的形式、特点及应用

转运方式	辅助装置形式	结构简图	特点及应用
垂直转运	万向球台	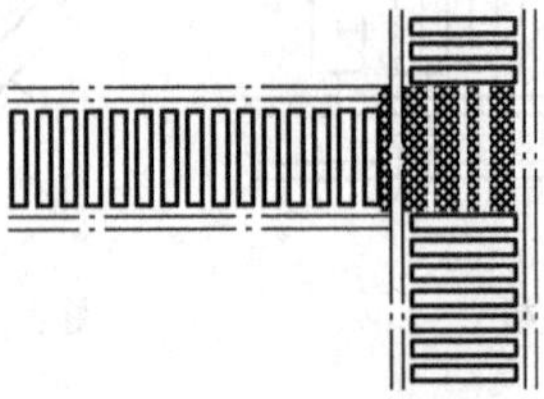	万向球台台面有可以各向转动的钢球，物品依靠人力或机械力的推动，可在台面上作任意方向的移动和转动。适用于转运质量轻、输送量少的平底物品
垂直转运	转台	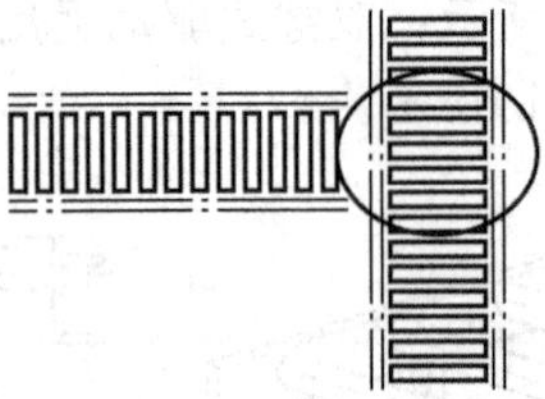	转台台面设有圆柱形长辊，物品进入转台后，随转台作 90°旋转后改变物品输送方向，转运前后的座向一致，宽度不变；转台分机动和手动，分别与动力方式和无动力式辊子输送机配套使用
垂直转运	升降转运台	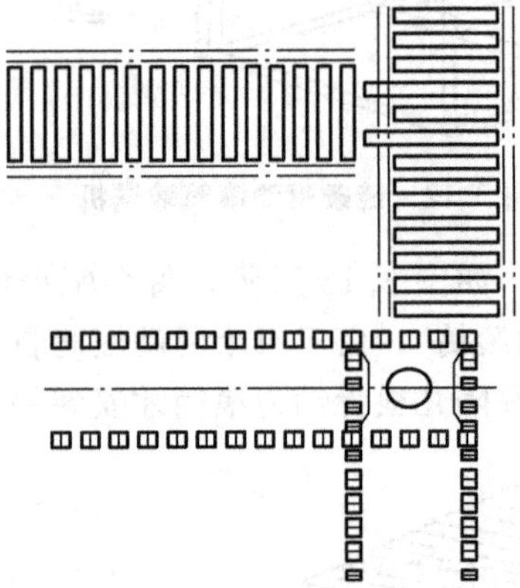	物品相对于输送方向的位置在转运前后改变了 90°，因此要考虑物品转运后宽度变化对辊子输送机线路输送宽度的影响；常用的升降转运台分链式和辊式两种，分别与圆柱形辊子输送机和边辊输送机配套使用
平行转运	转运小车	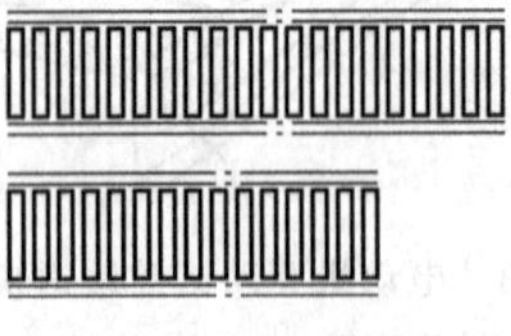	转运车轨道与辊子输送机呈直角布置，转运车沿轨道运行，可以在多台平行布置的辊子输送机之间转运物品。按台面辊子和行走机构的驱动方式，分手动和机动，分别与无动力式移动方式辊子输送机配套使用，其台面辊子形成与所配套的辊子输送机相一致
上下转运	升降段		升降段是辊子输送机线路中可以升降的区段，用于高差较小的两层辊子输送机之间的转运

(续)

转运方式	辅助装置形式	结构简图	特点及应用
上下转运	升降输送机		升降输送机只有输入、提升和输出机构，适用于在不同楼层的辊子输送机之间的转运
岔道转运	固定式岔道		固定式岔道结构简单，布置紧凑，可以连续地通过物品，但物品通过岔道时存在滑动和错位，适用于轻载，固定式岔道按其作用方式分手动和机动，分别与无动力式和动力式辊子输送机配套使用
岔道转运	活动式岔道		在机动式岔道中，经常采用转向器帮助物品转向，采用通行控制器控制岔道合流处物品的流向；活动式岔道可以改变物品通过岔道时发生的滑动和错位现象，但结构比较复杂，多用于重载

2) 十字交叉(垂直)转运装置

平面上十字交叉的滚筒输送机一般都要采用专用的转运装置。直接转运既费力又会使滚筒磨损严重，所以只有当物料较轻时，才采用直接转运方式。常用的转运装置有以下几种。

(1) 辊子回转台。如图 3.14 所示，辊子回转台是在可回转的支座上装有辊子排的支架。当需要改变物料的输送方向时，将从一条滚筒输送机运来的物料输送到辊子回转台上，辊子回转台回转 90°后，将物料转运到另一条滚筒输送机。

(2) 滚珠回转台。滚珠回转台又称万向球台，在支座上装有若干相互交错的滚珠，利用滚珠能沿任意方向转动的特点，可改变物料的输送方向，如图 3.15 所示。

(3) 具有特殊构造的辊子转运机构。如图 3.16 所示，在滚筒输送机的交叉处，相互交错地安装有若干短辊，在每一个短辊的圆周上均匀地布置若干能转动的小辊柱，依靠短辊及其上的小辊柱的转动方向相互垂直，从而实现物料的转运。

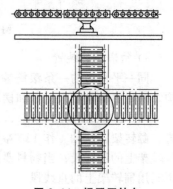

图 3.14 辊子回转台

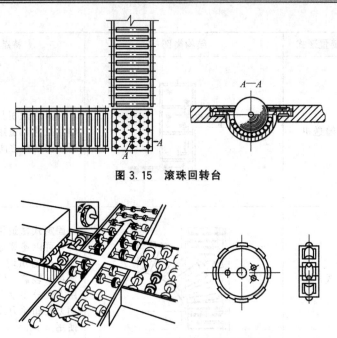

图 3.15 滚珠回转台

图 3.16 具有特殊构造的辊子转运机构

3) 辊道式升降台

不在同一平面的滚筒输送机间的转运需要利用升降台来进行。常用的有气动式和液压式升降台,分别由起升汽缸或液压缸和带有辊子排的机架组成,如图 3.17 所示。通常情况下,升降与改变输送方向是同时进行的,形成升降转运台。

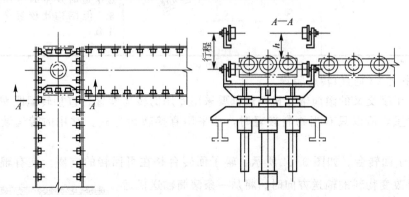

图 3.17 垂直式气动或液压辊道升降台

4) 岔道转运装置

同一平面内的一条滚筒输送机向另两条不同的滚筒输送机转运时,通常采用岔道结构。常用的有翻转式岔道和摆动式岔道两种。

(1) 翻转式岔道。如图 3.18 所示,在翻转架的上、下分别装有圆弧段和直线段辊子排,翻转架能绕轴 4 作 180°翻转。当物料要从滚筒输送机 1 转运至滚筒输送机 3,则利用翻转架上的圆弧段;当物料要从滚筒输送机 1 转运至滚筒输送机 2,把翻转架翻转 180°,再利用翻转架上的直线段。

(2) 摆动式岔道。如图 3.19 所示,这种岔道是将一段直线辊子道制成一端用铰销固定,另一端可摆动,当物料要从滚筒输送机1转运至滚筒输送机2或3时,只需将摆动段扳到相应的位置即可。

5) 升降输送机

如图3.20所示,升降输送机具有输入、提升和输出机构,适用布置在不同楼层的滚筒输送机之间转运。它可分为单盘和多盘两种形式。单盘升降输送机为间歇工作,适用负载大而工作不频繁的场合;多盘升降机为连续运行,适用物料转运频繁的场合。

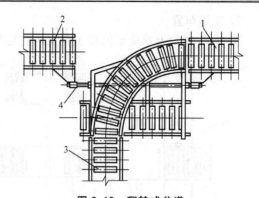

图 3.18 翻转式岔道

1～3—滚筒输送机;4—轴

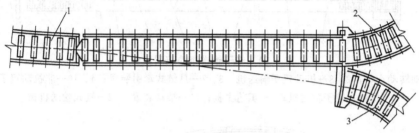

图 3.19 摆动式岔道

1～3—滚筒输送机

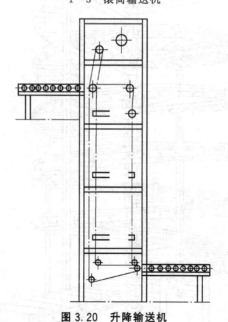

图 3.20 升降输送机

4. 滚筒式输送机应用举例

1) 平面布置

如图3.21所示,该系统是某纺织企业涤纶纤维包装生产线的一部分,生产线的输送系统由多种形式的滚筒输送机与转运小车等组成。

2) 立体布置

图 3.22 所示为螺旋形的辊子斜道，它是利用螺旋滚筒输送机作为滑动面的螺旋通道。

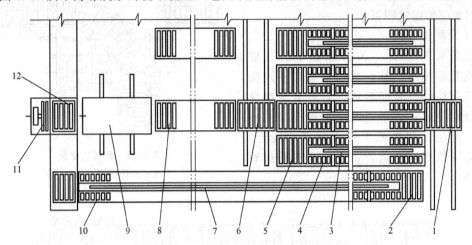

图 3.21 辊子输送机的应用实例

1、6—机动转动小车；2、8—机动辊子输送机；3、7—爪链式牵引装置；4、10—非机动辊子输送机；5—超越式辊子输送机；9—工艺主板；11—推动装置；12—链式输送机械

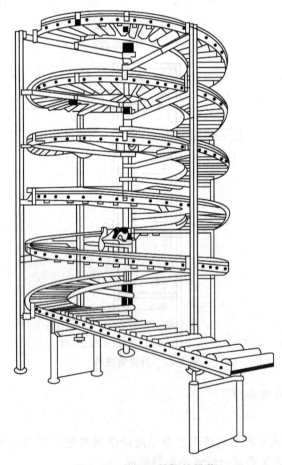

图 3.22 螺旋形的辊子斜道

3.3.3 链式输送机

链式输送机由链条、链轮、电动机、减速器、联轴器等组成,如图3.23所示。长距离输送的链式输送机还有张紧装置和链条支撑导轨。链条由驱动链轮牵引,链条下面有导轨,支撑着链节上的套筒辊子。货物直接压在链条上,随着链条的运动而向前移动。

输送链条多采用套筒滚子链,如图3.24所示。输送链与传动链相比,链条较长,质量大。一般将输送链的节距制成为普通传动链的2倍或3倍以上,这样可减少铰链个数,减小链条质量,提高输送性能。链轮齿数对输送链性能影响较大,齿数太少会使链条运行平稳性变差,而且冲击、振动、噪声、磨损加大。根据链速度不同,最小链轮齿数可取13~21齿。链轮齿数过多会导致机构庞大,一般最多采用120齿。

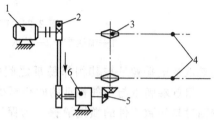

图3.23 链式输送机
1—电动机;2—带;3—链轮;
4—链条;5—锥齿轮;6—减速器

链式输送系统中,物料一般通过链条上的附件(特殊链条)带动前进。附件可用链条上的零件扩展而形成,如图3.25所示,同时还可以配置二级附件(如托架、料斗、运载机构等),用链条和托板组成的链板输送机也是一种广泛使用的连续输送机械。

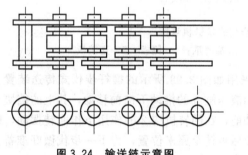

图3.24 输送链示意图

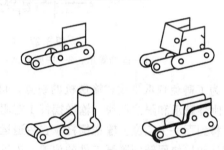

图3.25 特殊链条示意图

3.3.4 步伐式输送机

步伐式输送机是自动线上常用的工件输送装置,有棘爪式、摆杆式等多种形式,适用于加工箱体和杂类零件的组合机床自动线。最常见的是棘爪步伐式输送机。

图3.26所示是棘爪步伐式输送机的动作原理图。在输送带1上装有若干个棘爪2,每一棘爪都可绕销轴3转动,棘爪2的前端顶在工件4的后端,棘爪2的下端被挡销6挡住。当输送带1向前运动时,棘爪2就带动工件移动一个步距t;当输送带1回程时,棘爪2被工件压下,于是绕销轴3回转而将弹簧5拉伸,并从工件下面滑过,待退出工件之后,棘爪又复而抬起。

如图3.27所示,棘爪步伐式输送机由一个首端棘爪1、若干个中间棘爪2和一个末端棘爪3装在两条平行的侧板4上所组成。由于整个输送带比较长,考虑到制造及装配工艺性,一般都把它做成若干节,然后再用连接板5连接起来。输送带中间的棘爪一般都做成等距离的,但根据实际需要,也可以将某些中间棘爪的间距设计成不等距的。自动线的首

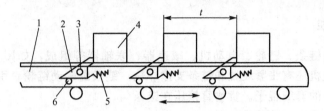

图 3.26 棘爪步伐式输送机动作原理图

1—输送带；2—棘爪；3—销轴；4—工件；5—弹簧；6—挡销

端棘爪及末端棘爪与其相邻棘爪之间的距离，根据实际需要，可以做得比输送步距短一些，但首端棘爪与相邻棘爪的间距至少应可容纳一个工件。棘爪步伐式输送机在输送速度较高时易导致工件的惯性滑移，为保证工件终止位置的准确，运行速度不能太高。此外，由于切屑掉入，偶尔也有棘爪卡死、输送失灵的现象。

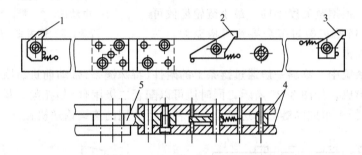

图 3.27 棘爪步伐式输送机结构

1—首端棘爪；2—中间棘爪；3—末端棘爪；4—侧板；5—连接板

为了避免棘爪步伐式输送机的缺点，可采用如图 3.28 所示的摆杆步伐式传送装置，它具有刚性棘爪和限位挡块。输送摆杆 1 在驱动液压缸 5 的推动下向前移动，其上的挡块卡着工件移到下一个工位。输送摆杆 1 在后退运动前，在回转机构 2 的作用下作回转摆动，以便使棘爪和挡块回转到脱开工件的位置，当返回后再转至原来位置，为下一步伐做好准备。这种传送带可以保证终止位置准确，输送速度较高，常用的输送速度为 20m/min。

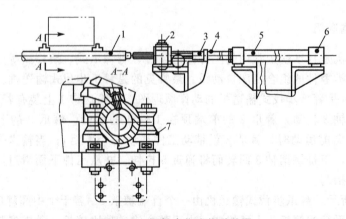

图 3.28 摆杆步伐式传送装置

1—输送摆杆；2—回转机构；3—回转接头；4—活塞杆；
5—驱动液压缸；6—液压缓冲装置；7—支撑辊

3.3.5 悬挂式输送机

悬挂式输送机是一种输送成件物料的三维空间闭环输送系统,用来连续输送毛坯、机器零件、半成品、成品等各种成件物料(包括装在容器或包内的散料)。在现代工业中,机械制造、汽车制造、轧钢、炼铝、轻工、家电、化工、食品等行业悬挂输送机已得到相当广泛的应用。

1. 悬挂式输送机的分类及结构

悬挂式输送机的应用范围很广,目前世界上悬挂式输送机种类多达上百种,我国生产的悬挂式输送机也达几十种,具有多种结构。根据输送物料的方式,悬挂式输送机可分牵引式 和推式两大类。

1) 牵引式悬挂输送机

牵引式悬挂输送机为单层轨道,牵引构件直接与承载吊具相连并牵引其运行。最为常见的为通用(普通)悬挂输送机和轻型(封闭轨道)悬挂输送机两种。

通用悬挂输送机采用工字钢轨道截面,其牵引构件由冲压易拆链或模锻易拆链和滑架组成,承载吊具与牵引链上的滑架直接相连,结构如图 3.29 所示。通用悬挂输送机组成较简单,质量、尺寸也较小,我国企业目前采用较广泛。

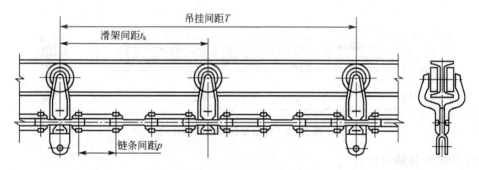

图 3.29 通用悬挂输送机的结构

滑架用来支持物料的吊具并使它沿架空的轨道运行(称为载重滑架),或者用来支撑链条的重量(称空载滑架),以免产生过大垂度。每台滑架的许用有效载荷要根据线路的轮廓、运行速度、在各个垂直弯曲处的载荷及输送机的工作条件等因素决定。

吊具是悬挂输送机的承载构件,用来放置被输送物料的装置。吊具的形状与尺寸应与输送物料的特性相适应,要求简单实用、坚固牢靠、装拆方便,满足工艺操作要求,能充分提高输送机生产率。

通用悬挂输送机如图 3.30 所示。输送机的牵引链条沿着构成封闭环路的架空轨道运动。牵引链条连接有滑架,滑架上连接有装载输送物料的吊具。架空轨道沿生产工艺线路布置,安装在屋架或其他构件;输送线路可根据要求有水平直线段、垂直直线段、倾斜直线段和多个转向弯曲段,构成空间环路。物料装卸是由人工或自动方式在输送线路的一处或多处进行。

图 3.31 所示是轻型悬挂输送机结构,采用封闭轨道截面,其牵引构件为双向均带有滚轮的双铰链,承载吊具通过各种形式吊杆与多铰接链连接。

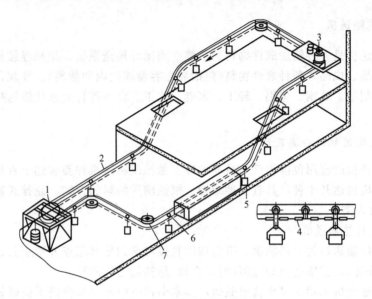

图 3.30 通用悬挂输送机
1—张紧机构；2—架空轨道；3—驱动机构；4—牵引机构；5—吊具；6—小车；7—转向装置

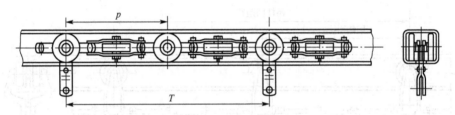

图 3.31 轻型悬挂输送机的结构

2）推式悬挂输送机

推式悬挂输送机为双层轨道，上层牵引轨道上的构件并不与下层承载轨道上携带承载吊具的承载小车相连，而是由牵引构件上的推杆或四轮推钩推动承载小车运行。

20 世纪 70 年代，我国先后生产过没有积放功能的推式悬挂输送机。但要实现输送和工艺作业的综合机械化、使工作节奏完全不同的单独输送线路和工艺线路联合成一个完全自动化系统，使输送物料能够自动寄送、储存，就必须采用积放式输送机。随着技术发展和生产自动化要求的日益提高，具有积放功能的推式悬挂输送机—积放式悬挂输送机已逐渐成为推式悬挂输送机的主流。

积放式悬挂输送机是一种适应高生产率、柔性生产系统的传输设备。它不仅起输送作用，而且贯穿整个生产线，集精良的工艺操作、储存、输送等功能于一体。其主要特点是具有双层轨道，承载小车可与牵引链条相分离，可以对小车进行灵活控制。目前，最常见的积放式悬挂输送机有通用积放式和轻型积放式。

通用积放式悬挂输送机采用工字钢和双槽钢轨道截面，其牵引构件由模锻易拆链、滑架和推杆组成，承载吊具与具有积放功能的承载小车铰接，其结构如图 3.32 所示。

轻型积放式（封闭轨积放式）悬挂输送机采用封闭轨和槽形半轨轨道截面，其牵引构件由双铰接链和四轮推钩组成。四轮推钩和承载小车的协调动作保证系统的积放功能，其结构如图 3.33 所示。

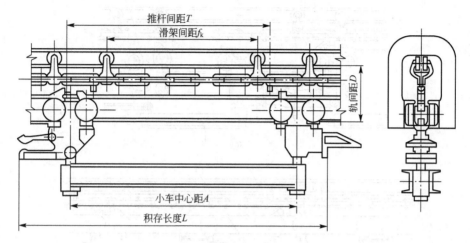

图 3.32　通用积放式悬挂输送机

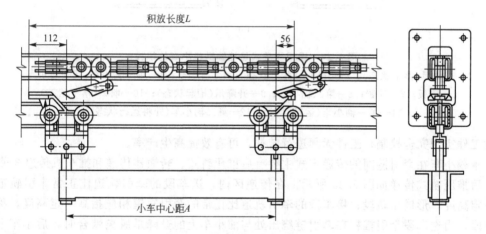

图 3.33　轻型积放式悬挂输送机

(1) 积放功能

积放式悬挂输送机的最大特点是承载小车具有自动积放功能。通用积放式悬挂输送机和承载小车一般由前后两小车或前、中、后 3 个小车及均衡梁组成。前小车上装有一个可上下活动的升降爪、可翻动的止逸爪和前铲等零件，升降爪通过杠杆与前铲铰接，后小车装有一楔形尾板。牵引链条上的推杆与前小车升降爪相啮合，推动承载小车运行。积存时依靠停止器臂板的插入将小车上的升降爪压下，使承载小车脱离牵引链的啮合而停止下来，后续的小车因其前铲被前一辆小车的尾板抬起，通过杠杆迫使升降爪落下，而使后续小车停下。当停止器臂板撤回时，由于前铲的重力使升降爪复位，小车重新投入运行，如图 3.34 所示。

(2) 承载小车的传递

积放式悬挂输送机能够把各种不同工艺速度或输送速度的独立环线通过岔道在直线段和两条不同的牵引链间传递，组合成完整的系统，从而实现各工序不同的运行速度，或者让某些工序在静止状态下完成，使工艺流程和工件储存构成柔性系统，并对系统中每一个

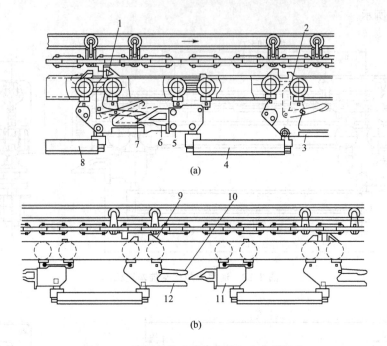

图 3.34 通用积放式悬挂输送机小车的积放

1—升降爪(落下状态)；2—升降爪(张下状态)；3—前小车；4—第一辆小车；5—后小车；
6—尾板；7—前铲；8—第二辆小车；9—升降爪(抬起状态)；10—前铲(落下状态)；
11—第一辆小车(运行状态)；12—第二辆小车(即将运行状态)

运载工件实现完全控制，工件无须进行转挂，可有效提高生产率。

承载小车在牵引链间的传递方式主要有后推压轨式、转辙器传递和推车机传递 3 种。

后推压轨式传递如图 3.35 所示。在传递区内，送车段的牵引轨道比正常牵引轨道降低一定高度，形成压轨段；接车段的牵引轨道比正常的牵引轨道相应抬高一定高度，称为抬轨段。当送车段牵引推杆在牵引链绕出处与前小车上的升降爪脱离啮合时，后小车上的过渡爪处在压轨段的啮合区内，与牵引链推杆啮合，推动小车继续前进，使前小车越过两条链之间的空当。当送车段牵引链的推杆与后小车上的过渡爪脱离啮合时，前小车的升降爪已处在接车段内，与接车段牵引链啮合，完成小车传递。

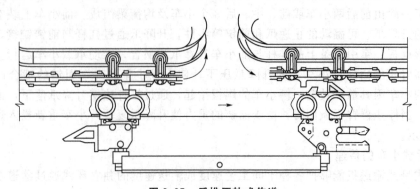

图 3.35 后推压轨式传递

转辙器传递如图 3.36 所示,它由一个链轮和若干桨臂组成,链轮布置在牵引链的绕出处,被送车段的牵引链所带动。随着链轮的转动,桨臂将承载小车推过两条牵引链之间的空当,完成传递过程。采用转撤器传递时,传递区无压轨段和抬轨段,因此承载小车可在传递区积存。

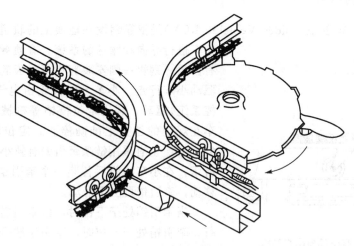

图 3.36 转辙器传递

推车机传递如图 3.37 所示,有机械传动式和气动式两种结构形式,两者功能相当(前者用于大行程),都是利用移动架上的推爪推动承载小车越过两牵引链之间的空当,完成传递过程。

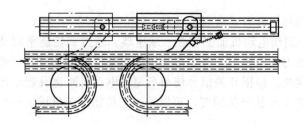

图 3.37 推车机传递

2. 悬挂式输送机的特点

悬挂式输送机的优点如下所示。

(1) 可用于衔接工序繁多、生产节拍紧凑、工艺方法相对稳定的生产过程。

(2) 具有良好的工艺性,能在水平和垂直面内任意回转,输送长度可达数百米,采用多机驱动可达 2000m,可将各个单一独立的专业化生产环节配套成线。

(3) 在厂房屋架上悬挂布置,能够不占用地面生产面积,对地面设备和工艺操作影响小,从而提高车间生产面积的利用率和经济合理性。

(4) 适应性强,工作环境温度范围较宽(一般为 $-20 \sim 45$℃,小牵引链为 $-20 \sim 200$℃)。

(5) 可以实现高度机械化和自动化,进行连续、有节奏的生产。

(6) 运行速度范围广,为 $0.3 \sim 25$m/min,可根据需要实现无级调速、间歇运行及双线同步运行;

(7) 运送成件物料范围宽，载物最大质量可达 2000kg，物料长度可达 4~5m。

(8) 动力消耗小，单位牵引力为 150~300N/t。

悬挂式输送机的缺点是较难实现装卸过程自动化，制造成本较高，可靠性要求较高。

3.3.6 有轨导向小车

有轨导向小车（Rail Guided Vehicle，RGV）是依靠铺设在地面上的轨道对装有工件的小车进行导向和输送的系统。有轨导向小车上安装有齿轮，钢轨一侧安装有齿条。齿轮与齿条相啮合驱动小车行走。小车上的齿轮由电气伺服系统（数控系统）驱动，利用定位槽销等机械定位机构使小车在规定的位置上准确停止，定位精度最高可达 0.1mm。也有采用链条牵引的有轨小车，如图 3.38 所示，在小车的前后各装一个牵引销 2 牵引小车 1 移动，牵引销可上下滑动。

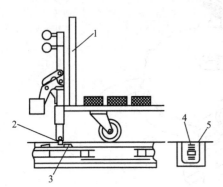

图 3.38 有轨导向小车结构
1—小车；2—牵引销；
3—脱钩；4—牵引链；5—轨道

当牵引销处于下位时，由牵引链 4 带动小车运行，牵引销处于上位时，牵引销脱开牵引链的脱钩 3，小车停止运行。有轨小车不但结构坚固、承载量大、而且移动速度大，加速性能好，多用于大型工件输送。其缺点是铺设轨道改动不便、柔性差、车间空间利用率低、噪声大和价格高。又由于地面上的钢轨转弯困难，RGV 多用于直线或近似直线输送。

有轨小车的驱动和定位方式有以下几种。

(1) 利用普通带制动电动机加变频器、减速器，通过链轮链条驱动小车的滚轮，靠滚轮与轨道的滚动摩擦力推动小车，在小车规定的停留位置设置减速和停止信号开关，在小车上设置信息开关撞块，根据开关信号使小车驱动电动机减速及制动停车，其定位精度可达 ±1mm。为了提高小车的定位精度，可以采用定位插销等机械定位机构使小车在规定位置上准确停止。

(2) 在钢轨的一侧设置齿条，小车的驱动齿轮与之啮合。齿轮由电气伺服系统（数控系统）驱动，其定位精度可达 ±0.4mm，甚至可达 ±0.1mm。通过修改程序，可以很方便地改变小车在导轨上的停留位置。

有轨小车结构坚固，其加速过程和移动速度都比较快，一般移动速度最大可达 60~100m/min。其承载能力也很大，一般载重可达 1~8t，甚至更重。同时它与设备的结合也比较容易，可以很方便地在同一轨道上来回移动，在短距离移动时，它的机动性能比较好，在刚性自动线中也可以用来输送较大、较重的箱体类零件。

3.4 柔性物料储运系统

柔性物料储运系统是由数控加工设备、物料运储装置和计算机控制系统等组成的自动化制造系统。它包括多个柔性制造单元，能根据制造任务或生产环境的变化迅速进行调整,适用于多品种、中小批量生产。

从硬件的形式上看,柔性物料储运系统由以下3部分组成。

(1) 两台以上的数控机床或加工中心以及其他的加工设备,包括测量机、清洗机、动平衡机、各种特种加工设备等。

(2) 一套能自动装卸的储运系统,包括刀具的储运和工件原材料的储运。具体结构可采用传送机、运输小车、搬运机器人、上下料托盘、交换工作站等。

(3) 一套计算机控制系统。本节对柔性制造系统(FMS)的组成部分之一——工件原材料的储运形式及其相关设备进行介绍。

3.4.1 柔性物料储运形式

柔性物料输送系统是为FMS服务的,它决定着FMS的布局和运行方式。由于大部分的FMS工作站点多,输送线路长,输送的物料种类不同,物流系统的整体布局比较复杂。一般可以采用基本回路来组成FMS的输送系统,图3.39所示为几种典型的物料储运形式。

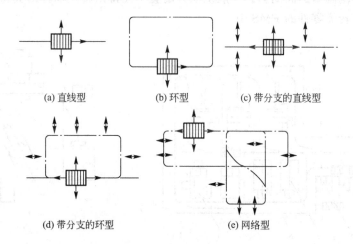

(a) 直线型　　(b) 环型　　(c) 带分支的直线型

(d) 带分支的环型　　(e) 网络型

图 3.39　典型物料储运基本回路

▯▯▯运输工具;↑上下料机构工作方向;──运输工具运动方向;↔有支路移动

1. 直线型储运形式

图3.40所示为直线型储运形式,这种形式比较简单,在我国现有的FMS中较为常见。它适用于按照规定的顺序从一个工作站到下一个工作站的工件输送,输送设备作直线运动,在输送线两侧布置加工设备和装卸站。直线型输送形式的线内储存量小,常需配合中央仓库及缓冲站。

2. 环型储运形式

环型储运形式的加工设备、辅助设备等布置在封闭的环形输送线的内外侧,如

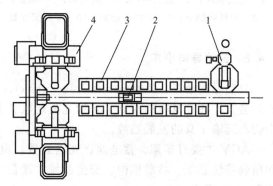

图 3.40　直线型储运形式
1—工作装卸站;2—有轨小车;
3—托盘缓冲站;4—加工中心

图 3.39(b)、(d)所示。输送线上可采用各类连续输送机、输送小车、悬挂式输送机等设备。在环形输送线上,还可增加若干条支线,作为储存或改变输送线路之用。故其线内储存量较大,可不设置中央仓库。环型储运形式便于实现随机存取,具有非常好的灵活性,所以应用范围较广。

3. 网络型储运形式

如图 3.41 所示,这种储运形式的输送设备通常采用自动导向小车。自动导向小车的导向线路埋设在地下,输送线路具有很大的柔性,故加工设备敞开性好,物料输送灵活,在中、小批量的产品或新产品试制阶段的 FMS 中应用越来越广。网络型储运形式的线内储存量小,一般需设置中央仓库和托盘自动交换器。

4. 以机器人为中心的储运形式

图 3.42 所示是以机器人为中心的输送形式。它是以搬运机器人为中心,加工设备布置在机器人搬运范围内的圆周上。一般机器人配置了夹持回转类零件的夹持器,因此它适用于加工各类回转类零件的 FMS 中。

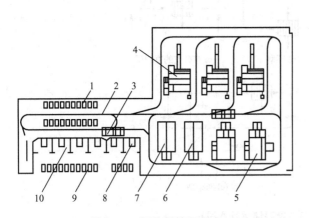

图 3.41 网络型储运形式

1—托盘缓冲站;2—输送回路;3—自动导向小车;
4—立式机床;5—加工中心;6—研磨机;7—测量机;
8—刀具装卸站;9—工件存储站;10—工件装卸站

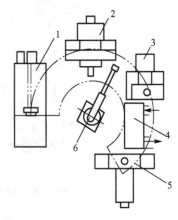

图 3.42 以机器人为中心的储运形式

1—车削中心;2—数控铣床;3—钻床;
4—缓冲站;5—加工中心;6—机器人

3.4.2 自动导向小车

自动导向小车(Automated Guide Vehicle,AGV)是一种由蓄电池驱动,装有非接触导向装置,在计算机的控制下自动完成运输任务的物料运载工具。AGV 是柔性物流系统中物料运输工具的发展趋势。

AGV 主要有车架、蓄电池、充电装置、电气系统、驱动装置、转向装置、自动认址和精确停位系统、移载机构、安全系统、通信单元和自动导向系统等组成。AGV 的外形如图 3.43 所示。

1. 在 FMS 中采用 AGV 的优点

(1) 较高的柔性。只要改变一下导向程序,就可以较容易地改变、修正、扩充自动导向车的移动路线。但如果要改变固定的传送带运输线或 RGV 的轨道就相对要困难一些。

(2) 实时监视和控制。由控制计算机实时地对 AGV 进行监视，如果柔性制造系统根据某种需要要求改变进度表或作业计划，则可很方便地重新安排小车路线。此外，还可以为紧急需要服务，也可向计算机报告负载的失效、零件错放等事故。

(3) 安全可靠。AGV 能以低速运行，运行速度一般在 10~70m/min 之间。通常 AGV 备有微处理器控制系统，能与本区的其他控制器通信，可以防止相互之间的碰撞。AGV 下面安装了定位装置，可

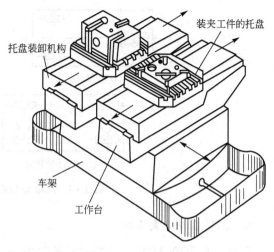

图 3.43　AGV 外形图

保证定位精度达到 ±30mm，而安装定位精度传感器的 AGV 定位精度可达到 ±3mm。此外，AGV 还可备有报警信号灯、扬声器、急停按钮、防火安全连锁装置，以保证运输的安全。

(4) 维护方便。维护工作包括对小车蓄电池的充电和对小车电动机、车上控制器、通信装置、安全报警装置的常规检查等。大多数 AGV 备有蓄电池状况自动报告装置，它与控制主机互联，当蓄电池的储备能量降到需要充电的规定值时，AGV 会自动去充电站充电，一般 AGV 可连续工作 8 小时而无需充电。

2. AGV 的分类

按导向方式的不同可将 AGV 分为以下几种类型。

(1) 线导小车。线导小车是利用电磁感应制导原理进行导向的。它需在行车路线的地面下埋设环形感应电缆来制导小车运动。目前线导小车在工厂应用最广泛。

(2) 光导小车。光导小车是采用光电制导原理进行导向的。它需在行车路线上涂上能反光的荧光线条，小车上的光敏传感器接受反射光来制导小车运动。这种小车线路易于改变，但对地面环境要求高。

(3) 遥控小车。遥控小车没有传送信息的电缆，而是以无线电设备传送控制命令和信息。遥控小车的活动范围和行车路线基本上不受限制，比线导、光导小车柔性好。

3. AGV 车轮的布置

图 3.44 所示是线导 AGV 车轮布置及转向方式的示意图。图 3.44(a) 所示是一种三车轮的 AGV，它的前轮既是转向轮又是驱动轮，这种 AGV 一般只能向前运动。图 3.44(b) 所示是一种差速转向的 AGV，它有 4 个车轮，中间两个是驱动轮，利用两个驱动轮的速度之差实现转向，4 个车轮承载能力较大，并可以前后移动。图 3.44(c) 所示是一种独立多轮转向的 AGV，它的 4 个车轮都兼有转向和驱动，故这种 AGV 转向最灵活方便，可沿任意方向运动，但需协调控制。

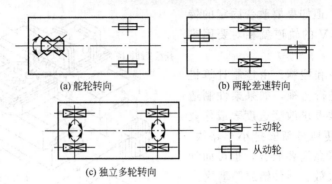

图 3.44 AGV 车轮布置及转向方式

4. AGV 自动导向系统

目前，车间的 AGV 自动导向系统以电磁式为主，图 3.45 所示为舵轮转向的 AGV 自动导向原理图。在小车行车路线的地面开设一条宽 3~10mm，深 20~200mm 的槽，槽内铺设直径为 1mm 的绝缘导线，表面用环氧树脂灌封。导向线提供低频率（<15kHz）、低电压（<40V）、200~400mA 的交流电流，在导向线周围形成交变磁场。小车导向轮 8 的两侧装有导向感应线圈 1，随导向轮 8 一起转动。当导向轮 8 偏离导向线 9 或导向线转弯时，由于两个线圈偏离导向线的距离不等，所以线圈中感应电动势也不相等，两个电动势经比较，产生差值电压 ΔU。差值电压 ΔU 经过交流电压放大器 2、功率放大器 5 两级放大和整流等环节，控制直流导向电动机 6 的旋转方向，从而达到导向的目的。

5. AGV 自动认址与精确停位系统

自动认址与精确停位系统的任务是使小车能将物料准确地送到位。自动认址系统中首先在工位上安置地址信息发送元件，一般直接在导向线两侧埋设认址的感应线圈。图 3.46 所示为 AGV 绝对地址的感应线圈地址码原理图，它是将每个地址进行编码，再将若干线圈以不同方式连接，产生不同方向的磁通，用"0"或"1"表示地址码。上述地址信号由安装在小车上的接受线圈接受，经放大整形送入计数电路或逻辑判别电路，当判断正确后，发出命令使小车减速、停车，或前后微量调整，达到精确停位。

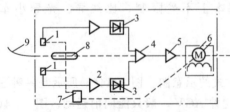

图 3.45 AGV 自动导向原理图
1—导向感应线圈；2—交流电压放大器；
3—整流器；4—运算放大器；5—功率放大器；
6—直流导向电动机；7—减速器；
8—导向轮；9—导向线

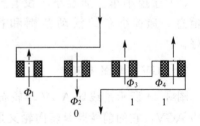

图 3.46 AGV 绝对地址的感应线圈地址码原理图

6. AGV 的导向控制系统

两轮差速转向的 AGV 导向控制系统如图 3.47 所示。AGV 上对称设置两个导向传感器，它接收到地面导向线路的电磁感应信号，两导向传感器信号经比较放大处理后得到反映 AGV 的偏差方向和偏差量。此综合信号经一阶微分处理后得到反映 AGV 偏角的量，经二阶微分处理后得到反映 AGV 偏角变化速度的量。将 AGV 的偏差、偏角和偏角变化速度 3 个量加权放大后，用以控制驱动 AGV 的两个电动机实现差速转向，使 AGV 能实时地消除车体与导向线路的偏离。

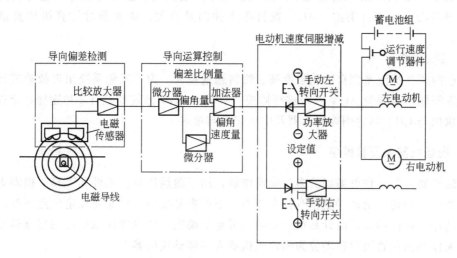

图 3.47　两轮差速转向的 AGV 导向控制系统

7. AGV 的管理

AGV 系统的管理就是为了确保系统的可靠运行，最大限度地提高物料的通过量，使生产效率达到最高水平。它一般包括 3 个方面的内容，即交通管制、车辆调度和系统监控。

1) 交通管制

在多车系统中必须由交通管制才能避免小车之间的相互碰撞。目前应用最广的 AGV 交通管制方法是区间控制法。它将导向路线划分为若干个区间。区间控制法的法则是在同一时刻只允许一个小车位于给定的区间内。

2) 车辆调度

车辆调度的目标是使 AGV 系统实现最大的物料通过量。车辆调度需要解决两个问题：一是实现车辆调度的方法；二是车辆调度应遵循的法则。

(1) 车辆调度的方法。实现车辆调度的方法按等级可分为车内调度系统、车外招呼系统、遥控终端、中央计算机控制以及组合控制等。在柔性物流系统中，一般由物流工作站计算机调度，使系统处于最高水平的运行调度状态。当系统以最高水平控制运行时，物流工作站计算机调度失败，则可返回到低一级水平控制。这时，可以恢复到遥控终端控制或车载控制，AGV 系统仍可继续工作。

(2) 车辆调度法则。在多车多工作站的系统中，AGV 遵循何种车辆调度法则，对于

FMS 的运行性能和效率有很大的影响。最简单的车辆调度法则是顺序车辆调度法则，它是让 AGV 在导向线路上不停地行驶，依次经过每一个工作站，当经过有负载需要装运的工作站时，AGV 便装上负载继续向前行驶，并把负载输送到它的目的地。这种调度法则不会出现车间闭锁（交通阻塞）现象，但物流系统的柔性及物料通过量都比较低。为了克服上述缺点，柔性物流系统逐步采用了一些先进的车辆调度法则。例如，从任务申请角度出发，有最大输送排队长度法则、最少行驶时间法则、最短距离法则、最小剩余输送排队空间法则、先来先服务法则等；从任务分配角度出发，有最近车辆法则、最快车辆法则、最长空闲车辆法则等。柔性物流系统使用何种法则为最好，这与物流输送形式、设备布置、工件类型、AGV 数目等多种因素有关。需要通过计算机仿真试验才能确定。

3) 系统监控

复杂的柔性物流系统自动化程度高、物料输送量大。为了避免系统出现故障或运行速度减慢等问题，需要对 AGV 系统进行监控。目前，AGV 系统监控有 3 种途径：定位器面板、摄像机与 CRT 彩色图像显示器及中央记录与报告。

3.4.3 搬运机器人及机械手

搬运机器人是一种可编程的多功能操作器，用于搬运物料、工件和工具。机器人和机械手的主要区别是：机械手是没有自主能力，不可重复编程，只能完成定位点不变的简单的重复动作；而机器人是由计算机控制的，可重复编程，能完成任意定位的复杂运动。搬运机器人按照其是否可以移动分为固定式机器人和移动式机器人。

固定式机器人的本体是固定的，只能进行背部可活动范围内的输送作业。固定式机器人虽然在输送距离上受到限制，但它不仅能输送工件、刀具、夹具等各种物体，而且还可装卸工件，是柔性较大的输送设备。又由于固定式机器人受抓举载荷能力限制，通常只搬运与装卸中、小型工件或工具，因此被广泛使用在柔性制造单元内部，同时完成搬运和上、下料工作。

固定式机器人一般由主构架（手臂）、手腕、驱动系统、测量系统、控制器及传感器等组成，如图 3.48 所示。机器人手臂具有 3 个自由度，其作业空间由手臂运动范围决定。机器人手腕是夹持器（手爪）与主构架的连接机构，它具有 3 个自由度。驱动系统为机器人各运动部件提供力、力矩、速度、加速度。测量系统用于机器人运动部件的位移、速度和加速度的测量。控制器用于控制机器人各运动部件的位置、速度和加速度，使机器人手爪以给定的速度沿着给定轨迹到达目标点。通过传感器可获得搬运对象和机器人本身的状态信息，如工件及其位置的识别，障碍物的识别，抓举工件时是否过载等。

行走式机器人就是移动式机器人，图 3.49 所示为数控车床装备的行走式机器人，它服务于传送带和数控车床之间，为数控机床装卸工件。机器人沿着架空导轨行走，活动范围较大。

用作输送设备的机械手在自动线中的布置示意图如图 3.50 所示。机械手以桁架架设在自动线的上方，故称为架空式机械手。多个机械手可以同时在机床间进行输送和装卸工作。

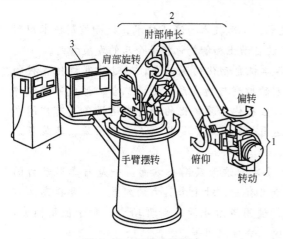

图 3.48 固定式机器人
1—手腕；2—手臂；3—液压及电气动力装置；4—控制器

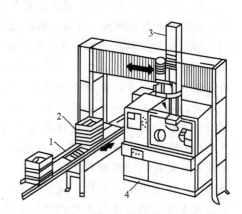

图 3.49 行走式机器人
1—传送机；2—工件及夹具；3—行走机器人；4—NC 车床

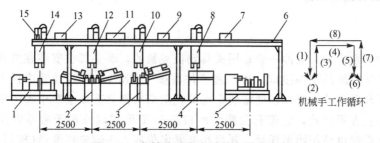

图 3.50 曲轴动平衡自动线布置示意图
1—测量动平衡机；2、3—组合钻床；4—清洗机；5—检验动平衡机；
6—机械手桁架；7、9、11、13—液压系统；8、10、12、14—架空机械手；15—液压马达；
机械手工作循环：(1)—下降；(2)—抓取；(3)—上升；(4)—移动；
(5)—下降；(6)—松开；(7)—上升；(8)—返回

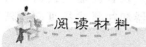

阅读材料

物料搬运技术的发展趋势

随着现代物流的发展，物料搬运设备与技术呈现出以下几个发展趋势。

① 实用化和轻型化。由于物料搬运设备是在通用的场合使用，因此应易操作、易维护，具有耐久性、无故障性和良好的经济性，以及较高的安全性、可靠性和环保性。这类设备批量较大、用途广。考虑到系统综合效益，可降低其外形高度，简化结构，降低造价，同时也可减少设备的运行成本。

(2) 专用化和通用化。物流活动的系统性、一致性、经济性、机动性，要求一些设备向专门化方向发展，一些物料搬运设备向通用化、标准化方向发展。物料搬运设备专门化是提高物流效率的基础，主要体现在两个方面：一是物料搬运设备专门化；二是物料搬运技术专门化。而通用化的搬运工具为物流系统运作的高效率提供了基本保证。通用化设备还可以实现物流作业的快速转换，可极大提高物流作业效率。

(3) 自动化和智能化。将先进的电子技术、光缆技术、液压技术、模糊控制技术用到机械的驱动和控制系统，实现物料搬运设备的自动化和智能化将是今后的发展方向。

(4) 成套化和系统化。在物料搬运设备单机自动化的基础上，通过计算机把各种物流设备组成一个集成系统，通过中央控制室的控制与物流系统协调配合，形成不同机种的最佳匹配和组合，发挥最佳效用。因此，成套化和系统化的物料搬运设备具有广阔发展前景，以后将重点发展的有工厂生产搬运自动化系统、货物配送集散系统、集装箱装卸搬运系统、货物自动分拣与搬运系统等。

(5) 绿色化。"绿色"就是要达到环保要求，这涉及两个方面：一是与牵引动力的发展以及制造、辅助材料等有关；二是与使用有关。对于牵引力的发展，一要提高牵引动力，二要有效利用能源，减少污染排放，使用清洁能源及新型动力。对于使用因素，包括对各种物料搬运设备的维护，合理调度，恰当使用等。

资料来源：张杰. 物料搬运设备的发展与应用[J]. 物流技术与应用，2009. 1：55～56

3.4.4 托盘及托盘交换器

1. 托盘

在柔性物流系统中，工件一般是用夹具定位夹紧的，而夹具被安装在托盘上，因此托盘是工件与机床之间的硬件接口。为了使工件在整个 FMS 中有效地完成任务，系统中所有的机床和托盘必须统一接口。通常所采用的托盘结构都具有该系统中加工中心工作台的形状，通常为正方形结构，它带有大倒角的棱边和 T 形槽以及用于夹具定位和夹紧的凸榫。有的物流系统也使用圆形托盘。托盘在夹紧定位前，一般先在锥形（楔形）定位器上定位，并用空气流把所有定位表面吹干净。

2. 托盘交换器

托盘交换器是 FMS 的加工设备与物料传输系统之间的桥梁和接口。它不仅起连接作用，还可以暂时存储工件，起到防止系统阻塞的缓冲作用。设置托盘交换器可大幅度缩短工件的装卸时间。托盘交换器一般有回转式托盘交换器和往复式托盘交换器两种。

(1) 回转式托盘交换器。回转式托盘交换器通常与分度工作台相似，有两位、4位和多位形式。多位的托盘交换器可以存储若干个工件，所以也称缓冲工作站或托盘库。两位的回转式托盘交换器如图 3.51 所示，其上有两条平行的导轨供托盘移动导向用，托盘的移动和交换器的回转通常由液压驱动。这种托盘交换器有两个工作位置，机床加工完毕后，交换器从机床工作台移出装有工件的托盘，然后旋转180°，将装有未加工工件的托盘再送到机床的加工位置。

(2) 往复式托盘交换器。如图 3.52 所示，它由一个托盘库和一个托盘交换器组成。当机床加工完毕后，工作台横向移动到卸料位置，将装有已加工工件的托盘移至托盘库的空位上，然后工作台横向移动到装料

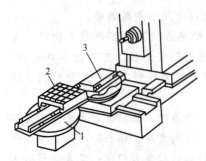

图 3.51 二位的回转式托盘交换器
1—托盘装卸回转工作台；
2—托盘；3—托盘紧固装置

位置，托盘交换器再将待加工的工件移至工作台上。带有托盘库的交换装置允许在机床前形成一个小的工件队列，起到小型中间储料库的作用，以补偿随机或非同步生产的节拍差异。由于设置了托盘交换器，使工件的装卸时间大幅度缩短。

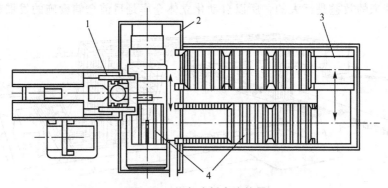

图 3.52 往复式托盘交换器
1—机床；2—移动工作台；3—托盘库移动装置；4—托盘

3.4.5 自动化立体仓库

自动化仓库又称为自动存储自动检索系统（Automated Storage/Retrieval System, AS/RS），是一种新型的仓储技术，是物料搬运和仓储科学中的一门综合科学技术工程。在整个 FMS 中，当物流系统线内存储功能很小而要求有较多的存储量时，或者要求无人化生产时，一般都设立自动化仓库来解决物料的集中存储问题。柔性物流系统以自动化仓库为中心，依据计算机管理系统的信息，实现毛坯、中央半成品、成品、配套件或工具的自动存储、自动检索、自动输送等功能。自动化仓库有多种形式，常见的有平面仓库和立体仓库两种。

平面仓库是一种货架布置在输送平面内的仓库，对于大型的工件，由于提升困难，往往采用平面库集中存贮。平面库是在输送平面内的布局形式，通常有直线型和环型两种，如图 3.53 所示。图 3.53(a)所示为托盘存放站沿输送线直线排列，由有轨小车完成自动存取和输送。图 3.53(b)所示为由两台 8 工位环形储料架组成的平面库。环形料架具有环形运动，因而可以任意空位入库储存，或根据控制指令选择工件出库。

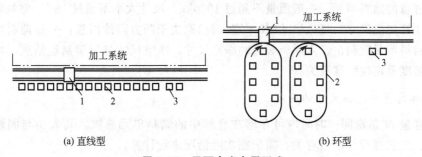

(a) 直线型   (b) 环型

图 3.53 平面仓库布局形式
1—有轨小车；2—托盘存放站；3—装卸站

立体仓库又称高层货架仓库，如图 3.54 所示。它主要由高层货架、堆垛机、输送小车、控制计算机、状态检测器等构成。有时还要配置信息输入设备，如条形码扫描器。物料需存放在标准的料箱或托盘内,然后由巷道式堆垛机将料箱或托盘送入高层货架的货位上,并利用计算机实现对物料的自动存取和管理。虽然以自动化立体仓库为中心的自动化物流系统耗资巨大,但在实现物料的自动化管理、加速资金周转、保证生产均衡及柔性生产等方面所带来的效益是巨大的,所以自动化立体仓库是目前仓储设施的发展趋势。

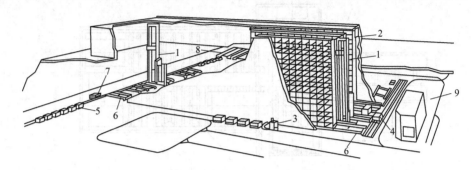

图 3.54　自动化立体仓库

1—堆垛机；2—高层货架；3—场内 AGV；4—场内 RGV；5—中转货位；
6—出入库传送滚道；7—场外 AGV；8—中转货场；9—计算机控制室

1. 自动化立体仓库的总体布局

装有物料的标准料箱或托盘进出高层货架的形式有以下两种。

(1) 贯通式。贯通式是将物料从巷道一端入库,从另一端出库。这种方式总体布局简单,便于管理和维护,但是物料完成出库、入库过程需经过巷道全长。

(2) 同端出入式。同端出入式是将物料入库和出库布置在巷道的同一端。这种方式的最大优点是能缩短出、入库时间。尤其是在库存量不大,且采用自由货位存储时,可将物料存放在距巷道出入端较近的货位,缩短搬运路程,提高出、入库效率。另外,仓库与作业区的接口只有一个,便于集中管理。

2. 储料单元和总体尺寸的确定

自动化立体仓库的存储方式是首先把工件放入标准的货箱内或托盘上,然后再将货箱或托盘送入高层货架的货格中。储料单元就是一个装有工件的货箱或托盘。高层货架不宜存储过大过重的储料单元,一般质量不超过 1000kg,尺寸大小不超过 $1m^3$。储料单元确定后,就可计算货位尺寸。货位尺寸(长×宽×高)取决于两方面的因素:一是储料单元的大小;二是储料单元顺利出、入库所必需的净空尺寸。净空尺寸与货架制造精度、堆垛机轨道的安装精度及定位精度有关。

3. 仓库容量和总体尺寸的确定

仓库容量 N 是指同一时间内可存储在仓库中的储料单元总数,其大小与制造系统的生产纲领、工艺过程等因素有关,需依据实际情况进行计算。

仓库总体尺寸包括长度 L、宽度 B 和高度 H(单位均为 mm)。可按以下公式计算为

$$L = N_L \times l$$
$$B = N_B \times b + [B_d + (150 \sim 400)] \times n$$
$$H = N_H \times h$$

式中，N_L、N_B、N_H 是仓库在长度、宽度、高度方向上的货位数，即 $N=N_L\times N_B\times N_H$；$l$、$b$、$h$ 分别是单个货位在长、宽、高3个方向上的尺寸(mm)；B_d 是堆垛机宽度(mm)；n 是巷道数。一般取 $H/L=0.15\sim 0.4$；$B/L=0.4\sim 1.2$。

在仓库总体尺寸中，高度对仓库制造的技术难度和成本影响最大，一般视厂房的高度而定。

4. 高层货架

高层货架是自动化立体仓库的主体。它通常由冷拔型钢、角钢、工字钢焊接而成。一般在设计与制造时，首先要保证货架的强度、刚度和整体稳定性，其次要考虑减轻货架质量，降低钢材消耗。需注意的具体问题如下：①货架构件的结构强度；②货架整体的焊接强度；③储料单元载荷引起的货位挠度；④货架立柱与桁架的垂直度；⑤支承脚的位置精度和水平度。

5. 巷道式堆垛机

巷道式堆垛机是一种在自动化立体仓库中使用的专用起重机，主要由行走机构、升降机构、装有存取机构的载货台、机架(车身)和电气设备5部分组成，如图3.55所示。其作用是在高层货架间的巷道中穿梭运行，将巷道口的储料单元存入，或者相反，将货位上的储料单元取出送到巷道口。

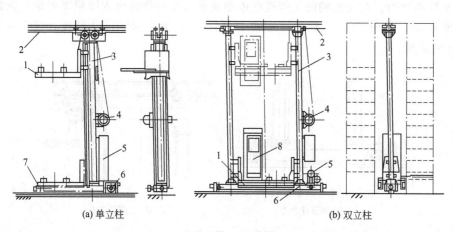

图 3.55 巷道式堆垛机

1—载货台；2—上横梁；3—立柱；4—升降机构；
5—电气装置；6—行走机构；7—下横梁；8—操作室

1) 巷道式堆垛机的特点

由于使用场合的限制，巷道式堆垛机在结构和性能方面有以下特点。

(1) 整机结构高而窄，其宽度一般不超过储料单元的宽度，因此限制了整机布置和机构选型。

(2) 金属结构件除应满足强度和刚度要求外，还要有较高的制造和安装精度。

(3) 采用专门的取料装置，常用多节伸缩货叉或货板机构。

(4) 各电气传动机构应同时满足快速、平稳和准确要求。

(5) 配备可靠的安全装置，控制系统应具有一系列连锁保护措施。

2) 机架

堆垛机的机架是由立柱、上横梁和下横梁组成的一个框架，整机结构高而窄。机架可以分为单立柱和双立柱两种类型。双立柱结构的机架由两根立柱和上、下横梁组成一个长方形的框架。这种结构强度和刚性都比较好，适用于起重量较大或起升高度比较高的场合。单立柱式堆垛机机架只有一根立柱和一根下横梁，整机重量比较轻，制造工时和材料消耗少，结构更加紧凑且外形美观。堆垛机运动时，司机的视野比较宽阔，但刚性稍差。由于载货台与货物对单立柱的偏心作用以及行走、制动和加速减速的水平惯性力的作用，对立柱会产生动、静刚度方面的影响。当载货台处于立柱最高位置时挠度和振幅达到最大值。这在设计时需加以校核计算。堆垛机的机架沿天轨运行，为防止框架倾倒，上梁上装有导引轮。

3) 行走机构

行走机构由电动机、联轴节、制动器、减速器和行走轮组成。按行走机构所在的位置的不同可分为地面行走式和上部行走式，如图 3.56 所示。其中，地面行走式使用最广泛，这种方式一般用两个或 4 个承重轮，沿敷设在地面上的轨道运行，在堆垛机顶部有两组水平轮沿天轨(在堆垛机上方辅助其运行的轨道)导向。如果堆垛机车轮与金属结构通过垂直小轴铰接，堆垛机就可以走弯道，从一个巷道转移到另一个巷道去工作。上部行走式同地面行走式类似，它用 4 或 8 个车轮在悬挂于屋架下弦的工字钢下翼缘上行走，也可以用 4 个车轮沿巷道两侧货架顶部的两根轨道行走。两种形式在下部都装有水平导轮，沿货架下部的水平导轨导行。行走机构的工作速度依据巷道长度和物料出入库频率而定，正常工作速度控制在 50～100m/min，最高可达到 180m/min，为了保证停止精度，应有一挡 4～6m/min 的低速。

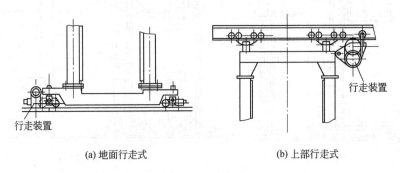

(a) 地面行走式　　　　　　(b) 上部行走式

图 3.56　行走机构

4) 升降机构

堆垛机的升降机构由电动机、制动器、减速机、卷筒或链轮以及柔性件(常用的柔性件有钢丝绳和起重链等)组成，如图 3.57 所示。卷扬机用钢丝绳牵引载荷台作升降运动。除了一般的齿轮减速机外，由于需要较大的减速比，因而也经常见到使用涡轮蜗杆减速机和行星齿轮减速机。在堆垛机上，为了尽量使升降机构尺寸紧凑，常使用带制动器的电机。升降机构的工作速度一般为 12～30m/min，最高可达 48m/min。不管选用多大的工作速度，都备有低速挡，主要用于平稳停准和取放货物时的"微升降"作业。在堆垛机的起重、行走和伸叉(叉取货物)3 种驱动中，起重的功率最大。

5) 载货台及货叉伸缩机构

载货台是货物单元的承载装置，沿立柱导轨上升和下降，它上面装有货叉伸缩机构、司机室、起升机构动滑轮、限速防坠落装置等。

货叉伸缩机构是堆垛机取放物料装置，它由前叉、中间叉、固定叉、驱动齿轮等组成，如图 3.58 所示。固定叉安装在载货台上，中间叉可在齿轮—齿条的驱动下，从固定叉的中点向左或向右移动，移动的距离大约是中间叉长度的一半；前叉在链条或钢丝绳的驱动下，可从中间叉的中点向左或向右伸出。货叉伸缩机构的工作速度一般为 15m/min，最高可达 30m/min。

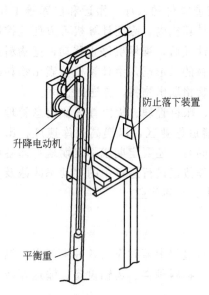

图 3.57 巷道式升降机的升降机构

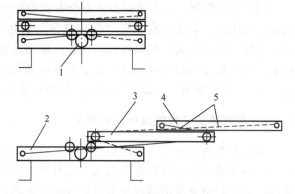

图 3.58 货叉伸缩机构

1—驱动齿轮；2—固定叉；3—中间叉；
4—前叉；5—驱动链条

6) 电气设备

主要包括电力拖动、控制、检测和安全保护。在电力拖动方面，目前多用的是交流变频调速，从而满足堆垛机高速运行、换速平稳、低速停准的要求。对堆垛机的控制一般采用可编程控制器、单片机和计算机等。检测系统必须有堆垛机自动认址、货位虚实探测以及箱位置检查等功能。

7) 安全保护装置

巷道式堆垛机在又高又窄的巷道内高速运行，起升高度大，为了保证人身及设备的安全，堆垛机必须配备有完善的硬件及软件的安全保护装置，电气控制上采取一系列连锁和保护措施。除了一般起重机常备的安全保护（如各机构的终端限位和缓冲、电机过热和过电流保护、控制电路的零位保护等）外，还应根据实际需要增设各种保护。

6. 自动化仓库的计算机控制系统

自动化仓库的含意是指仓库管理自动化和出入库的作业自动化，因此要求自动化仓库的计算机控制系统应具备信息的输入及预处理、物料的自动存取和仓库自动化管理等功能。

(1) 信息的输入及预处理。信息的输入及预处理包括对物料条形码的识别、认证检测器、货格状态检测器的信息输入以及这些信息的预处理。在货箱或零件的适当部位贴有条形码,当货箱或零件通过入库运输机滚道时,用条形码扫描器自动扫描条形码,将货箱或零件的有关信息自动录入计算机中。认址检测器一般采用脉冲调制式光源的光电传感器。为了提高可靠性,可采用二路组合,向控制机发出的认址信号以三取二的方式准确判断后,再控制堆垛机停车、正反向和点动等动作。货格状态检测器可采用光电检测方法,利用货箱或零件表面对光的反射作用,探测货格内有无货箱或零件。

(2) 物料的自动存取。物料的自动存取包括货箱或零件的入库、搬运和出库等工作。当物料入库时,货箱或零件的地址条形码自动输入到计算机内,因而计算机可方便地控制堆垛机的行走机构和升降机构移动,到达对应的货格地址后,堆垛机停止移动,把物料送入该货格内。当要从仓库中取出物料时,首先输入物料的条形码,由计算机检索出物料的地址,再驱动堆垛机进行认址移动,到达指定地址的货格取出物料,并送出仓库。

(3) 仓库管理。仓库管理包括对仓库的物资管理、账目管理、货位管理及信息管理等内容。入库时,将货箱或零件"合理分配"到各个巷道作业区,以提高入库速度;出库时,能按"先进先出"的原则或其他排队原则出库,同时,还要定期或不定期地打印各种报表。当系统出现故障时,还可以通过总控制台的操作按钮进行运行中的"动态改账及信息修正",并判断出发生故障的巷道,暂停该巷道的出、入库作业。

3.4.6 柔性物流系统的运行控制策略

为使柔性物流系统高效地运行,必须在系统的运行过程中随时作出各种决策来控制柔性物流系统的行为,这些决策是基于运行调度规则而对物料种类、运输设备、输送路线的选择。柔性物流系统的运行决策主要有如下内容。

(1) 工件进入系统的决策。依据系统的作业计划,决策系统纳入何种工件。决策策略包括工件优先级、工件交货期、先来先服务等。

(2) 小车运输方式的决策。决策在所有申请小车服务的信号中响应哪个信号。决策策略包括先申请先响应、就近响应、最高优先级等。

(3) 选择运输小车的决策。决策系统中有多辆小车时选择哪一辆小车。决策策略包括固定小车运输范围、最早空闲的小车、最短到达时间、最高优先级等。

(4) 小车选择工件的决策。决策在缓冲站中有多个同类零件时,小车选择队列中哪一个工件。决策策略包括随机选择、先到的工件先送、就近位置的先送等。

(5) 工件选择加工设备的决策。决策在能够完成加工工序的各种设备中选择哪一台合适的加工设备。决策策略包括确定性设备、最短加工时间、最短队列、加工设备优先级等。

(6) 刀具机器人运刀方式的决策。决策在所有申请刀具机器人服务的信号中首先响应哪个信号。决策策略包括先申请先响应、最高优先级、加工设备利用率最高、就近响应等。

复习思考题

3-1 简述物料储运系统的功用和组成。

3-2 试述料仓与料斗的联系和区别。

3-3 试述上料机构的作用与类型。
3-4 带式输送机主要由几部分组成，每一部分的作用是什么？
3-5 简述滚筒式输送机的特点、分类和结构。
3-6 什么是积放式悬挂式输送机？它与通用悬挂式输送机有何区别？
3-7 简述链式和步伐式输送机工作原理。
3-8 什么是 RGV 和 AGV？它们各有何特点？
3-9 AGV 分为哪几种类型？采用什么导向原理？
3-10 简述托盘和托盘交换器的作用。
3-11 什么是自动化仓库？自动化仓库分为哪两类？各有何特点？
3-12 试述巷道式堆垛机的组成、类型及作用。

第 4 章
加工刀具自动化

本章教学要点

知识要点	掌握程度	相关知识
自动化机床刀具、数控机床和柔性自动化加工用的工具系统、刀具的快换及调整	掌握自动化机床对刀具的基本要求和刀具选择应该注意的问题； 熟悉数控机床和柔性自动化加工用的工具系统； 了解刀具的快换及调整	德国 DIN69880 工具系统； SANDVIK 公司的 BTS 模块式车削工具系统
刀库、刀具交换装置、换刀机械手、刀具识别装置	掌握目前常用的刀库类型及特点； 掌握两种刀具交换方式； 熟悉刀具换刀机械手常用的形式； 了解刀具识别装置	编码附件方式； 刀套编码方式； 刀具编码方式
切屑的排除方法； 切屑的搬运装置，切削液的处理系统	掌握几种常用的切屑排除方法； 掌握常用的机械式切屑搬运装置的结构特点； 了解切削液处理系统及处理方法	切屑的类型； 加工方法不同时，数控机床对切屑处理系统的要求及实际应用

第4章 加工刀具自动化

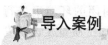 **导入案例**

数控加工中心自动换刀系统及控制实现

随着我国新型工业化的进程,一些具备综合加工能力的数控机床,如加工中心、车削中心和带交换冲头的数控冲床等在机械制造业中的应用范围和水平有了很大的提高,特别是箱体类零件和复杂曲面零件非常适合在加工中心上完成多工序加工。为了能在工件一次装夹中完成多种工序的加工,以缩短非切削时间,减少多次安装工件所引起的误差,以提高生产率、降低生产成本,进而提升机床乃至整个生产线的生产力,数控加工中心必须带有自动换刀装置(ATC)。自动换刀装置是这些设备的重要组成部分,它的工作质量直接关系到整机的质量,也是构成设备投资中的重要组成部分(经费占整机成本的10%~30%)。由于加工中心是一种高技术含量的机电一体化产品,自动换刀装置的控制系统本身及相关机械结构复杂,因此需要技术人员应在熟悉自动换刀装置控制原理和工作过程的基础上,充分重视其生产质量和工作质量。

李隽,徐宠海. 数控加工中心自动换刀系统及控制实现[J]. 电气制造,2010.12

4.1 自动化机床的刀具和辅助工具

4.1.1 对自动化机床刀具的要求

自动化机床基本可以分为以自动生产线为代表的刚性专门化自动化机床和以数控机床、加工中心为主体所构成的柔性的通用化自动化机床(单机或生产线)。两种不同的自动化机床对其所用刀具要求不尽相同。在刚性自动化生产中,是以尽可能提高刀具的专用化程度为基础来取得最佳的总体效益的,又因其加工的产品品种单一,机床、刀具和夹具基本上是专用的,刀具及其辅助工具(简称辅具)相对简单。在柔性制造系统中,则是在满足自动化生产要求的基础上,以刀具及其工具系统的标准化、系列化和模块化,尽可能提高刀具的通用化程度为基础来取得最佳的总体效益的;为了适应在一定范围内,随机变换加工零件的需求,所用刀具及其辅具种类较多且复杂,应充分考虑刀具及其工具系统的构成、刀具数据库的建立、刀具信息编码与识别、刀具调整等问题。

为了适应自动化加工机床连续性生产、使用刀具数量多、要求生产率高、加工质量稳定等特点,所用刀具除应满足一般刀具所具备的高硬度、足够的强度和韧性、良好的耐热和耐磨性、良好的加工性及经济性等条件外,还应尽量满足以下要求。

(1) 尺寸耐用度高。尺寸耐用度高是指在一次调刀的条件下,刀具能切出符合尺寸精度要求的合格零件数;或是指在保证尺寸精度的前提下,刀具一次调刀后所能使用的机动时间。为了减少换刀次数和调整时间,要求自动化机床用刀具切削部分材料的切削性能好,耐用度高。

(2) 断(卷)屑和排屑方便可靠。由于自动化机床的加工往往是在封闭的环境里进行的,其加工过程一般不需要人工干预,所以,可靠的断屑和排屑对保证加工质量及设备安全意义重大,因此要求所用刀具应能可靠地断(卷)屑,便于实现自动排屑。

(3) 刀具的更换和调整方便。自动化机床使用的刀具种类较多,所用的刀具数量从几十把到上百把。为了尽量减少装卸和调整刀具所需的辅助时间,要求采用可调整刀具,在线外预调好刀具尺寸,并采用各种快换刀架和刀夹,以保证准确而迅速地实现换刀,减少换刀的时间损失,某些情况下还要适应自动换刀的需要(如加工中心)。

(4) 实现刀具的标准化、系列化和通用化。这样不仅便于刀具的制造,降低刀具的费用,也有利于减少刀具及辅助工具的品种和规格,便于管理和实现自动化换刀,从而降低生产成本和提高生产效率,特别是一些具有柔性制造系统(FMS)的现代制造车间。通常建立有 FMS 刀具管理系统,负责刀具的运输、存储和管理,适时地向加工单元提供所需的刀具,监控管理刀具的使用等,这也需要以刀具的标准化、系列化和通用化为基础,实现对刀具的集中监控和管理。

(5) 设置加工及刀具工作状态的监控及检测装置。为保证刀具在正常的切削条件下稳定可靠地进行加工,避免意外事故(如孔内切屑堵塞等)损坏刀具,造成零件报废,甚至损坏机床,应设置加工过程及刀具工作状态的监控与自动检测装置,即按刀具的过载保护及破损检测要求,设置刀具的破损信号显示及报警装置。

4.1.2 刚性自动化刀具及辅具

组合机床及其自动线是大批量生产中常用的刚性自动化设备,属于专门化的生产形式,所用刀具的专门化程度高,其工具系统相对简单。在刚性自动化系统中,根据工艺要求与加工精度的不同,常用的刀具有:一般刀具、复合刀具和特殊工具等。在选择刀具时应注意以下问题。

(1) 优先选取各种标准刀具。

(2) 为了工序集中或加工精度的需要,可以采用复合刀具。例如用装有几把镗刀的镗杆镗削同轴孔等。

(3) 要根据加工材料的特点合理选择刀具结构,以保证刀具耐用度。

(4) 注意镗刀和铰刀的选用原则。其选用原则是:在进行孔的精加工时,大多数情况下镗和铰的工艺均可采用。但因铰刀的直径不宜做得过大,故铰孔一般用于加工 100mm 以下的孔;在多工位的回转工作台和鼓轮机床上,宜采用铰削工艺。因为这种机床在加工时易产生振动,若采用镗削有时会影响加工孔的圆度误差和表面质量。

为了在组合机床及其自动线上实现切削刀具的快换和实现一些较特殊的工艺内容,采用了各种标准的和专用的辅具。常用的标准辅具有各种浮动卡头、快换卡头和接杆等;专用辅具是为了完成一些特殊的加工内容而设计的,常见的有孔内切槽、端面或止口加工、切内锥面、镗球孔等。这些辅具的共同点是都需要刀具的斜向或横向进给,其一般原理是:利用钻镗头在工作进给中,使辅具的一部分顶在夹具或工件上,不再向前进给,而与辅具的另一部分产生相对运动,通过一定的转换机构,将动力滑台的纵向进给运动转换成刀具的横向或斜向运动。图 4.1 所示为采用较简单的斜面传动的切槽刀杆。

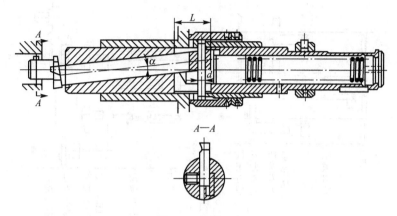

图 4.1 切槽刀杆

4.1.3 数控机床和柔性自动化加工用的工具系统

这里的工具系统是指用来连接机床主轴与刀具的辅具的总称。

以数控机床、加工中心为主体所构成的柔性自动化加工系统，因要适应随机变换加工零件的要求，所用刀具数量多，且要求换刀迅速准确，因此在各种加工中心上还应实现自动换刀。为此，需要采用标准化、系列化、通用化程度较高的刀具和辅具(含刀柄、刀夹、接杆和接套等)。目前在数控加工中已广泛采用各种可转位刀具。不少国家或公司都针对数控镗铣加工和数控车削加工等分别制订出标准化和系列化的工具系统，已逐步形成了较为完善的数控车削加工用的工具系统和数控镗铣加工用的工具系统。随着数控机床的发展，目前也出现了可同时适应数控车削和数控镗铣加工的工具系统。在生产中可根据具体情况按标准刀具目录和标准工具系统合理配置所需的刀具和辅具，供加工系统使用。

1. 数控车削加工用的工具系统

数控车削加工用的工具系统的构成和结构与机床刀架的型式、刀具类型以及刀具系统是否需要动力驱动等因素有关。数控车床类机床常采用立式或卧式转塔刀架作为刀库，刀库容量为 4～8 把刀具，一般按加工工艺顺序布置，并实现自动换刀。其特点是结构简单、换刀快速，一次换刀仅需 1～2s，对相似性较高的零件加工一般可不换刀。当加工不同种类零件时，需要重新换装刀具或整体交换转塔刀架。图 4.2 所示为常见数控车床刀架型式；图 4.3 所示为数控车削加工用工具系统的一般结构体系。

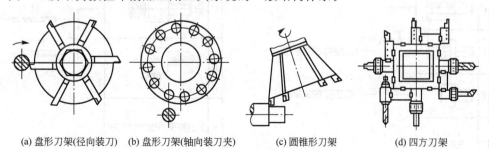

(a) 盘形刀架(径向装刀)　(b) 盘形刀架(轴向装刀夹)　(c) 圆锥形刀架　(d) 四方刀架

图 4.2 常见数控车床刀架型式

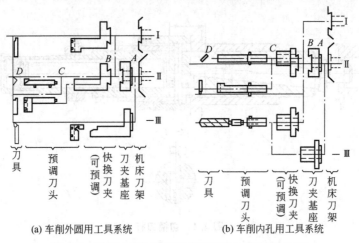

图 4.3 数控车削加工用工具系统的一般结构体系
(a) 车削外圆用工具系统　(b) 车削内孔用工具系统

目前比较典型的车削工具系统有德国 DIN69880 工具系统、SANDVIK 公司的 BTS 模块式车削工具系统、WIDIA 公司的 MULTIFLEN 车削工具系统、HERTEL 公司的 FTS 车削工具系统、KENAMETAL 公司的 KV 车削工具系统等。

其中 DIN69880 工具系统具有重复定位精度高、夹持刚性好、互换性强等特点，其基本构成包括非动力刀夹和动力刀夹两大部分。

(1) 非动力刀夹。DIN69880 非动力刀夹的构成体系如图 4.4 所示。

(2) 动力刀夹。动力刀夹是在刀夹柄部基本结构相同的基础上，通过柄部内轴传递动力驱动刀具夹头旋转，动力轴的变角是经齿轮机构实现的。DIN69880 动力刀夹的构成体系如图 4.5 所示。DIN69880 动力刀夹的典型结构有 H 形和 V 形攻螺纹刀夹、铣刀夹、钻头夹等，其详细结构可见有关手册。

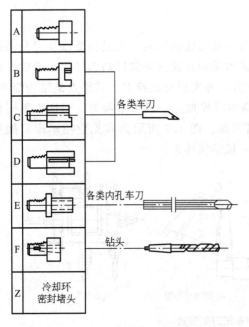

图 4.4 DIN69880 非动力刀夹的构成体系

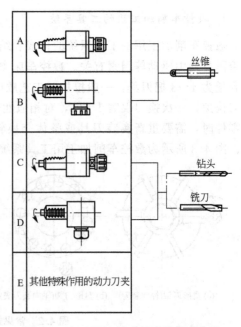

图 4.5 DIN69880 动力刀夹的构成体系

2. 数控镗铣加工刀具的工具系统

数控镗铣加工刀具的工具系统一般由工具柄部、与工具柄部相连接的工具装夹部分和各种刀具部分组成。工具柄部是指工具系统与机床连接的部分。刀柄的标准分为直柄和锥柄两大类。

目前，在数控铣床、加工中心类机床上一般采用 7∶24 的圆锥柄工具，如图 4.6 所示。这类锥柄不自锁，换刀比较方便，比直柄有较高的定心精度与刚度，但为了达到较高的换刀精度，柄部应有较高的制造精度。生产实践及研究试验表明，对于现代化加工（特别是高精度、高速度加工）及自动换刀要求，7∶24 的工具圆锥柄存在许多不足：如轴向定位精度差、刚度不够、高速旋转时会导致主轴孔扩张，尺寸、质量及所需拉紧力大、换刀时间长等。因此，德国 DIN 标准中提出了"自动换刀空心柄标准"，图 4.7 所示是这种刀柄在机床主轴内的安装情况。

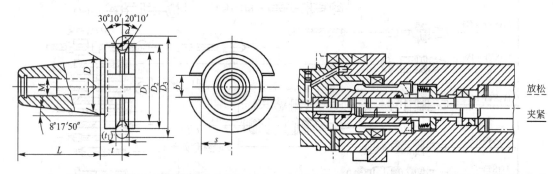

图 4.6　7∶24 工具圆锥柄　　　图 4.7　自动换刀刀柄在机床主轴内的夹持情况

镗铣类工具系统可分为整体式与模块式结构两大类。

（1）整体式结构镗铣类工具系统。这种工具系统的柄部与夹持刀具的工作部分连成一体，不同品种和规格的工作部分都必须带有与机床主轴相连接的柄部。我国的 TSG82 工具系统就属于这种类型，TSG82 工具系统是一个连接镗铣类数控机床（含加工中心）的主轴与刀具之间的辅具系统，它包含多种接杆和刀柄，也有少量刀具（如镗刀头），具有结构简单、使用方便、装卸灵活等特点。TSG82 工具系统如图 4.8 所示。

（2）模块式工具系统。20 世纪 80 年代以来，为了克服整体式工具系统规格品种繁多，一些国家或公司相继开发了多种多样的模块式工具系统，这种工具系统把工具的柄部和工作部分分开，制成各种系列化的模块，然后用不同规格的中间模块组装成不同用途、不同规格的模块式工具，从而方便了制造、使用和管理，减少了用户的工具储备。

4.1.4　刀具的快换及调整

为了减少更换和调整刀具所需的辅助时间，可以采用各种刀具快换及调整装置，在线外预调好刀具尺寸，准确而迅速地实现机床上的换刀，实现快速更换刀具的基本方法有：①更换刀片；②更换刀具；③更换刀夹。

1. 更换刀片

目前在自动化加工中广泛采用各种硬质合金刀具进行切削，刀具磨损后，只要将刀片

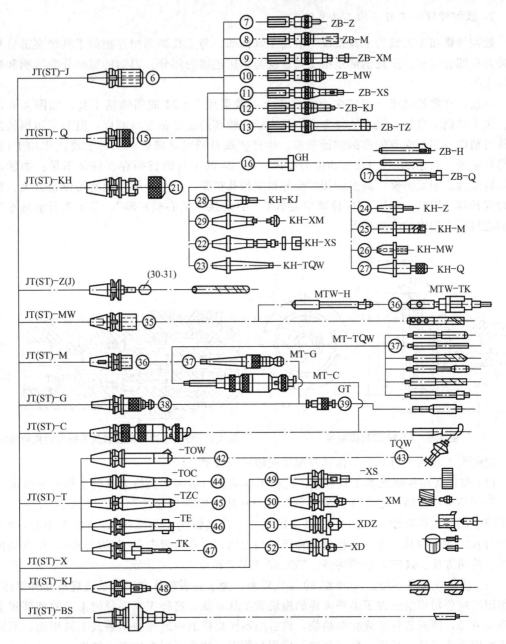

图 4.8 TSG82 工具系统图

转过一个角度即可继续使用；整个刀片磨损后，可换上同一型号的新刀片。这种方法简便迅速，无需线外或线内（机床内）对刀调整。换刀精度取决于刀片的精度等级和定位精度。但当机床的工作空间较小时，刀片的拆装及支承面的清理不太方便。图 4.9 所示为一种机夹可转位车刀的结构示意图。

2. 更换刀具

从刀夹上取下磨钝了的刀具，再将已在线外调整好的刀具装上即可，这种方法比较方

第 4 章 加工刀具自动化

便、迅速，换刀精度高，可使用普通级可转位刀片，也不受机床敞开空间大小的限制。但对刀杆的精度要求较高，并需增加预调装置及预调工作量。

图 4.10 所示是一种可调整轴向定位尺寸的车刀及其线外对刀装置。

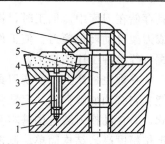

图 4.9　机夹可转位车刀结构示意图

1—刀杆；2—沉头螺钉；3—刀垫；
4—刀片；5—压紧螺钉；
6—压紧块

3. 更换刀夹

更换刀具时整个刀夹一起卸下调换，在线外将已磨好的刀具固定在刀夹上进行预调。这种方法能获得较高的换刀精度，一个刀夹可装上几把刀具，缩短了换刀时间，并可实现机械手自动换刀。但需要一套复杂的预调装置，刀夹笨重，手工换刀不方便。图 4.11 所示是这种换刀方法的实例。

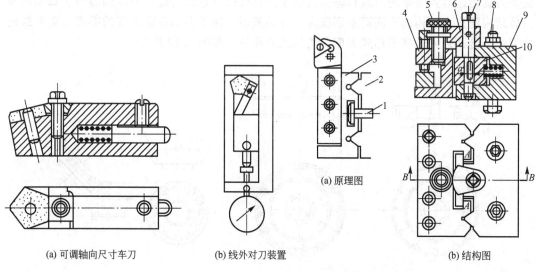

(a) 可调轴向尺寸车刀　　(b) 线外对刀装置　　(b) 结构图

图 4.10　更换刀具　　　　　　　　　图 4.11　更换刀夹

1—压块；2—刀座；3—刀夹；4—快换刀夹；
5—定位螺钉；6—定位块；7—偏心轴；
8—定位夹紧螺栓；9—刀夹体；10—T 形压块

4.2　自动化换刀装置

在机械加工中，大部分零件都要进行多工序加工。在不能自动换刀的数控机床的整个加工过程中，真正用于切削的时间只占整个工作时间的 30% 左右，其中有相当一部分时间用在了装卸、调整刀具的辅助工作上，所以，采用自动化换刀装置将有利于充分发挥数控机床的作用。

具有自动快速换刀功能的数控机床称为加工中心，它可以预先将各种类型和尺寸的刀具存储在刀库中。加工时,机床可根据数控加工指令自动选择所需要的刀具并装进主轴,或刀架自动转位换刀,使工件在一次装夹下就能实现车、钻、镗、铣、铰、锪、扩孔、攻螺纹等多种工序的加工。

在数控机床上,实现刀具自动交换的装置称为自动换刀装置。作为自动换刀装置的功能,它必须能够存放一定数量的刀具,即有刀库或刀架,并能完成刀具的自动交换。因此,对自动换刀装置的基本要求是刀具存放数量多、刀库容量大、换刀时间短、刀具重复定位精度高、结构简单、制造成本低、可靠性高。其中,特别是自动换刀装置的可靠性,对于自动换刀机床来说显得尤为重要。

加工中心的自动换刀系统一般由刀库、刀具交换装置、换刀机械手、刀具识别装置等4个部分构成。

4.2.1 刀库

刀库是自动换刀系统中最主要的装置之一,它是储存加工所需各种刀具的仓库,具有接受刀具传送装置送来的刀具和将刀具给予刀具传送装置的功能。刀库的容量、布局以及具体结构随机床结构的不同而差别很大,种类繁多。加工中心目前刀库的类型主要有鼓轮式刀库、链式刀库、格子箱式刀库和直线式刀库等,如图4.12所示。

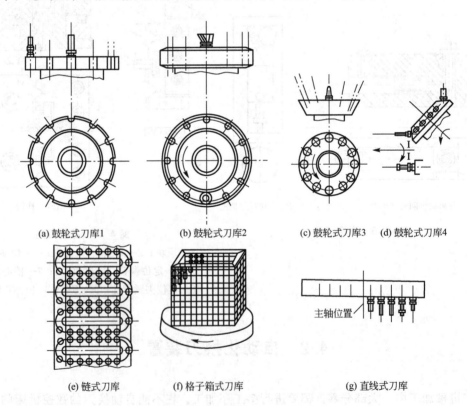

(a) 鼓轮式刀库1　　(b) 鼓轮式刀库2　　(c) 鼓轮式刀库3　(d) 鼓轮式刀库4

(e) 链式刀库　　　　(f) 格子箱式刀库　　　　(g) 直线式刀库

图4.12　加工中心刀库类型

鼓轮式刀库又称为圆盘刀库,其中最常见的形式有刀具轴线与鼓轮轴线平行式布局和刀具轴线与鼓轮轴线倾斜式布局两种,具体如图4.12中的(a)、(b)、(c)、(d)所示。

这种形式的刀库因为结构特点，在中小型加工中心上应用较多。但因刀具单环排列、空间利用率低，而且刀具长度较长时，容易和工件、夹具干涉。且大容量刀库的外径较大，转动惯量大，选刀运动时间长。因此，这种形式的刀库容量一般不宜超过32把刀具。

链式刀库的优点是结构紧凑、布局灵活、容量较大，可以实现刀具的"预选"，换刀时间短。当采用多环链式刀库时，刀库外形较紧凑，占用空间较小，适用于大容量的刀库。增加存储刀具数时，只需增加链条长度，而不增加链轮直径，链轮的圆周速度不变，所以刀库的运动惯量增加不多。但通常情况下，刀具轴线和主轴轴线垂直，因此，换刀必须通过机械手进行，机械结构比鼓轮式刀库复杂。

格子箱式刀库容量较大、结构紧凑、空间利用率高，但布局不灵活，通常将刀库安放于工作台上。有时甚至在使用一侧的刀具时，必须更换另一侧的刀座板。由于它的选刀和取刀动作复杂，现在已经很少用于单机加工中心，多用于 FMS（柔性制造系统）的集中供刀系统。

直线式刀库结构简单，刀库容量较小，一般应用于数控车床和数控钻床，个别加工中心上也有采用。

4.2.2 刀具交换装置

数控机床的自动换刀系统中，实现刀库与机床主轴之间传递和装卸刀具的装置称为刀具交换装置。刀具的交换方式通常分为由刀库与机床主轴的相对运动实现刀具交换和采用机械手交换刀具两类。刀具的交换方式及其具体结构对机床的生产率和工作可靠性有着直接的影响。

1. 利用刀库与机床主轴的相对运动实现刀具交换的装置

在换刀时此装置必须首先将用过的刀具送回刀库，然后再从刀库中取出新刀具，这两个动作不可能同时进行，因此换刀时间较长。图 4.13 所示的数控立式镗铣床就是采用这类刀具交换方式的实例。其具体换刀过程如下：使主轴上的定位键和刀库的定位键一致，同时，沿垂直 Z 轴快速向上运动到换刀点，做好换刀准备。刀库向右运动，刀座中的弹簧机构卡入刀柄 V 形槽中，主轴内的刀具夹紧装置放松，刀具被松开，主轴箱上升，使主轴上的刀具放回刀库的空刀座中，然后刀库旋转，将下一步需要的刀具转到主轴下，主轴箱下降，将刀具插入机床的主轴，同时，主轴箱内的夹紧装置夹紧刀具，刀库快速向左返回，将刀库从主轴下面移开，刀库恢复原位，主轴箱再向下运动，便可以进行下一工序的加工。

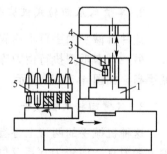

图 4.13 利用刀库与机床运动进行自动换刀的数控装置
1—工件；2—刀具；
3—主轴；4—主轴箱；5—刀库

由图 4.13 可见，该机床的鼓轮式刀库的结构较简单，换刀过程却较为复杂。它的选刀和换刀由 3 个坐标轴的数控定位系统来完成，因而每交换一次刀具，工作台和主轴箱就必须沿着 3 个坐标轴作两次来回运动，因而增加了换刀时间。另外，由于刀库置于工作台上，减少了工作台的有效使用面积。

2. 利用机械手实现刀具交换的装置

采用机械手进行刀具交换的方式应用得最为广泛，这是因为机械手换刀有很大的灵活性，一方面在刀库的布置和刀具数量的增加上，不像无机械手那样受结构的限制而且可以通过刀具预选择，减少换刀时间，提高换刀速度。

机械手的形式和结构根据不同的机床种类繁多。在各种类型的机械手中，双臂机械手集中体现了以上的优点。在刀库远离机床主轴的换刀装置中，除了机械手外，还要有中间搬运装置。

机械手的运动方式又可以分为单臂单爪回转式机械手、单臂双爪回转式机械手、双臂回转式机械手、双机械手等多种。机械手的运动控制可以通过气动、液压、机械凸轮联动机构等方式实现。

4.2.3 换刀机械手

在自动换刀的数控机床中，机械手的配置形式也是多种多样的，常见的有图 4.14 所示的几种。

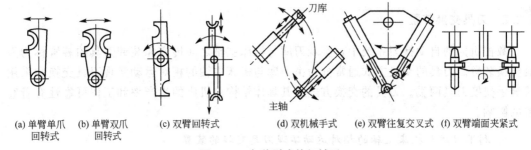

(a) 单臂单爪回转式　(b) 单臂双爪回转式　(c) 双臂回转式　(d) 双机械手式　(e) 双臂往复交叉式　(f) 双臂端面夹紧式

图 4.14　各种型式的机械手

1. 单臂单爪回转式机械手

这种机械手的手臂可以回转不同的角度进行自动换刀，手臂上只有一个卡爪，不论在刀库上或是在主轴上，均靠这一个卡爪来装刀及卸刀，因此换刀时间较长，如图 4.14(a) 所示。

2. 单臂双爪回转式机械手

这种机械手的手臂上有两个卡爪，一个卡爪只执行从主轴上取下旧刀送回刀库的任务。另一个卡爪则执行由刀库取出新刀送给主轴的任务，其换刀速度比单爪单臂回转式机械手高，如图 4.14(b) 所示。

3. 双臂回转式机械手

这种机械手的两臂上各有一卡爪，如图 4.14(c) 所示，两个卡爪可同时抓取刀库及主轴上的刀具，回转 180°后又同时将刀具放回刀库及装入主轴。换刀时间比以上两种单臂机械手短，是最常用的一种形式。该图右边所示的一种机械手在抓取或将刀具送入刀库及主轴时，两臂可伸缩，这种换刀机械手的常用结构如图 4.15 所示。

4. 双机械手

这种机械手相当于两个单臂单爪机械手，互相配合起来进行自动换刀。其中一个机械

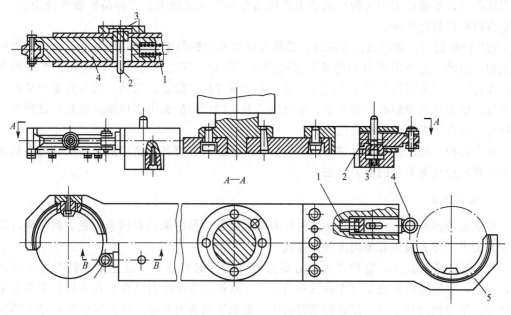

图 4.15 JCS-018 机械手的手臂和手爪
1、3—弹簧；2—锁紧销；4—活动销；5—手爪

手从主轴上取下"旧刀"送回刀库，另一个机械手由刀库里取出"新刀"装入机床主轴，如图 4.14(d)所示。

5．双臂往复交叉式机械手

这种机械手的两手臂可以往复运动，并交叉成一定的角度。一个手臂从主轴上取下旧刀"送回"刀库，另一手臂由刀库中取出"新刀"装入主轴。整个机械手可沿某导轨直线移动或绕某个转轴回转，以实现刀库与主轴的换刀工作，如图 4.14(e)所示。

6．双臂端面夹紧式机械手

这种机械手只是在夹紧部位上与前几种不同。前几种机械手均靠夹紧刀柄的外圆表面以抓取刀具，这种机械手则夹紧刀柄的两个端面，如图 4.14(f)所示。

4.2.4 刀具识别装置

刀具(刀套)识别装置在自动换刀系统中的作用是，根据数控系统的指令迅速准确地从刀具库中选中所需的刀具以便调用。因此，应合理解决换刀时刀具的选择方式、刀具的编码和刀具的识别问题。

1．刀具的换刀选择方式

常用的选刀方式有顺序选刀和任意选刀两种。

(1) 顺序选刀。采用这种方法时，刀具在刀库中的位置是严格按照零件加工工艺所规定的刀具使用顺序依次排列，加工时按加工顺序选刀。这种选刀方式无需刀具识别装置，刀库的控制和驱动简单，维护方便。但是，在加工不同的工件时必须重新排列刀库中的刀具顺序，工艺过程中不相邻工步所用的刀具不能重复使用，使刀具数量增加。因此，这种换刀选择方式不适合于多品种小批量生产而适合加工批量较大、工件品种数量较少的中、小型自动换刀数控机床。

(2) 任意选刀。采用这种方法时，要预先将刀库中的每把刀具(刀套)进行编码供选择时识别，因此刀具在刀库中的位置不必按照零件的加工工艺顺序排列，增加了系统的柔性，而且同一刀具可供不同工步使用，减少了所用刀具的数量。当然，因为需要刀具的识别装置，使刀库的控制和驱动复杂，也增加了刀具(刀套)的编码工作量。因此，这种换刀选择方式适合于多品种小批量生产。

由于数控系统的发展，目前绝大多数数控系统都具有刀具任选功能，因此目前多数加工中心都采用任选刀具的换刀方法。

2. 编码方式

在任意选择的换刀方式中，必须为换刀系统配备刀具的编码和识别装置。其编码可以有刀具编码、刀套编码和编码附件等方式。

(1) 刀具编码方式。这种方式是对每把刀具进行编码，由于每把刀具都有自己的代码，因此，可以随机存放于刀库的任一刀套中。这样刀库中的刀具可以在不同的工序中重复使用，用过的刀具也不一定放回原刀套中，避免了因为刀具存放在刀库中的顺序差错而造成的事故，也缩短了换刀时间，简化了自动换刀系统的控制。

刀具编码识别装置的具体结构如图 4.16 所示。在刀夹前部装有表示刀具编码的 5 个环，由隔环将其等距分开，再由锁紧环固定。编码环既可以是整体的，也可由圆环组装而成。编码环的直径大小分别表示二进制的"1"和"0"，通过这两种圆环的不同排列，可以得到一系列代码。

(2) 刀套编码方式。这种编码方式对每个刀套都进行编码，同时刀具也编号，并将刀具放到与其号码相符的刀套中。换刀时刀库旋转，使各个刀套依次经过识刀器，直至找到指定的刀套，刀库便停止旋转。由于这种编码方式取消了刀柄中的编码环，使刀柄结构大为简化。因此，识刀器的结构不受刀柄尺寸的限制，而且可以放在较适当的位置，但是这种编码方式在自动换刀过程中必须将用过的刀具放回原来的刀套中，增加了换刀动作。与顺序选择刀具的方式相比，刀套编码的突出优点是刀具在加工过程中可以重复使用。图 4.17 所示为圆盘形刀库的刀套编码识别装置。

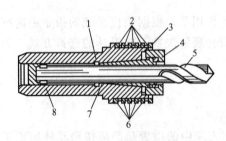

图 4.16 接触式编码环刀具识别装置的刀具夹头
1—刀具夹头；2—隔环；3—锁紧环；4—锁紧螺母；
5—刀具；6—编码环；7—锁紧套；8—柄部

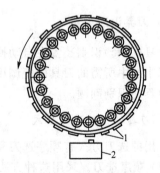

图 4.17 盘形刀库刀套
1—刀套编码块；2—刀套识别装置

(3) 编码附件方式。编码附件方式可分为编码钥匙、编码卡片、编码杆和编码盘等，其中应用最多的是编码钥匙。这种方式是先给各刀具都缚上一把表示该刀具号的编码钥匙，当把各刀具存放到刀库的刀套中时，将编码钥匙插进刀套旁边的钥匙孔中，这样就把钥匙的号码转记到刀套中，给刀套编上了号码，识别装置可以通过识别钥匙上的号码来选取该钥匙旁边刀套中的刀具。与刀套编码方式类似，采用编码钥匙方式时用过的刀具必须放回原来的刀套中。

编码钥匙的形状如图 4.18(a) 所示。图中除导向突起外，共有 16 个凹凸，可以有 $2^{16}-1=65535$ 种凹凸组合来区别 65535 把刀具。

图 4.18(b) 所示为编码钥匙孔的剖面图，钥匙沿着水平方向的钥匙缝插入钥匙孔座，然后顺时针方向旋转 90°。处于钥匙凸起处 6 的第一弹簧接触片 5 被撑起，表示代码"1"，处于钥匙凹处 2 的第二弹簧接触片 7 保持原状，表示代码"0"。由于钥匙上每个凸凹部分的旁边均有相应的炭刷 4 或 1，故可将钥匙各个凹凸部分识别出来，即识别出相应的刀具。这种编码方式称为临时性编码，因为从刀套中取出刀具时，刀套中的编码钥匙也取出，刀套中原来的编码随之消失。因此，这种方式具有更大的灵活性。

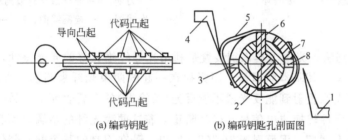

图 4.18 编码钥匙

1、4—炭刷；2—钥匙凹处；3、8—钥匙孔座；5、7—弹簧接触片；6—钥匙凸起处

3. 刀具(刀套)识别装置

刀具(刀套)识别装置是自动换刀系统中的重要组成部分，常用的有下列几种。

1) 接触式刀具识别装置

接触式刀具识别装置应用较广，特别适应于空间位置较小的编码，其识别原理如图 4.19 所示。装在刀柄 1 上的编码环，大直径表示二进制的"1"，小直径表示二进制的"0"，在刀库附近固定一刀具识别装置 2，从中伸出几个触针 3，触针数量与刀柄上的编码环对应。每个触针与一个继电器相连，当编码环是大直径时与触针接触，继电器通电，其二进制码为"1"。当编码环为小直径时与触针不接触，继电器不通电，其二进制码为"0"。当各继电器读出的二进制码与所需刀具的二进制码一致时，由控制装置发出信号，使刀库停转，等待换刀。接触式刀具识别装置结构简单，但由于触针有磨损，故寿命较短，可靠性较差，且难以快速选刀。

2) 非接触式刀具识别装置

非接触式刀具识别装置没有机械直接接触，因而无磨损、无噪声、寿命长，反应速度快，适应于高速、换刀频繁的工作场合。常用的有磁性识别和光电识别两种方法。

(1) 磁性识别法。磁性识别法是利用磁性材料和非磁性材料磁感应强弱不同，通过感应线圈读取代码。编码环的直径相等，分别由导磁材料(如低碳钢)和非导磁材料(如黄铜、塑料等)制成，规定前者二进制码为"1"，后者二进制码为"0"。图4.20所示为一种用于刀具编码的磁性识别装置。图中刀柄3上装有非导磁材料编码环4和导磁材料编码环2，与编码环相对应的有一组检测线圈组成非接触式识别装置1。在检测线圈6的一次线圈7中输入交流电压时，如编码环为导磁材料，则磁感应较强，在二次线圈5中产生较大的感应电压，否则，感应电压小，根据感应电压的大小即可识别刀具。

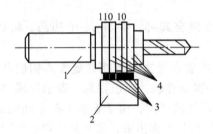

图4.19 刀具编码识别原理
1—刀柄；2—刀具识别装置；
3—触针；4—编码环

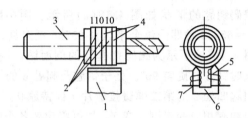

图4.20 磁性识别刀具编码
1—非接触式识别装置；2—导磁材料编码环；
3—刀柄；4—非导磁材料编码环；
5—二次线圈；6—检测线圈；7——次线圈

(2) 光电识别法。光电刀具识别装置是利用光导纤维良好的光导特性，采用多束光导纤维来构成阅读头。其基本原理是：用紧挨在一起的两束光纤来阅读二进制码的一位时，其中一束光纤将光源投射到能反光或不能反光(被涂黑)的金属表面上，另一束光纤将反射光送至光电转换元件转换成电信号，以判断正对着这两束光纤的金属表面有无反射光。一般规定有反射光为"1"，无反射光为"0"。所以，若在刀具的某个磨光部位按二进制规律涂黑或不涂黑，即可给刀具编码。

近年来，"图像识别"技术也开始用于刀具识别，还可以利用PLC控制技术来实现随机换刀等。

4.3 排屑自动化

在自动化机械加工中，从工件上不断流出的切屑如不及时排除，就会堵塞工作空间，影响加工质量，甚至影响机床的正常工作。所以，切屑必须随时被排除、运走并回收利用；切削液也必须被回收、净化再利用，这可以减少污染，保护工作环境，并保证加工的顺利进行。为了实现自动排屑，除了要研究切屑的类型及其对排屑的影响，从加工方法、刀具、工件热处理等方面采取措施，使之形成不影响正常加工并易于排除的切屑形态，而且还要研究自动化排屑的有效方法。

排屑自动化包括以下3个方面：①从加工区域把切屑清除出去；②从机床内把切屑运输到自动线外；③从切削液中把切屑分离出去，使切削液能继续回收使用。

4.3.1 切屑的排除方法

从加工区域清除切屑的方法取决于切屑的形状、工件的安装方式、工件的材质及采用的加工工艺方法等因素。一般有下列几种方法。

(1) 靠重力或刀具回转离心力将切屑甩出。这种方法主要用于卧式孔加工和垂直平面加工。为便于排屑，机床、夹具上要创造一些切屑顺利排出的条件，如加工部位要敞开，尽量留有较大的容屑空间，夹具和机床底座上做出排屑的斜面并开洞，避免堆积切屑的死角等，以便利用切屑的自重落到机床下部的切屑输送带上，或直接排出床身外。

(2) 用大流量的冷却润滑液冲洗加工部位，再用过滤器把切屑与切削液分离开来。

(3) 用压缩空气吹屑。用这种方法对已加工表面或夹具定位基面进行清理，如攻螺纹前对不通孔中的积屑予以清理，在工件安装前吹去定位基面上的切屑等。

(4) 用真空负压吸屑。在每个加工工位附近安装真空吸管吸走切屑，这种方法对于排除干式磨削工序及铸铁等脆性材料加工时形成的粉末状切屑最适用。

(5) 在机床的适当运动部件上，附设刷子或刮板，周期性地将工作地点积存下来的切屑清除出去。

(6) 电磁吸屑。此法适用于加工铁磁性材料的工件，但加工后工件与夹具需要退磁。

(7) 在自动线中安排清屑、清洗工位。例如，为了将钻孔后的切屑清除干净，以免下道工序攻螺纹时丝锥折断，可以安排倒屑工位，即将工件翻转，甚至振动工件，使切屑落入排屑槽中。

4.3.2 切屑的搬运装置

切屑搬运装置的作用是将机床内的切屑运输到机床或自动线外。切屑集中输送机一般设置在机床底座下的地沟中。从加工区域排出来的切屑和切削液直接落入地沟，由切屑输送机运出系统。切屑输送机有机械式、流体式和空压式，机械式应用范围广，适合于各种类型的切屑。自动线中常用的机械式切屑搬运装置有平带输屑装置、刮板输屑装置、螺旋输屑装置及大流量切削液冲刷输屑装置。

(1) 平带输屑装置。该装置如图4.21所示，在自动线的纵向，用宽型平带1贯穿机

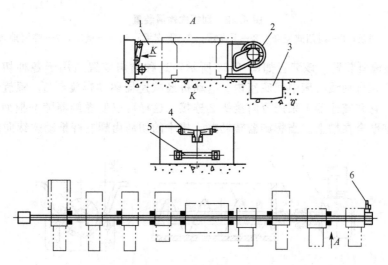

图4.21 平带输屑装置

1—平带；2—主动轮；3—容屑地坑；4—上支撑滚子；5—下支撑滚子；6—电动机、减速器

床中部的下方,平带张紧在鼓形轮之间,切屑落在平带上后,被带到容屑坑3中定期清除。

这种装置只适用于在铸铁工件上进行孔加工工序,当加工钢件或铣削铁件时,切屑会无规律飞溅,落在两层平带之间被带到滚轮处引起故障,故不宜采用,也不能在使用切削液情况下使用。

(2)刮板式输屑装置。该装置如图4.22所示,该装置也是沿纵向贯穿自动线铺设在地沟内。封闭式链条2装在两个链轮5和6上,焊在链条两侧的刮板1将地沟中的切屑刮到深坑7中,再用提升器将切屑提起倒入小车中运走。下面的链条用纵贯全线的支承托着,使刮板不与槽底接触。为了不使上边的链条下垂,用上支承4托住。根据刮屑方向来确定主动轮,保证链条下边是紧边。这种装置不适用于加工钢件时产生的带状切屑。

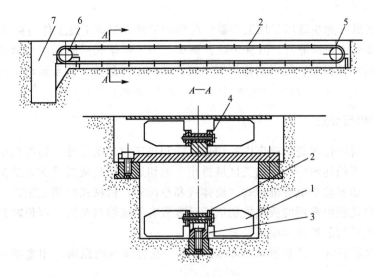

图4.22 刮板式输屑装置

1—刮板;2—封闭式链条;3—下支承;4—上支承;5、6—链轮;7—容屑地坑

(3)螺旋输屑装置。该装置如图4.23所示,这种输屑装置适用于各种切屑,特别是钢屑。它设置在自动线机床中间底座内,电动机经减速器驱动螺旋器3,螺旋器3自由放在排屑槽内,它和减速器1采用万向接头2连接,这样可以使螺旋器随磨损而下降,以保证螺旋器紧密贴合在槽上。当螺旋器转动时,槽中的切屑由螺旋杆推动连续向前运动,最

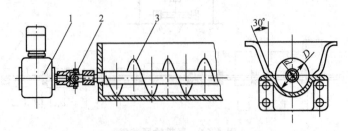

图4.23 螺旋输屑装置

1—减速器;2—万向接头;3—螺旋器

终排入切屑收集箱内。排屑槽可采用铸铁或用钢料焊成,铸铁槽耐磨性好,适用于不便修理的场合。设在机床内的排屑槽,磨损后应易于更换,一般用钢槽比较好。螺旋式切屑输送机结构简单,占据空间小,排屑性能良好,但只适合于水平或小角度倾斜直线方向排屑,不能大角度倾斜、提升或转向排屑。

(4)大流量切削液冲屑装置。这种排屑方式采用大流量的切削液,将加工产生的切屑从机床加工区冲落到纵向贯穿自动线下方的地沟中。地沟内按一定的距离设有多个大流量的切削液喷嘴,将切屑冲向地沟另一端的切削液池中。通过切削液和切屑的分离装置,将切屑提升到切屑箱中,切削液重复使用。采用这种排屑方式需要建立较大的切削液站,需要增加切削液、切屑分离装置。另外,在机床的防护结构上要考虑安全防护,以防止切削液飞溅。

4.3.3 切削液处理系统

经过切削区工作后的切削液,将其中携带的切屑、磨屑、沙粒、灰尘、杂质等进行沉淀、分离,使再次供给切削区的切削液保持必要的清洁度,这是切削液正常使用的最低要求。

沉淀箱和分离器沉淀箱是最简单、最常用的方法之一。在切削液箱中放置至少两块隔离板,如图4.24所示。脏切削液绕过隔离板,就会使杂质沉淀在箱底。这种沉淀方法适用于切屑大、密度大的杂质分离。图4.25所示的带刮板链传送带式沉淀箱可用于水基切削液集中冷却处理的场合,适用于铸铁件磨削磨粒的沉淀分离。

为了强化沉淀、分离效果,在沉淀箱上可附加多种类型的分离器,如图4.25所示的细管分离装置。此外,还有涡旋分离器、磁性分离器、漂浮分离器、离心式分离器、静电式分离器等。其中,附加涡旋分离器的分离方式必须先将液体中的大块带状切屑清除后,再用涡旋分离器将切削液和切屑进一步分离。

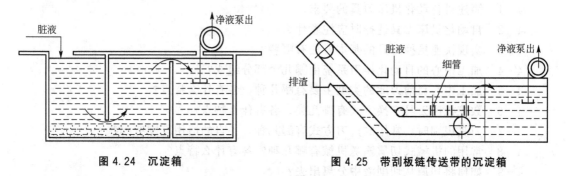

图4.24 沉淀箱　　　　　图4.25 带刮板链传送带的沉淀箱

对于极细碎的切屑或磨屑的处理,一般在冷却站内采用电磁带式输屑装置,将碎屑或粉屑吸在皮带上排送池外。从浮化池中分离出细的铝屑是很困难的,因为它们不容易沉淀,可使用专门的纸质或布质的过滤器,纸带或布带不断地从一个滚筒缠到另一个滚筒上,从而将沉淀在带表面上的屑末不断地清除掉。

在纸质或布质的过滤器中,纸带或布带是过滤介质的一种,属于一次性的;另一种是经久耐用、可循环使用的,如钢丝、不锈钢丝及尼龙合成纤维缠织的网和耐用的纺织布等,这两类过滤介质的过滤精度一般在 $6 \sim 20 \mu m$ 之间。

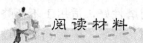

重力式纸带过滤机在机床切削液过滤净化处理中的应用

重力式纸带过滤机用于轴承磨削加工中对磨削液净化处理。该机采用磁性分离器与重力式纸带过滤机,过滤机过滤介质采用无纺布,过滤精度 20μm。来自机床的污液自然回流至磁性分离器,经过磁性分离器的初级过滤,其中大部分磁性颗粒被吸附出来,然后由磁性分离器出水口流入过滤机带漏网的接水盘中,并流到过滤纸上,过滤纸铺设在输送网上,输送网根据液位开关的开关信号自动输送污纸。乳化液经过过滤纸进入过滤机下部的净水箱,而杂质和污油则被截留到过滤纸上表面。当过滤纸被堵塞后,液位开关的浮球升起,接通液位开关,驱动输送链网输出脏纸,同时走入新纸,滤纸上面的液面很快下降,浮球复位,走纸结束,滤纸和滤渣落入污纸箱。该系统可以自动独立控制,操作简单易行,应用最为广泛,过滤精度根据滤纸的选择而定。其结构图如图所示。

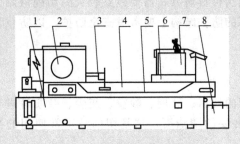

重力式纸带过滤机
1—净水箱;2—过滤纸;3—液位开关;
4—滤液池;5—输送网;6—接水盘;
7—磁性分离器;8—污纸箱

资料来源:http://www.wplbearing.com/html/zhouchengzhishi/20080708/2034.html,2008

复习思考题

4-1 简述对自动化机床刀具的要求。
4-2 自动化机床刀具选择时应注意什么?
4-3 实现快速更换刀具的基本方法有哪些?
4-4 加工中心的自动化换刀系统由哪几个部分组成?
4-5 加工中心目前刀库的类型主要有哪几种,各有什么特点?
4-6 数控机床刀具交换方式有哪几类,各有什么特点?
4-7 刀具识别时,常用的选刀方式有哪几种,各自的适用范围有哪些?
4-8 常用的机械式切屑输送机械有哪几种?各有什么特点?
4-9 如何将切屑从切削液中分离出去?

第 5 章
制造系统检测过程自动化

本章教学要点

知识要点	掌握程度	相关知识
工件尺寸精度的检测和控制	掌握工件尺寸的测量方法及检测装置的检测原理； 熟悉影响零件加工尺寸的因素	影响零件加工尺寸的各种误差的形成及消除方法； 检测装置在不同场合的应用；三坐标测量机的应用
刀具工作状态的检测和控制	掌握刀具补偿的概念和刀具补偿装置的原理； 熟悉常用加工设备刀具补偿装置的应用	双端面磨床的自动补偿原理； 镗孔刀具的自动补偿原理； 立铣工件直线度的自动补偿原理； 精密丝杠螺距的自动补偿原理
自动化加工过程的检测和监控	掌握刀具磨损和破损的检测和监控方法； 熟悉自动化加工设备常见故障的种类、检测与识别方法	不同用途刀具的性能特点以及常见磨损和破损原因； 自动化加工设备常见故障及故障的诊断

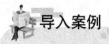导入案例

视觉检测技术在汽车制造过程中的应用

焊接是汽车制造过程中的重要工序之一，具有很高的技术指标要求，因此必须对焊接质量进行很好的检测。传统的检测方式通常是采用三坐标测量机，但这种方式操作复杂、速度慢、周期长，只能对工件进行抽检。视觉检测作为一种新型的检测手段，具有大量程、非接触、直观、快速、精度高等优点，因而可以应用于汽车车身的在线检测，及时反馈产品的误差信息，不仅提高了产品的合格率，同时也为工艺改进、减小误差提供了闭环反馈的尺寸控制手段，符合现代制造的质量工程要求。

车身的关键尺寸主要是风挡玻璃窗尺寸、车门安装处棱边位置、定位孔位置及各分总成的位置关系等，因此视觉传感器主要分布于这些位置附近，测量其相应的棱边、孔、表面的空间位置尺寸等，一般为固定式测量系统。在生产线上设计一个测量工位，将定位好后的车身置于一框架内，框架由纵、横分布的金属柱、杆构成，可根据需要在框架上灵活安装视觉传感器。传感器的数量通常由被测点的数量来确定，同时根据被测点的形式不同，传感器通常又分为双目立体视觉传感器、轮廓传感器等多种类型。

除此之外，激光视觉检测系统还被广泛应用于焊装生产中，如门盖装配、前端切削焊接以及车身后部后尾灯定位孔的形成等。

传统工艺中灯安装孔采用多个冲压件焊接而成，其累计误差较大、且难以控制，导致后尾灯安装后与侧围匹配质量较差、尺寸不稳定。采用激光视觉检测技术，冲孔在各部件拼焊完成后进行，通过使用激光在线测量，将后尾灯左右的型面形成数模，并与已经存储于控制器中的数模相对照，找出最佳匹配尺寸并调整机器人完成冲孔工艺。

激光视觉检测系统采用先进的CBVM测控软件，可以通过图形化的操作界面实现检测站的所有功能，即使不熟练的操作者也可以方便使用。同时，数据管理与分析软件负责测量数据的管理以及完成局域网用户对测量数据的查询和分析。

➡ 资料来源：http://www.21ic.com/app/auto/201105/84587_2.htm，2011

5.1 概　　述

5.1.1 自动化检测的目的和意义

在自动化制造系统中，为了保证产品的加工质量和系统的正常运行，需要利用各种自动化监测装置，自动地对加工对象的有关参数、加工过程和系统运行状态进行检测，不断提供各种有价值的信息和数据（包括被测对象的尺寸、形状、缺陷、加工条件和设备运行状况等），及时地对制造过程中被加工工件质量进行监控，还能自动监控工艺过程，以确保设备的正常运行。

随着计算机应用技术的发展，自动化检测的范畴已从单纯对被加工零件几何参数的检测扩展到对整个生产过程的质量控制。从对工艺过程的监控扩展到实现最佳条件的适

应控制生产。因此，自动化检测不仅是质量管理系统的技术基础，也是自动化加工系统不可缺少的组成部分。在先进制造技术中，它还可以更好地为产品质量体系提供技术支持。

由于从工件的加工过程到工件在加工系统中的运输和存贮都是以自动化的方式进行的，因此，实现检测自动化，消除了人为误差，使检测结果稳定可靠；由于采用了先进的在线监测仪器，能够实现动态监测，使检测精度大大提高；加工工艺过程与自动测量过程结合，大大降低了辅助时间，提高了劳动生产率，节约了制造成本。同时，检测自动化能在人无法进行检测的场合实现自动检测，扩大检测应用范围；能对加工控制系统自动反馈检测信息，实现加工过程的自适应控制和优化生产。

尽管到目前为止已有众多自动化程度较高的自动检测方式可供选择，但还要根据实际需要，以质量、效率、成本的最优结合来考虑是否采用和采用何种自动检测手段，从而取得最好的技术经济效益。

阅读材料

自动化制造系统中的检测技术

在传统机械制造业中，企业有生产部门和质检部门，产品的制造和检测常常是分开进行，产品（或零件）是抽样检测，根据抽样的检测结果来判断批次产品（或零件）是否合格。检测的环境和产品生产过程中的环境已大不一样，检测信息对产品生产过程没有直接影响。对企业自身来说，往往是通过检测结果的反馈再进行生产上的小幅调整。

自动化制造已呈现出和传统制造完全不同的理念，产品的检测技术和方法已不再是事后测量，而是实现现场在线测量。检测结果直接影响到产品的制造过程，检测环境也和制造环境形成了一致性。目前，自动化制造中，非接触、数字化测试技术与机械系统一体化的测试技术、数码柔性坐标测量、机器人测量机、视觉在线测量技术、测试信息的集成和融合技术等方面的应用均取得研究上的突破，并获得成熟的工业应用。

资料来源：王旭，付亚平. 检测自动化技术在机械制造系统中的应用研究[J]. 呼伦贝尔学院学报，2011. 04

5.1.2 自动化检测的内容

1. 自动检测技术的目的

在现代制造系统中，常常采用自动检测技术。采用自动检测技术的目的主要有两个：一是对被加工对象进行质量控制，二是对加工状态和设备的运行状况进行监控。

1) 以质量控制为目的的自动检测

以质量控制为目的自动检测分两种情况：在线检测和离线检测。在线自动检测是在加工及装配过程中，对工件的尺寸、形位公差和外形等进行连续或间断的检测，输出信息供调节补偿、减小误差或作显示、报警之用。离线自动检测是在加工或装配完成后，对零件或产品进行自动测量，确定零件是否合格，产品是否符合规范。

2) 以监控为目的的自动检测

以监控为目的的自动检测主要包括对工位状况的检测、对设备工作状态的检测、工艺过程的检测、材料、零件传送过程的检测。

（1）对于加工过程每个工位状况的检测内容包括：材料或坯件是否到达工位，在加工前工件是否已准确定位和夹紧，工作台、刀具、夹具、辅助系统、装配工具等是否都处于正常位置等，其检测的内容是否有位置、夹紧力、力矩等。

（2）设备工作状态的检测包括电机的输出功率、主轴的扭矩、刀具的破损和过度磨损、齿轮和轴承的润滑、零件的过热和冷却、机架的断裂应力、工件、夹具或工件台的变形等。

（3）工艺过程的检测，如：运动件是否碰撞，加工参数是否合理，振动、噪声、排屑、冷却润滑液的检测等。

（4）材料、零件传送过程的检测，如：自动搬运小车的导向检测、自动仓库堆垛机的工位检测、立体仓库和刀库的状态监测、刀具认址的检测等。

2. 自动检测信号的选择

1）检测信号选择的原则

机械设备和加工系统的状态变化，必然会在其运行过程中的某些物理量和几何量上得到反映。例如切削过程中刀具的磨损，会引起切削力、切削力矩、振动等特征量的变化。因此，在采用自动检测和监控方法时，根据加工系统和设备的具体条件，正确选择被测的特征信号是很重要的。

可供选择的检测特征信号较多，选择时必须遵循以下原则。

（1）信号能否准确可靠地反映被测对象和工况的实际状态。

（2）信号是否便于实时和在线检测。

（3）检测设备的通用性和经济性。

2）常用自动检测信号

在加工系统中常用于产品质量自动检测和控制的特征信号有：尺寸和位移、力和力矩、振动、温度、电信号、光信号和声音等。

（1）尺寸和位移。这是最常用作检测信号的几何量。尺寸精度是直接评价加工件质量的依据，只要可能，都应尽量直接检测工件尺寸。但是，在实时和在线条件下，直接测量工件尺寸往往有困难，这时就可对影响工件加工尺寸的机床运动部件（如刀架、溜板或工作台等）的位移量进行检测，以保证获得要求的工件尺寸精度。

（2）力和力矩。力和力矩是机械加工过程中最重要的物理量，它们直接反映加工系统中的工况变化，如切削力、主轴扭力矩等都反映刀具的磨损状态，并间接反映工件的加工质量。但这类特征信号在加工过程中直接计量较困难，通常必须通过测量元件或传感器转换成电信号。

（3）振动。这是加工系统中又一种常见的特征信号，它涉及众多的机床及有关设备的工况和加工质量的动态信息，例如刀具的磨损状态、机床运动部件的工作状态等。振动信号便于检测和处理，能得出较精确的测量结果。

（4）温度。在许多机械加工过程中，随着摩擦和磨损的发生和发展，均会随之而出现温度的变化，过高的温度会导致机械系统的变形而降低加工精度，因此，温度也常作为特征信号而被检测和监控。此外，在磨削加工时，如果磨削区温度过高，就会烧伤工件的磨削表面，降低工件的表面质量。

（5）电流、电压和电磁强度等电信号。电信号是人们最熟悉和最便于检测的物理量，特别是在其他物理参数（如主轴转矩）较难直接测量时，就常转换成电信号进行间接检测。因此，在机械加工系统中，检测电信号来控制系统工况以保证加工产品质量是用得最普遍的方法。

（6）光信号。随着激光技术、红外技术以及视觉技术的发展和应用，光信号也已经作为特征量用于加工系统的实时检测和监控，例如检测工件表面粗糙度、形状和尺寸精度等。

（7）声音。声信号也是一种常见的物理量，它是由于弹性介质的振动而引起的。因此信号一样可以从一个侧面来反映加工系统的运行情况。

以上所列均为机械加工系统自动检测和监控时常用的系统特征信号。为了保证加工系统的正常运行和产品的高质量，就需要根据实际生产条件和经济条件，正确选取需要进行检测的特征信号和测试设备，或者若干信号的组合检测。

5.1.3 自动化检测装置的分类

自动化检测装置的种类和规格较多，主要有以下几种分类方法。

1）按测量信号的转换原理划分

有电气式（电感式、互感式、电容式、电接触式和光电式等）和气动式（浮标式、波管式和膜片式等）。

2）按测量头与被测物的接触情况划分

有接触式和非接触式。接触式的量头直接与工件被测表面相接触，工件被测参数的变化直接反映在量杆的移动量上，然后通过传感器转换为相应的电信号或气信号。按量头与工件表面的接触点数目又可分为单点式、两点式和三点式。非接触式的量头不与工件被测表面接触，而是借助气压、光束或放射性同位素的射线等的作用，反映被测参数的变化。这种测量方式不会因为测头与工件接触而影响测量精度。

3）按检测目的划分

有尺寸测量（直线长度尺寸、内外径尺寸、自由曲面弧度尺寸）装置和形状测量（圆度、圆柱度、同轴度、锥度、直线度、平行度、垂直度）装置，如：三坐标测量机、激光测径仪以及气动测微仪、电动测微仪和采用电涡流方式的检测装置；位置测量（孔间距、轮廓间距、孔到边缘距离）装置等以及表面纹理、粗糙度的测量装置，如：表面轮廓仪，用于刀具磨损或破损监测的装置；噪声频谱、红外发射、探针测量等测量装置。这些包括了宏观和微观尺度的测量。

4）按检测方式划分

有加工后撤至测量环境中的被动测量、在线的主动检测和在加工位置的工序间检测。

从应用时间场合上分，在自动化机床上应用的主动检验装置有零件加工前用的、加工过程中用的和加工后在机床上立刻检验用的3种。

零件加工前用的主动检验装置如：生产活塞的自动化工厂，在按活塞重量修整工序中，对活塞进行预先自动稳重，并根据稳重结果，令活塞在机床上占据一定的加工位置，这个位置能保证切下所需的金属量。

加工中测量仪与机床、刀具、工件组成闭环系统，测得的工件尺寸用作控制反馈信号，不仅能减小工艺系统的系统误差，还能减少偶然误差，该例中的测量仪属于零件加工过程中的测量装置。

加工后用的自动补偿装置，能根据刚加工完的工件尺寸信号判断刀具磨损情况。当尺寸超出某一界限时，令补偿机构动作，防止后面加工的工件出现废品。

5.1.4 实现检测自动化的途径

随着计算机技术、传感技术、机械制造技术及其应用水平的提高，以及自动化制造系统应用的日益广泛，自动化检测的内容也不断扩展。实现检测过程的自动化主要有以下几个途径：

（1）在机床上安装自动化检测装置实现加工过程中的在线检测。如在数控磨床上安装在线检测装置。

（2）在自动线中设置专门的自动检测工位，这种方法既可以是在制造过程刚一完成就立即进行的自动检测，也可以是按照制造过程顺序在关键工序上布置若干个检测工作站。前者属于加工过程后在线检测，后者属于分布式检测，通常在检测内容多且复杂或技术上难以实现在加工工位上进行检测时采用，如曲轴加工自动生产线上的动平衡实验装置。

（3）设置专门的监测装置。如发动机和轴承制造中的活塞环、滚针、钢球等零件的分类机，连杆称重分类自动线等。

（4）在柔性加工系统中，采用测量机器人进行辅助测量。

5.2 工件尺寸精度的检测和控制

机械零件的加工精度和表面质量决定了机械零件的加工质量，也是保证机械产品质量的基础。人们通常所说的机械加工精度是指由设计人员根据零件的使用要求合理规定的，由工艺人员根据设计要求和生产条件等，通过采取适当的工艺方法来保证的加工误差所允许的范围。在这里有必要正确区分机械零件的加工误差与加工精度。所谓加工误差，就是指机械零件加工以后的实际几何参数与标准几何参数偏差的大小。而加工精度，则是指机械零件加工以后的实际几何参数与标准几何参数相符合的程度。一般情况下。存在的偏差越小，则表明机械零件的加工精度就越高，反之则低。因此，机械零件加工精度的高低，一般是以机械零件加工误差的大小来反映的。

5.2.1 影响零件加工尺寸的因素

影响零件加工尺寸的主要因素如下所示。

1. 加工原理误差

主要是指采用了相似的成型或轮廓进行加工而产生的误差。这一加工方式虽然有原理上的误差，但是一般都可以简化机床结构或刀具形状，甚至提高生产效率等，都可以得到比较高的机械加工精度。所以，只要其误差不超过一定的范围，在机械加工生产中是可以得到比较广泛的运用。

2. 工艺系统的几何误差

如机床、夹具、刀具的制造误差，工件因定位和夹紧而产生的装夹误差，这一部分误差与工艺系统的初始状态有关。

1) 机床的几何误差

对工件加工精度影响较大的机床误差有：主轴回转误差、导轨误差和传动链误差。机床的制造误差、安装误差和使用过程中的磨损是机床误差的根源。

2) 夹具误差与装夹误差

夹具的作用是使工件相对于刀具和机床具有正确的位置，夹具误差主要是指夹具的定位元件、导向元件及夹具体等零件的加工与装配误差，它与夹具的制造和装配精度有关，直接影响工件加工表面的位置精度或尺寸精度，对被加工工件的位置精度影响最大。

在设计夹具时，凡影响工件精度的有关技术要求必须给出严格的公差。粗加工用夹具一般取工件相应尺寸公差的 $1/5 \sim 1/10$。精加工用夹具一般取工件相应尺寸公差的 $1/2 \sim 1/3$。另外，夹具的磨损也将使夹具的误差增大，从而使工件的加工误差也相应增大。为了保证工件的加工精度，除了严格保证夹具的制造精度外，还必须注意提高夹具易磨损件的耐磨性，当磨损到一定限度以后，必须及时予以更换。

3) 刀具误差

刀具误差是由于刀具制造误差和刀具磨损所引起的。机械加工中常用的刀具有：一般刀具、定尺寸刀具和成形刀具。一般刀具（如普通车刀等）的制造误差，对加工精度没有直接影响；定尺寸刀具（如钻头、铰刀、拉刀等）的尺寸误差直接影响被加工工件的尺寸精度；成形刀具和展成刀具（如成形车刀、齿轮刀具等）的制造误差直接影响被加工工件表面的形状精度。另外，刀具安装不当或使用不当，也将影响加工精度。

3. 工艺系统的动态误差

在加工过程中产生的切削力、切削热和摩擦，它们将引起工艺系统的受力变形、受热变形和磨损，影响调整后获得的工件与刀具之间的相对位置，造成加工误差，这一部分误差与加工过程有关，也称为加工过程误差。

1) 定位误差

定位误差指的是由于工件在夹具上定位不准而造成的加工误差，它包括基准位移误差和基准不重合误差。一般情况下，加工过程的工序基准应与设计基准重合。在机床上对工件进行加工时，须选择工件上若干几何要素作为加工时的定位基准，如果所用的定位基准与设计基准不重合时，就会产生基准不重合误差。在采用调整法加工一批工件时，基准不重合误差等于定位基准相对于设计基准在工序尺寸方向上的最大变动量。采用试切法加工则不存在定位误差。而基准位移误差则是指工件在夹具中定位时，由于工件定位基面与夹具上定位元件限位基面的制造公差和最小配合间隙的影响，导致定位基准与限位基准不能重合，使各个工件的位置不一致，从而给加工尺寸所造成的误差。

2) 工艺系统受力变形引起的误差

在进行零件加工时，加工工艺系统会在各种阻力的作用与反作用下产生一定程度的变形，使得刀具、工件等位置发生一定的变化，也必然会造成机械零件加工误差的逐步增大。而这种因受力变形引起的误差，主要是由以下因素造成。

(1) 机床的刚度。机床一般都是由很多零件、部件组成的，而这些零部件由于自身刚度不足等原因，必然会产生不同程度的误差。同时由于机床受到摩擦力、结合面接触变形、间隙过大等因素的影响，使得机床的整体刚度发生变化。

(2) 加工零件自身的刚度。当加工零件自身的刚度相对于机床、刀具、夹具等来说比较低时，会由于机械零件自身的刚度不够而产生变形，进而导致了机械零件加工精度的降低。例如车削细长轴时，在切削力的作用下，工件因弹性变形而出现"让刀"现象。随着刀具的进给，在工件的全长上切削深度将会由多变少，然后再由少变多，结果使零件产生腰鼓形。

(3) 刀具自身的刚度。例如外圆车刀在机械零件加工表面方向的刚度比较大的话，那么其变形的可能性一般比较小，甚至可以忽略不计；而进行镗直径较小的内孔时，如果刀杆刚度比较差的话，这时刀杆受力变形对机械加工精度的影响就会比较大。

(4) 机械加工切削力变化的影响。在加工过程中，因为零件的加工余量发生了改变和零件材质的不均匀等，引起切削力大小发生变化，从而使得工艺系统因受力不同造成的变形大小也相应发生变化，从而产生了加工误差。

减少工艺系统受力变形的措施如下所示。

① 提高工艺系统刚度。包括合理的装夹方式和加工方法。

② 减小切削力及其变化。包括改善毛坯制造工艺、合理选择刀具的几何参数、增大前角和主偏角、合理选择刀具材料、对工件材料进行适当的热处理以改善材料的加工性能等。

3) 工艺系统受热变形引起的误差

在机械零件加工过程中，其工艺系统一般都会受到各种热能的影响，进而产生了一定的温度，发生热变形，由于工艺系统热源分布的不均匀性及各环节结构、材料的不同，使工艺系统各部分的变形产生差异，这种热变形在很大程度上破坏了刀具、零件的正确位置以及运动等关系，从而产生了机械零件的加工误差，尤其对于精密加工，热变形引起的加工误差占总误差的一半以上。

减少工艺系统热变形的途径有：①减少工艺系统发热和采取隔热措施；②改善散热条件；③均衡温度场，加快温度场的平衡；④改善机床结构，合理选材，减小热变形。

4) 内应力重新分布引起的误差

内应力是指外部载荷去除后，仍残存在工件内部的应力。内应力是由于金属发生了不均匀的体积变化而产生的，体积变化的因素主要来自热加工或冷加工。有内应力的零件处于一种不稳定状态，一旦其内应力的平衡条件被打破，内应力的分布就会发生变化，从而引起新的变形，影响加工精度。

减少或消除内应力的措施有：①合理设计零件结构，尽量简化结构，使壁厚均匀、结构对称等，以减少内应力的产生；②合理安排热处理和时效处理；③合理安排工艺过程。

5.2.2 零件加工尺寸的测量方法与装置

1. 长度尺寸测量

长度测量用的量仪按测量原理可分为机械式、光学式、气动式和电动式四大类。其中适合于大中批量生产现场使用的，主要有气动量仪和电动量仪两大类。

1) 气动量仪

气动量仪将被测盘的微小位移量转变成气流的压力、流量或流速的变化，然后通过测量这种气流的压力或流量变化，用指示装置指示出来，作为量仪的示值或信号。

气动量仪容易获得较高的放大倍率（通常可达 2000～10000 倍），测量精度和灵敏度均很高，各种指示表能清晰显示被测对象的微小尺寸变化；操作方便，可实现非接触测量；测量器件结构容易实现小型化，使用灵活；气动量仪对周围环境的抗干扰能力强，广泛应用于加工过程中的自动测量。但对气源的要求高，响应速度略慢。

气动量仪一般由指示转换部分和测头两部分组成。指示转换部分又有压力型和流量型两类。

(1) 压力型量仪。压力型气动量仪主要有薄膜式、波纹管式和水柱式等类型。图 5.1～图 5.3 所示分别为膜片式气动量仪、波纹管气动量仪、水柱式气动量仪的原理图。其主要原理均是用工件尺寸的变化引起气动量仪内气体压力的变化，从而推动指示表指针发生偏转。

图 5.1 所示的膜片式气动量仪，当测量间隙 Z 发生变化时，下气室压力随之变化，膜片 8 失去原有平衡，带动锥杆 3 上下移动，从而改变锥杆 3 与出气环 7 之间的间隙，使上气室压力也产生变化。锥杆 3 的移动量可以从指示表上读出，即反映间隙 Z 的大小，同时由电触点发出相应指示信号。

图 5.2 所示的波纹管气动量仪，当测量间隙 Z 的变化，使两侧波纹管 1、5 产生压力差，推动框架 3 左右移动，经齿轮传动机构驱动指针 4 移动，反映间隙 Z 的大小。

图 5.3 所示的水柱式气动量仪，其各种压力取决于稳压管 9 插入水中的深度 H，稳压后的气流经主喷嘴 3 进入测量气室 4，然后经测量喷嘴 6 和工件之间的测量间隙 Z 流入大气。因此，随着间隙 Z 的变化，测量气室的静压力 P_b 也相应变化，水柱的高度落差 H 就可指示 Z 的大小。

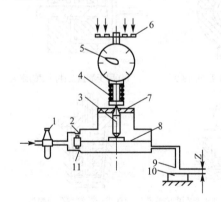
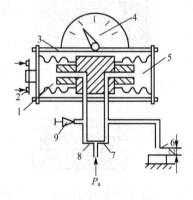

图 5.1 膜片式气动量仪原理图
1—过滤稳压器；2、11—进气喷嘴；
3—锥杆；4—弹簧；5—指示表；6—触点副；
7—出气环；8—膜片；9—测量喷嘴；10—测量工件

图 5.2 波纹管气动量仪原理图
1、5—波纹管；2—触点副；
3—框架；4—指针；6—测量喷嘴；
7、8—进气喷嘴；9—可调喷嘴

(2) 流量型气动量仪。流量型气动量仪的原理如图 5.4 所示，测量间隙 Z 的变化可使通过测量喷嘴 8 的空气流量发生变化，锥度玻璃管 4 内的浮子 5 随之上下升降，以达到新的平衡位置，该位置指示出相应的 Z 的大小。

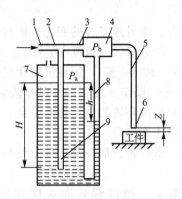
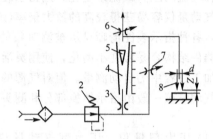

图 5.3 水柱式气动量仪原理图
1—节流喷嘴；2—空气管道；3—主喷嘴；
4—测量气室；5—连接管道；6—测量喷嘴；
7—水罐；8—玻璃管；9—稳压管；Z—测量间隙；
P_a—大气压力；P_b—测量压力；H—水柱落差；

图 5.4 流量型气动量仪原理图
1—过滤器；2—稳压器；
3—进气喷嘴；4—锥度玻璃管；
5—浮子；6—零位调节用可调喷嘴；
7—放大比例调节用可调喷嘴；8—测量喷嘴

气动量仪在测量不同对象时必须配备有相应的测头，根据测量方式的不同，气动测头可分为接触式和非接触式两类。在自动化检测中主要采用非接触式测头。

非接触式测头的结构简单，测量时从喷嘴中逸出的压缩空气直接向被测表面喷吹，可以消除或减少工件表面上残留的油、尘或切削液对测量结果的影响，因而使用较为广泛。图 5.5 所示为用于测量不同对象的几种非接触量头的结构图。

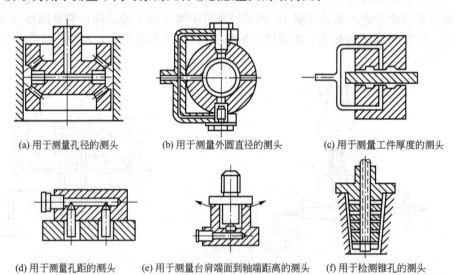

(a) 用于测量孔径的测头　　(b) 用于测量外圆直径的测头　　(c) 用于测量工件厚度的测头

(d) 用于测量孔距的测头　　(e) 用于测量台肩端面到轴端距离的测头　　(f) 用于检测锥孔的测头

图 5.5 非接触式气动测头的结构型式

2) 电动量仪

电动量仪一般由指示放大部分和传感器组成，电动量仪的传感器大多为各种类型的电感和互感传感器或电容传感器。各种电动量仪广泛应用于生产现场和实验室的精密测量工作。特别是将各个传感器与各种判别电路、显示装置等组成的组合式测量装置，更是广泛应用于工件的多参数测量。

用电动量仪测量各种长度时,既可用单传感器测量,也可双传感器测量。用单传感器测量传动装置测量尺寸时只用一个传感器,虽然可节省费用,但由于支撑端的磨损或工件自身的形状误差,有时会导入测量误差,影响测量精度。图 5.6 所示是常用的几种单传感器测量传动装置。

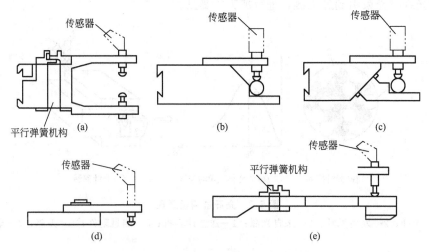

图 5.6　常用的单传感器测量传动装置

2. 零件加工表面的自动检测

零件加工表面的几何结构由形状、波度和粗糙度组成。形状属于宏观范畴,粗糙度属于微观范畴,波度介于两者之间。粗糙度是一种说明表面凹凸不平的微米数量级的几何量,一直是工程制造中设计和检验零件表面质量的主要标准。

实际生产中检测零件加工表面粗糙度最常用的方法是用接触式轮廓仪/粗糙度计测量粗糙度参数,或用比较样板进行对比评估。有关定义和参数可查阅 GB/T 3505—2000《产品几何技术规范表面结构轮廓法表面结构的术语、定义及参数》以及 GB 6062—5《轮廓法触针式表面粗糙度测量仪—廓记录仪及中线制轮廓计》。由于触针法具有易划伤被测表面、测量速度低的缺点,故不适合在线自动测量。

光学探针是一种非接触测量粗糙度的手段,它以一个聚焦光点入射到被测表面上,模拟机械触针进行测量。除此外,非接触式的粗糙度光学测量方法和仪器还有很多,如光切显微镜、干涉测量仪(X 射线干涉仪、差动干涉仪、同轴干涉仪、散斑干涉仪等),但它们要么受人的主观因素影响和效率低,要么检测粗糙度的范围小,对环境要求很高,操作和调整不方便,故目前尚未能在实际生产中用于自动测量。

激光也被用于观察表面微观形貌和测量表面粗糙度。激光照射被测物体表面时,反射率因表面粗糙度不同而有差异,因此,可根据激光反射率和对信号的比较分析测出表面粗糙度。加工纹理不同或材料不同,测得结果也不同。许多学者都在致力于光散射法用于在线测量的研究。

光纤柔韧可弯曲、挠性好,制成的传感器体积小、重量轻、易于控制,故也被应用到了表面粗糙度测量中。以散射法为原理,建立光纤传感器的输出电压与被测表面粗糙度之间的对应关系,可在一定条件下实现加工表面粗糙度的实时测量。光纤法测量表面粗糙度的原理如图 5.7 所示。一组光纤以随机方式组成光纤束，如图 5.7(a)所示，其中一部分用作发射光束，另一部分用作接收光束。在一定范围内，接收到的光能随被测件的表面粗糙度增大而增大。其中光能 I_z 还与测量气隙 δ 有关，如图 5.7(b)所示。测量时需调整气隙使之接近 δ_0，以使接收的光能量最大。此方法可测量外表面及内孔、沟槽、曲面等。而且可以利用光纤将光束引到加工区，进行加工中测量。

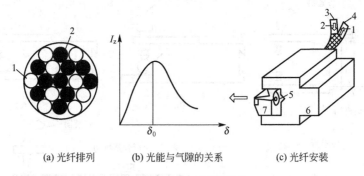

(a) 光纤排列　　(b) 光能与气隙的关系　　(c) 光纤安装

图 5.7　光纤法测量原理

1—接收光纤；2—发射光纤；3—来自光源；4—送至计算机；5—测量附件；6—刀座；7—车刀

3. 加工过程中的主动测量

加工过程中的主动测量装置一般作为辅助装置安装在机床上。在加工过程中，不需停机测量工件尺寸，而是依靠自动检测装置，在加工的同时自动测量工件尺寸的变化，并根据测量结果发出相应的信号，控制机床的加工过程(如变换切削用量、停止进给、退刀和停车等)。

1) 定尺寸点接触式测量装置

应用定尺寸装置进行在线尺寸检测在磨削加工中比较多见，在其他切削加工工序中应用很少。因为磨削工序的加工余量小，切屑细小，发热量小，而且加工区域供有大量的切削液，可迅速去除产生的热量，同时工件表面粗糙度低，因而不会引起较大的测量误差。

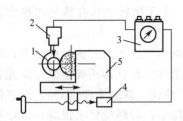

图 5.8　磨削加工中的主动测量装置

1—工件；2—主动测量头；
3—放大器；4—执行机构；5—机床

图 5.8 所示为某磨削加工中的一个自动测量装置。工件 1 在机床 5 加工的同时，自动测量头 2 对其进行测量，将所测得的工件尺寸变化量经信号转换放大器 3，转换成相应的电信号或气信号，经放大后返回机床的控制系统，通过执行机构 4 控制加工过程。

下面给出两个磨削加工过程中定尺寸在线测量的例子。

图 5.9 所示为内孔单触点测量装置，图 5.9(a)所示接触点垂直放置，随着内孔尺寸增大，测量杠杆向上移动，使摆杆顺时针方向转动。当粗磨结束时，量杆抬起的高度刚好使左触头断开，因此磨床由粗进给变为细进给。当零件达到规定尺寸时，摆杆与右触头闭合，使机床停止进给。图 5.9(b)所示是带有摆动杠杆和落下触头的测量装置，随着孔尺寸的增大，摆杆 10 逆时针方向转动，压下支撑在弹簧片上的杠杆 16。当粗磨终止时，接触杠杆 3 与杠杆 16 的左端刀口脱开，使电触头 1 闭合，使机床由粗进

给转换为细进给。当零件达到最后尺寸时，接触杠杆4(比杠杆3略低)才滑过杠杆16的刀口，电触头2闭合，停止进给并停车。

这类单触点式测量装置对主轴振摆的反应很灵敏，测量精度不高。而两点式或三点式的测量装置，能消除工艺系统的弹性变形、主轴振摆和工件振动的影响。

图5.10所示为三点接触式测量装置。图5.10(a)中6为三点接触式卡规，通过弹簧4使活动触点3经常与工件表面相接触，另外两支点为固定点，其中下支点1与轴线成15°，以使卡规的侧支点2紧靠在工件表面上。测量杆上端斜块5紧压在指示表6的触头上，随时反映出加工中工件的尺寸。卡规的接触支点和斜块上镶有硬质合金，以防磨损而影响测量精度。图5.10(b)为能发出多个控制信号的三点式卡规，可实现磨床工作循环的自动化。该装置包括：平衡架、传感器、电子装置、接触仪、工作继电器和控制机床运动的电磁铁。其自动化的原理是：在加工过程中传感器按照已经完成的各加工阶段传出电气信号，经过电子放大器接通相应的工作继电器，使液压装置的电磁铁动作，实现横向送进量的改变及循环结束后砂轮架自动退回等动作。

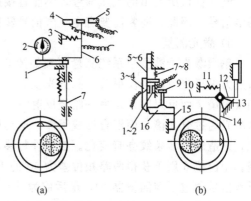

图5.9 内孔单触点测量装置
(a) 1—板；2—千分表；3—弹簧；
4、5—电触头；6、7—杠杆
(b) 1、2—电触头；3、4—带电触头的杠杆；
5、6、15—板簧；8、11—弹簧；9—可调螺钉；
10—摆杆；12、14、16—杠杆；13—支铰

点接触式测量装置在磨削圆柱形表面的轴、孔及其端面的过程中得到了广泛应用。

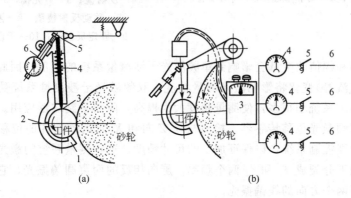

图5.10 三点接触式测量装置
(a) 1—下支点；2—侧支点；3—活动触点；4—弹簧；5—上端斜块；6—指示表
(b) 1—平衡架；2—传感器；3—电子装置；4—接触仪；5—工作继电器；6—电磁铁

2) 气动式主动测量装置

外圆磨削中使用的压力型单点式气动测量装置如图5.11所示，测量头体3装在磨床工作台上，测量杠杆2的硬质合金端与工件1的下母线相接触，另一端面与气动喷嘴7相对，中间留有一定间隙量。杠杆2的中部薄弱具有一定弹性，以保持触头对工件的测量压力。松开螺钉5，可借助螺母6调节量头的高低。

气动量仪所发出的气压信号,不能直接控制执行机构,一般需将测量结果转换为相应的电信号,因此,通常需要有电—气信号转换器。

3) 激光测量

单频激光干涉测量系统测量原理如图 5.12 所示。氦氖激光管 1 产生的激光经透镜组后成为平行光束,经反射镜 4 到分光镜 5,激光被分为两路,一路到装在被测件 8 上的移动反射镜 7 而反射回来,另一路经反射镜 4 到固定反射镜 9 再反射回来。这两路反射回来的激光通过分光镜 5 而汇合形成干涉。运动反射棱镜 7 随被测件 8 运动,使该路的光程变化,这造成干涉条纹亮暗变化。被测件每移动激光波长 λ 的一半,干涉条纹亮暗变化一周期。相位板 6 用于获得两路相位差为 90°的干涉条纹信号的细分和辨向。该两路相差 90°的干涉信号通过干涉测量器 10,最后成为具有长度单位当量的脉冲,显示出被测件的移动距离。半圆光阑 3 的作用是防止返回激光回到激光管。

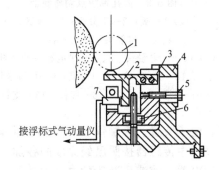

图 5.11 气动式主动测量装置图
1—工件;2—测量杠杆;3—测量头体;4—底座;
5—锁紧螺钉;6—调节螺母;7—气动喷嘴;

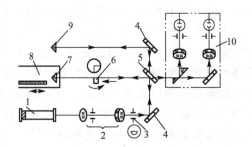

图 5.12 单频激光干涉测量系统原理图
1—激光管;2—透镜组;3—半圆光阑;
4—反射镜;5—分光镜;6—相位板;
7—移动反射棱镜;8—被测件;
9—固定反射镜;10—干涉测量器

激光的频率和幅值改变都会影响到单频激光干涉测量系统的精度,因此,环境(气压、湿度、温度、气流等)变化将影响激光测量精度。双频激光干涉测量系统受环境干扰的影响比单频激光测量系统小很多,使测量精度大为提高,因而得到广泛应用。如很多超精密机床上都装有双频激光位移传感器,检测机床 Z 向和 X 向运动部件的位移,与精密数控系统组成精密反馈控制系统,以保证加工的尺寸精度。这种测量系统的激光管输出的激光可在强磁场作用下分裂成 f_1 和 f_2 两个频率,旋向相反的两束圆偏振光,它们经 1/4 波片成为垂直和水平两个方向的线偏振光。

机械制造实际测量应用中经常需要多路激光同时进行测量,如数控超精密车床需用两路激光同时测量,三坐标测量机需要用三路激光同时测量。将一路激光用分光镜分为几路激光的技术很简单。图 5.13 所示为三坐标测量机所用的三路激光测量系统,激光器 1 出来的激光经分光镜 2 分成测 x、y、z 三个方向位移的三路激光位移测量系统。

激光测径仪的组成包括光学机械系统和电路系统两部分。其中光学机械系统由激光电源、氦氖激光器、同步电动机、多面棱镜及多种形式的透镜和光电转换器件组成,电路系统主要由整形放大、脉冲合成、填充计数、微型计算机、显示器和电源等组成。

激光测径仪的工作原理图如图 5.14 所示，氦氖激光器光束经平面反射镜 L_1、L_2 射到

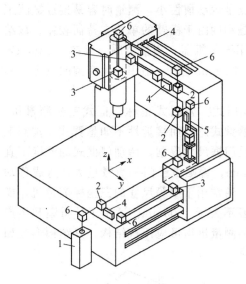

图 5.13　三坐标测量机的激光位移测量系统
1—激光器；2—分光镜；3—移动棱镜；
4—接收器；5—参考基准；6—45°反射镜

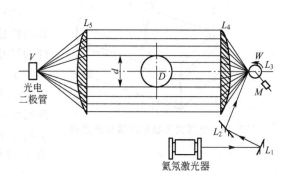

图 5.14　激光测径仪原理图

安装在同步电动机 M 转轴上的多面棱镜 W 上，当棱镜由同步电动机 M 带动旋转之后，激光束就成为通过 L_3 焦点的一个扫描光束，这个扫描光束通过透镜之后，形成一束平行运动的平行扫描光束。平行扫描光束经透镜 L_5 以后，聚焦到光电二极管 V 上。如果 L_4、L_5 中间没有被测的工件，光电二极管的接受信号将是一个方波脉冲，如图 5.15(a)所示。脉冲宽度 T 取决于同步电动机转速、透镜 L_4 的焦距大小及多面体结构。如果在 L_4、L_5 间测量空间有被测件 D，则光电二极管 V 上的信号波形如图 5.15(b)所示。图中脉冲宽度 T' 与被测件 D 大小成正比，T' 也就是光束扫描移动这段距离 d 所用的时间。

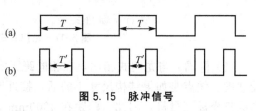

图 5.15　脉冲信号

4. 三坐标测量机与测量机器人

1) 三坐标测量机

三坐标测量机(Coordinate Measuring Machine，CMM)是一种检测工件尺寸误差、形位误差以及复杂轮廓形状的自动检测设备，在尺寸精度检测方面性能卓越，测量数据精确、可靠。而且使用 CMM 比用传统方法能大大提高测量效率。

三坐标测量机由安装工件的工作台、三维测量头、坐标位移测量装置和计算机数控装置等组成。为了得到很高的尺寸稳定性，三坐标测量机的工作台、导轨和横梁多采用高质量的花岗岩制成，三维测量头的头架与横梁之间采用低摩擦的空气轴承连接。

三坐标测量机主要有如下几种结构形式。

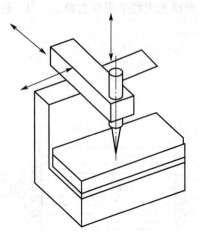

图 5.16 悬臂式三坐标测量机原理图

(1) 悬臂式。原理结构如图 5.16 所示，该结构的最大特点是运动惯性小，测量时容易接近被测工件。缺点是刚性由于横臂的单边支持而较差。该结构形式适用于小机器，测量范围一般在 1000mm× 800 mm×500 mm 之内。适用于生产型的三坐标测量机。

(2) 龙门式。龙门式也称门框式三坐测量机，其刚性比悬臂式好，而接近性不如悬臂式。被测工件的尺寸受门框尺寸限制，活动门框式的跨度不宜大于 1500mm，否则由于门框重量过大，造成移动速度过缓。通常用于中等尺寸的三坐标测量机，横跨尺寸一般不大于 1500mm。适用于计量型和生产型的三坐标测量机均可应用此结构。其结构形式如图 5.17所示。

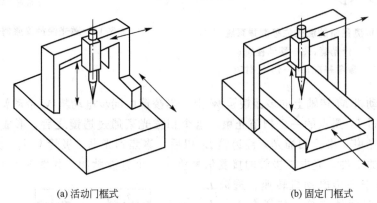

(a) 活动门框式　　　　　　　　　　(b) 固定门框式

图 5.17　龙门式三坐标测量机原理图

(3) 桥式。与龙门式相比，在相同跨距的情况下，比门框式轻巧和坚固，便于提高传动速度。缺点是如果结构尺寸小的话，接近性不好，还要有一个永久性基础。适用于大距离的三坐标测量机，因此，跨距在 4000mm 以上，X 方向达 10000mm 的三坐标测量机多用此结构。一般用于生产系列的三坐标测量机。其结构形式如图 5.18 所示。

(4) 卧轴式。卧轴式三坐标测量机具有良好的易接近性和结构的轻巧性。缺点是这种测量机都要配合转台使用，才能测量到工件的背面尺寸。适用于工件自动送进的三坐标测量机、测量机器人和三坐标划线机。一般用于生产型系列或专用型三坐标测量机。其结构原理如图 5.19 所示。

CMM 的工作过程由事先编好的程序控制，数控装置发出位移脉冲，经位置伺服进给系统驱动各坐标轴移动部件的运动，位置检测装置，如旋转编码器、感应同步器、角度编码器、光栅、磁栅传感器等检测移动部件的实际位置。在数控程序的控制下，测头接触工件表面并沿被测工件表面移动，移动过程中不断产生的接触信号被采集到 CMM 各坐标轴位置寄存器中，计算机根据记录的测量结果，按给定的坐标系计算出被测尺寸。

2) 测量机器人

在柔性加工系统中，三坐标测量机作为系统中的主要检测设备可以实现产品的下线终

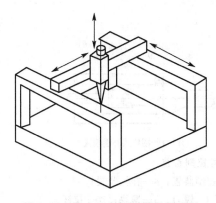
图 5.18 桥式三坐标测量机原理图

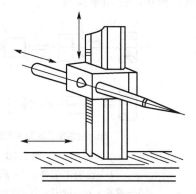
图 5.19 卧轴式三坐标测量机的原理图

检。尽管测量机功能强、精度高,但各种测量都在其上进行是不经济的,它会增加生产的辅助时间,降低生产率。

利用机器人进行辅助测量,具有灵活、在线、高效等特点,可以实现对零件100%的测量。因此,特别适合FMS中的工序间和过程测量。而且与坐标测量机相比,其造价低,使用灵活,容易纳入自动线。

机器人测量分直接测量和间接测量。直接测量称作绝对测量,它要求机器人具有较高的运动精度和定位精度,因此造价也较高。间接测量又称辅助测量,特点是在测量过程中机器人坐标运动不参与测量过程。它的任务是模拟人的动作将测量工具或传感器送至测量位置。这种测量机器人有如下特点。

(1) 机器人可以是一般的通用工业机器人,如在车削自动线上,机器人可以在完成上下料工作后进行测量,而不必为测量专门设置一个机器人,使机器人在线具有多种用途。

(2) 对传感器和测量装置要求较高,由于允许机器人在测量过程中存在移动或定位误差,因此传感器或测量仪器具有一定的智能和柔性,能进行姿态和位置调整,并独立完成测量工作。

5.3 刀具工作状态的检测和控制

5.3.1 刀具尺寸控制系统的概念

在自动化生产中,为了缩短调刀、换刀时间,保证加工精度,提高生产效率,已广泛采用尺寸控制系统。刀具尺寸控制系统是指加工时对工件已加工表面进行在线自动检测。当刀具因磨损等原因,使工件尺寸变化而达到某一预定值时,控制装置发出指令,操纵补偿装置,使刀具按指定值进行微量位移,以补偿工件尺寸变化,使工件尺寸控制在公差范围内。

尺寸控制系统由自动测量装置、控制装置和补偿装置组成。图5.20(a)所示为典型镗孔尺寸控制系统。加工后的工件由测头2进行测量,其测量值传递给控制装置3,控制装置将测量值与规定尺寸进行比较,获得尺寸偏差值,然后将偏差值信号转换和放大,再传递给补偿装置4,补偿装置利用信号,使镗头上的镗刀产生微量位移,然后继续加工下一件。图5.20(b)所示为常用的拉杆—摆块式补偿装置。刀具的径向尺寸补偿由拉杆的轴向位移转换为摆块的摆动来实现。

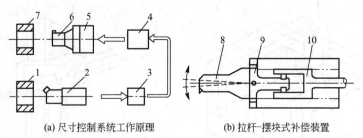

(a) 尺寸控制系统工作原理　　　　(b) 拉杆—摆块式补偿装置

图 5.20　镗孔尺寸控制系统

1—已加工工件；2—测头；3—控制装置；4—补偿装置；
5—镗头；6—镗刀；7—待加工工件；8—镗刀；9—摆块；10—拉杆

5.3.2　刀具补偿装置的工作原理

目前，在金属切削加工中，自动补偿装置多采用尺寸控制原则，即在工件完成加工后，自动测量其实际尺寸，当工件的尺寸超出某一规定的范围时，测量装置发出信号，控制补偿装置，自动调整机床的执行机构，或对刀具进行调整以补偿尺寸上的偏差。

自动补偿系统一般由测量装置、信号转换或控制装置以及补偿装置3部分组成。自动补偿系统的测量和补偿过程是滞后于加工过程的，为了保证在对前一个工件进行测量和发出补偿信号时，后一个工件不会成为废品，就不能在工件已达到极限尺寸时才发出补偿信号。一般应使发出补偿信号的界限尺寸在工件的极限尺寸以内，并留有一定的安全带。如图5.21所示，通常将工件的尺寸公差带分为若干区域。图5.21(a)所示为孔的补偿分布图，加工孔时，由于刀具磨损，工件尺寸不断变小。当进入补偿带 B 时，控制装置就发出补偿信号，补偿装置按预先确定的补偿量补偿，使工件尺寸回到正常尺寸 Z 中。在靠近上、下极限偏差处，还可根据具体要求划出安全带 A，当工件尺寸由于某些偶然原因进入安全带时，控制装置发出换刀或停机信号。图5.21(b)所示是轴的补偿带分布图。在某些情况下，考虑到可能由于其他原因，例如机床或刀具的热变形，会使工件尺寸朝相反的方向变化，如图5.21(c)所示，将正常尺寸带 Z 放在公差带的中部，两端均划出补偿带 B。此时，补偿装置应能实现正、负两个方向的补偿。通常，当某个工件的尺寸进入补偿带时，并不立即进行补偿，而将此测量信号储存起来，必须当连续出现几个补偿信号时，补偿装置才会得到动作信号。

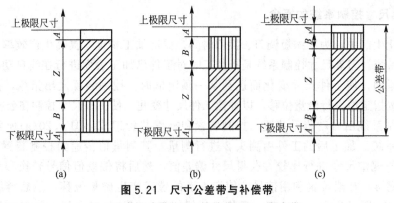

图 5.21　尺寸公差带与补偿带

Z—正常尺寸带；B—补偿带；A—安全带

测量控制装置大多向补偿装置发出脉冲补偿信号，或者补偿装置在接收信号以后进行脉动补偿。每一次补偿量的大小，决定于工件的精度要求，即尺寸公差带的大小，以及刀具的磨损状况。每次的补偿量越小，获得的补偿精度越高，工件的尺寸分散度也越小。但此时对补偿执行机构的灵敏度要求也越高。当补偿装置的传动副存在间隙和弹性变形以及移动部件间有较大摩擦阻力时，就很难实现均匀而准确的补偿运动。

5.3.3 刀具补偿装置的典型机构与应用

1. 双端面磨床的自动补偿

图 5.22 所示为磨削轴承双端面的情形，机床有左右两个砂轮 4 和 5，被磨削工件 7 从两个砂轮间通过，同时磨削两个端面，气动量仪的喷嘴 3 用于测量砂轮 5 相对于定位板 6 的位置，并保证定位板 6 比砂轮 5 的工作面低一个数值 Δ，以保证工件顺利输出。已加工工件 7 的厚度由挡板 2、气动喷嘴 1 进行测量。如果砂轮 5 磨损了，则气隙 Z_1 变大，气动量仪将发出信号，使砂轮 5 进行补偿；如果工件尺寸过厚，则气隙 Z_2 将变小，气动量发出信号，使砂轮 4 进行补偿。

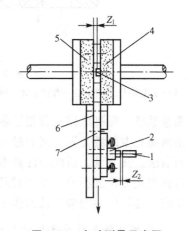

图 5.22 自动测量示意图
1、3—喷嘴；4、5—砂轮；2—挡板；
6—定位板；7—工件

2. 镗孔刀具的自动补偿

镗刀的自动补偿方式最常用的是借助镗杆或刀夹的特殊结构来实补偿运动。这一方式又可分为两类。

(1) 利用锤杆轴线与主轴回转轴线的偏心进行补偿。

(2) 利用摆杆或刀夹的弹性变形实现微量补偿。

偏心补偿装置相关书籍中均有介绍，这里仅介绍变形补偿。

压电晶体式自动补偿装置是一种典型的变形补偿装置，它是利用压电陶瓷的电致伸缩效应来实现刀具补偿运动的。如石英、钛酸钡等一类离子型晶体，由于结晶点阵的规则排列，在外力作用下产生机械变形时，就会产生电极化现象，即在承受外力的相应两个表面上出现正负电荷，形成电位差，这就是压电效应。反之，晶体在外加直流电压的作用下，就会产生机械变形，这就是电致伸缩效应。

采用压电陶瓷元件的镗刀自动补偿装置如图 5.23 所示。该装置的补偿原理如下：当压电陶瓷元件 1 通电时向左伸长，于是推动滑柱 2、方形截面的楔块 8 和圆柱楔块 7，通过圆柱楔块 7 的斜面，克服板弹簧 4 的压力，将固定在滑套 6 中的镗刀 5 顶出；当通入反向直流电压时，元件 1 收缩，在弹簧 3 的作用下，方形楔块 8 向下位移，以填补由于元件 1 收缩时腾出的空隙；当再次变换通入正向电压时，元件 1 又伸长，如此循环下去，经过若干次脉冲电压的反复作用，刀具向外伸出预定的补偿量。

该装置采用 300V 的正反向交替直流脉冲电压以计数继电器控制脉冲次数。每一脉冲的补偿量为 $0.002\sim0.003$mm，刀尖的总补偿量为 0.1mm。

3. 立铣工件直线度的自动补偿

图 5.24 所示是美国 Wisconsin 大学研制的铣削工件直线度误差补偿控制系统，由在

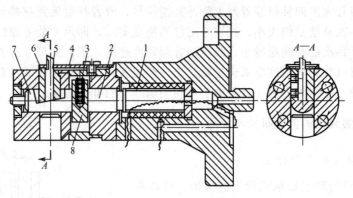

图 5.23 压电晶体式自动补偿装置

1—压电陶瓷元件；2—滑柱；3—弹簧；4—板弹簧；5—镗刀；6—滑套；7—圆柱楔块；8—楔块

线测量系统、微机建模与预报系统、补偿驱动系统等组成。工件直线度的在线测量系统由发出两激光束的激光器、两只触针式光传感器和一根作为基准直线的精密直线尺组成。采用两点法直接测量。所测得的数据经补偿计算机系统处理后，进行随机数据建模。由于测量位置和铣刀位置不同，存在时间滞后，故采用超前预报。根据预报误差控制电液伺服驱动系统，使铣床主轴带动铣刀作上下运动进行补偿。该系统使直线度误差减少了 80%。

4. 数控立铣工件平面度的自动补偿

图 5.25 所示为数控立铣工件平面度的自动补偿系统，该系统由激光平面度误差在线测量、液压精密定位和微机控制 3 部分组成。平面工件被装夹在工作台的夹具上，夹具内装有一套平面度误差测量系统。一束激光作为测针，另一束激光用于产生 3 束反射光线。采用三点法直接测量。两台步进电机由相应的软件控制，分别带动工作台沿切削方向和进给方向移动。测量所得数据经测量系统分析处理后传给微机系统建模，并进行伺服运动预报，驱动液压伺服执行机构对工件进行平面度误差补偿。该系统可将平面度误差减少 80% 左右。

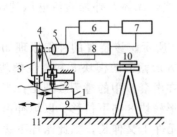

图 5.24 立铣工件直线度的自动补偿

1—工件；2—测针；
3—切削主轴；4—光传感器；5—驱动系统；
6—控制台；7—建模与预报；8—测量系统；
9—机床工作台；10—激光器；11—测量滞后

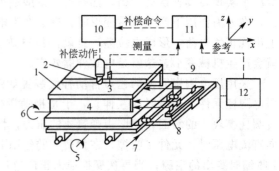

图 5.25 数控立铣工件平面度的自动补偿

1—工件；2—刀具；
3—测针；4—夹具；5、6—步进电机；
7、9—激光束；8—支承；10—伺服驱动器；
11—微机；12—几何平面误差测量系统

5. 精密丝杠螺距的自动补偿

图 5.26 所示为一精密丝杠螺距的自动补偿系统，由微机、微处理器、测量系统、补偿执行机构所组成。光电码盘每转发出一定数量脉冲测量主轴回转位置，线性位移传感器（如光栅）测量溜板相应于主轴回转位置的位移，将此两组数据送入微处理器进行在线分析处理，得出车床丝杠的螺距误差数据，再送入微机进行建模。通过微处理器进行预报控制，驱动压电陶瓷车削补偿执行机构作螺距误差补偿。单个螺距误差可减少 80%，累积螺距误差可减少 99%。

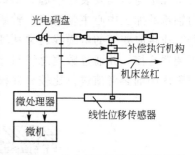

图 5.26　精密丝杠螺距的误差补偿

5.4　自动化加工过程的检测和监控

5.4.1　刀具磨损和破损的检测和监控

刀具的磨损和破损与自动化加工过程的尺寸加工精度和系统的安全可靠性具有直接关系。因此，在自动化制造系统中，必须设置刀具磨损、破损的检测与监控装置，用以防止可能发生的工件成批报废和设备事故。

1. 刀具磨损的检测和监控

刀具磨损的检测方式分直接检测和间接检测两种。

1）刀具磨损的直接检测与补偿

在加工中心或柔性制造系统中，加工零件的批量小。为了保证加工精度，较好方法是直接检测刀具的磨损量，并通过补偿机构对相应尺寸误差进行补偿，如图 5.27 所示的镗刀刀刃的磨损测量原理图。当镗刀停在测量位置时、测量装置移近刀具并与刀刃接触，磨损测量传感器从刀柄的参考表面上测取读数。刀刃和参考表面与测量装置的相邻两次接触，其读数变化值即为刀刃的磨损值。测量过程、数据的计算和磨损值的补偿过程都可以由计算机进行控制和完成。

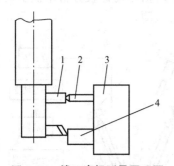

图 5.27　镗刀磨损测量原理图
1—参考表面；2—磨损测量传感器；
3—测量装置；4—刀具触头

2）刀具磨损的间接检测和监控

在加工过程中，多数刀具的磨损区被工件或切屑遮盖，很难直接测量刀具的磨损值，因此多采用间接测量的方法。

（1）以刀具寿命为判据。这种方法目前在加工中心和柔性制造系统中得到广泛使用。对于使用条件已知的刀具，其寿命可根据用户提供的使用条件试验确定或者根据经验确定。刀具寿命确定后，可按刀具编号送入管理程序中。在调用刀具时，从规定的刀具使用寿命中扣除切削时间，用到刀具剩余寿命少于下次使用时间时发出换刀信号。

（2）以切削力为判据。切削力变化可直接反映刀具磨损情况。切削力会随着磨损量增大而增大。若刀具破损,切削力会剧增。对加工中心机床,由于刀具不断需要更换,测力装置无法与刀具安装在一起,最好将测力装置安装在主轴轴承处。图5.28所示为装有测力轴承的加工中心主轴系统。轴承的外围装有应变片,通过应变片采集与符合成正比的信号。连接应变片的电缆线通常从轴承的轴肩端面引出,与放大器和微处理器控制的电子分析装置连接,并通过数据总线与计算机控制系统相连,测力轴承监测到的切削力信号不断与程序中的参考值进行比较,并根据比较结果来更换刀具。

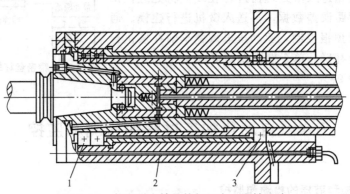

图5.28 装有测力轴承的加工中心主轴系统
1—测力轴承;2—电缆线;3—测力轴承

(3) 以加工表面粗糙度为判据。加工表面粗糙度 Ra 与刀具磨损之间关系如图5.29所示。因此可以通过监测工件表面粗糙度来判断刀具的磨损状态。图5.30所示是利用激光技术检测表面粗糙度的示意图。激光束通过透镜射向工件加工表面,由于粗糙度的变化,使反射的激光强度也不相同。因而通过检测反射光的强度和对信号的比较分析来识别表面粗糙度和判别刀具的磨损状态。这种检测系统便于在线实时检测。

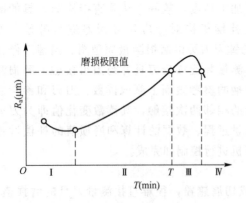 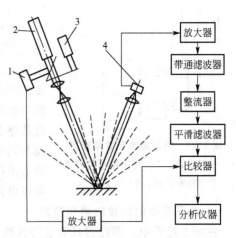

图5.29 刀具磨损特性曲线　　图5.30 激光检测工件表面粗糙度示意图
　　　　　　　　　　　　　　　　　1—参考探测器;2—激光发生器;
　　　　　　　　　　　　　　　　　3—斩波器;4—测量探测器

2. 刀具破损的监控方法

刀具的破损检测是保证机械加工自动化生产正常进行的重要措施。在自动化生产中,若刀具的破损未能及时发现，会导致工件报废，甚至损坏机床。

1) 光电式刀具破损检测

采用光电式检测装置可以直接检测钻头或丝锥是否完整或折断。如图 5.31 所示，光源的光线通过隔板中的小孔射向刚加工完毕返回的钻头，若钻头完好，光线受阻，光敏元件无信号输出；若钻头折断，光线射向光敏元件，发出停机信号。这种破损检测装置易受切屑干扰。

2) 气动式刀具破损检测

气动式刀具的破损检测原理与光电式相似，如图 5.32 所示。当钻头或丝锥返回原位后，气阀接通，喷嘴喷出的气流被钻头挡住，压力开关不动作。当刀具折断时，气流就冲向气动压力开关，发出刀具折断信号。这种方法的优缺点和应用范围与光电式检测装置相同。

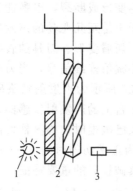

图 5.31　光电式检测装置

1—光源；2—钻头；3—光敏元件

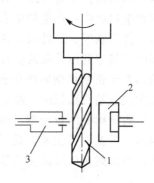

图 5.32　气动式检查装置

1—钻头；2—拨动压力开关；3—喷嘴

3) 探针式监控

探针式监控方法多用来测量孔的加工深度，并间接地检查出孔加工刀具（钻头）的完整性，尤其是对于在加工中容易折断的刀具，如直径小于 10～12mm 的钻头等。该检测方法结构简单，使用很广泛。

如图 5.33 所示，装有探针的检查装置装在机床移动部件（如滑台、主轴箱）上，探针 1 向右移动，进入工件 2 的已加工孔内，当孔深不够或有折断的钻头和切削堵塞时，探针板压缩滑杆 3，克服弹簧力而后退，使挡块 5 压下限位开关 6，发出下一道工序不能继续进行的信号。

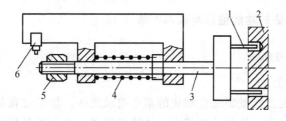

图 5.33　探针式检查装置

1—探针；2—工件；3—滑杆；4—弹簧；5—挡块；6—限位开关

4) 电磁式监控

图 5.34 所示为电磁式监控装置的原理图。它是带有线圈的 U 形电磁铁和钻头组成闭合的磁路，然后利用磁通变化的原理来检测刀具是否折断。当钻头折断时，磁阻增大，使线圈中的电压发生变化而发出信号，但因为刀具会带有磁性，只适用于加工非铁磁性材料的工件。

5) 主电动机负荷监控

在切削过程中，刀具的破损会引起切削力和切削转矩的变化，而切削力、转矩的变化可直接由机床电动机功率来表示。因此，检测机床电动机功率可以判断刀具状态。

6) 声发射监控

在金属切削过程中，用声发射(从)方法检测刀具破损非常有效，特别是对小尺寸刀具破损的检测。

声发射是固体材料或构件受外力或内力作用产生变形或断裂，以弹性波形式释放出应变能的现象。金属切削过程中可产生频率范围从几十千赫至几兆赫的声发射信号。产生声发射信号的来源有工件的断裂、工件与刀具的摩擦、切屑变形、刀具的破损及工件的塑性变形等。正常切削时，信号器所拾取的信号为一个小幅值连续信号，当刀具破损时，声发射信号各增长幅值远大于正常切削时的幅度。图 5.35 所示为声发射钻头破损检测装置系统图。当切削加工中发生钻头破损时，用安装在工作台上的声发射传感器检测钻头破损所发出的信号，并由钻头破损检测器处理，当确认钻头已破损时，检测器发出信号通过计算机控制系统进行换刀。根据大量实验，此增大幅度为正常切削时的 3～7 倍，并与刀具破损面积有关。因此，声发射产生阶跃突变是识别刀具破损时的重要特征。

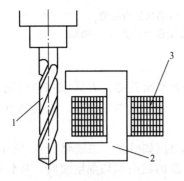

图 5.34　电磁式检测装置
1—钻头；2—磁铁；3—线圈

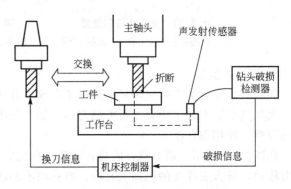

图 5.35　声发射钻头破损检测装置

5.4.2　自动化加工设备的功能监控与故障诊断

1. 监控系统概念与组成

1) 监控系统的概念

对加工过程的监控是机械制造自动化的基本要求之一。加工过程的在线监控涉及很多相关技术，如传感器技术、信号处理技术、计算机技术、自动控制技术、人工智能技术以及切削机理等。

切削过程监控指的是在加工状态下对刀具、工件、机床的工况和切削过程动态变化的信息进行自动检测、处理、识别、判断及状态反馈控制。

2) 监控系统的组成

自动化加工监控系统主要由信号检测、特征提取、状态识别、决策和控制4个部分组成。

(1) 信号检测。信号检测是监控系统的首要一步，加工过程的许多状态信号从不同角度反映加工状态的变化。

(2) 特征提取。特征提取是对检测信号的进一步加工处理，从大量检测信号中提取出与加工状态变化相关的特征参数，目的在于提高信号的信噪比，增加系统的抗干扰能力。

(3) 状态识别。状态识别实质上是通过建立合理的识别模型，根据所获取加工状态的特征参数对加工过程的状态进行分类判断。

(4) 决策与控制。根据状态识别的结果，在决策模型指导下对加工状态中出现的故障作出判决，并进行相应的控制和调整，例如改变切削参数、更换刀具、改变工艺等。要求决策系统实时、快速、准确、适应性强。

3) 加工设备功能监控的内容

(1) 工件加工过程的监控。加工过程工件的监视项目有：工序监视(是否为所要求的加工)、工件监视(是否为规定的加工件)、工件安装位姿监视(是否进入正确安装姿态)、尺寸与形状误差监视、表面粗糙度监视等。

(2) 机床运行监控。机床的可靠运行是加工系统稳定、实现高生产率的前提。

① 驱动系统的监控。采用高分辨率的检测传感方法与装置，监视机床运动位移，并以位移误差作为反馈控制信号，经伺服驱动系统进行反馈补偿，减小或消除位移误差。

② 主轴轴承与主轴回转部件监控。主轴回转误差对工件圆度和孔系同轴度影响很大。监视方法有：轴承寿命监视—振动法、声发射法、转矩法等；圆度监控—静压空气支撑、涡流传感器或激光扫描，电感或电容传感器及码盘、微机控制下的伺服机构；热变形监控—应变片、温度补偿系统；同轴度监视—激光同步扫描孔系中的各孔，利用微机求解同轴度。

③ 机床状态监视。机床工况监视的检测传感参数包括：主轴或进给电动机的电流、电压、功率、力或转矩、转速、振动、温度、接触或接近、切削液流量等。通过这些参数集中的元素传感可实现功率过载监视、切削力监视、颤振监视，刀具—工件或机床运动部件与其他部件碰撞监视、切削液控制等，并可在此基础上实现自适应控制。

④ 精度监控。加工误差可以由加工机床误差(几何误差、位移误差与伺服进给系统误差)、刀具误差、工件、夹具误差(定位和装夹误差、工件、夹具弹性与热变形误差、工件材质不均匀性)组成。机床的自身几何误差、静态力变形和动态误差一般采用误差的硬软件补偿法进行补偿，实现误差控制。加工误差的监控采用实时过程监测法，在加工过程中对工件尺寸、形状和位置误差直接进行实时监测。根据监测结果由计算机系统求出误差值，进行反馈修正。循环监测法包括工序前和工序后的监测，保证工件坐标原点精度和加工余量的合理分配以及加工工序完成后离线测定加工精度指标。

4) 对监控系统的要求

加工过程、机床以及刀具工况监控是自动化加工监控系统具有的3个主要任务。各个任务除了选好状态变量之外，还必须满足如下的一些要求。

（1）同加工过程往往需要监控多个状态变量，仅监控一个状态变量是不够的。

（2）由于自动化加工系统本身的加工特性，必须监测振动情况，在多轴加工的情况下，还必须选择观测方向。

（3）系统中必须采用相应的识别控制程序对加工过程出现的异常状态进行识别。

（4）由于交换部件、刀具的数量大、控制程序长，因此，必须监测加工过程的初始条件。

2. 加工设备的故障诊断

所谓诊断就是对设备的运行状态做出判断。设备在运行过程中，内部零部件和元器件因为受到力、热、摩擦、磨损等多种作用，其运行状态不断变化，一旦发生故障，往往会导致严重后果。因此必须在设备运行过程中对设备的运行状态及时作出判断，采取相应的决策，在事故发生以前就发现并加以消除。

加工设备的自动监控与故障诊断主要有 4 个方面的内容。

（1）状态量的监测。状态量监测就是用适当的传感器实时监测设备运行状态是否为正常的状态参数。

（2）加工设备运行异常的判别。运行异常的判别是将状态量的测量数据进行适当的信息处理，判断是否出现设备异常的信号。

（3）设备故障原因的识别。根据判别结果，找出设备出现故障的原因。识别故障原因是故障诊断中最难、最耗时的工作。

（4）控制决策。找出故障发生的地点及原因后，就要对设备进行检修，排除故障，保证设备能够正常工作。

状态监测是故障诊断的基础，故障诊断是对监测结果的进一步分析和处理，而控制决策是在监测和诊断基础上做出的。因此，三者之间必须紧密集成在一起。

5.4.3 柔性制造系统的监控和故障诊断

1. FMS 的监控系统

由于现代加工工艺还很难真正完成整体 FMS 的闭环监控、自行排除故障的处理过程，所以 FMS 的很多监控过程都属于单项检测。随着加工工艺的发展，要使 FMS 真正达到加工人员和设备的高柔性，就必须实现 FMS 检测监控系统的模块化和高度集成化。

根据 FMS 的功能结构，FMS 检测监控系统可分成几个子系统：设备工作状态检测监控模块、FMS 运行状态检测监控模块、工件加工精度检测模块、FMS 控制及信息处理检测监视模块、运行安全检测监视模块。图 5.36 所示为 FMS 检测监控系统的组成。

集成的 FMS 检测监控子系统应具有如下功能。

（1）进行各种多通道信号的检测和大批量的信号处理，并具有智能接口。

（2）有信息处理和知识处理的软硬件，能自动生成判别函数，判别复杂状态，可进行状态特征分析，推理诊断和预报。

（3）具有较大的柔性，能与 FMS 有机地结合。

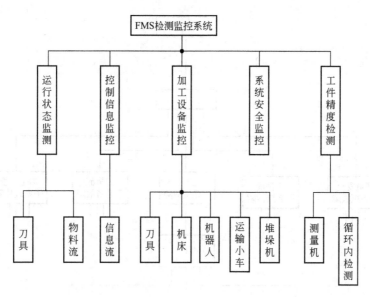

图 5.36 FMS 检测监控系统的组成

(4) 具有自诊断功能,能检测控制系统本身的故障。

(5) 各模块间及其内部可根据需要灵活组合。

2. FMS 故障诊断技术

当 FMS 以一种非期望方式运行时,就会出现故障征兆,主要表现有两种形式:①FMS 各个子系统器件、元件的位置、运动关系或运行不正常;②经 FMS 生产的工件出现加工质量不符合要求。

1) 故障诊断过程

FMS 故障诊断可以概括为以下几个过程。

(1) 故障检测。当系统的功能不正常时,能够检测到故障信号。

(2) 故障分析。系统发生意外后,可根据各种故障,能快速确定故障源。

(3) 故障排除。可以排除或容错故障,使系统继续运行。

(4) 故障评定。对故障发生的位置、频度及对系统的影响进行统计分析。

2) 故障诊断方法

(1) 故障诊断的层次结构。FMS 故障分布在系统的各个层次上,某一层的故障应先在局部设备或单元表现出来,往往又影响到整个系统。因此,FMS 的故障诊断就呈现为设备层、单元层及系统层,形成一个集成的 FMS 故障诊断系统。

在不同的诊断层次可以使用不同的方法。比如,在设备层直接使用某一部件的检测传感器的检测值确定是否发生故障。在单元层可使用一些数学分析方法,如在尺寸检测单元,可通过对尺寸测量值的时序序列分析(如采用 FFT 方法)诊断预测故障。在系统层则可采用故障诊断专家系统对系统故障进行人工智能诊断。

(2) 柔性制造系统故障树。质量树分析法是一种将系统故障形成的原因由总体至单元按树枝状逐级细化的。分析的目的是判明基本故障、确定故障的原因、影响和出现概率。FMS 故障树如图 5.37 所示。

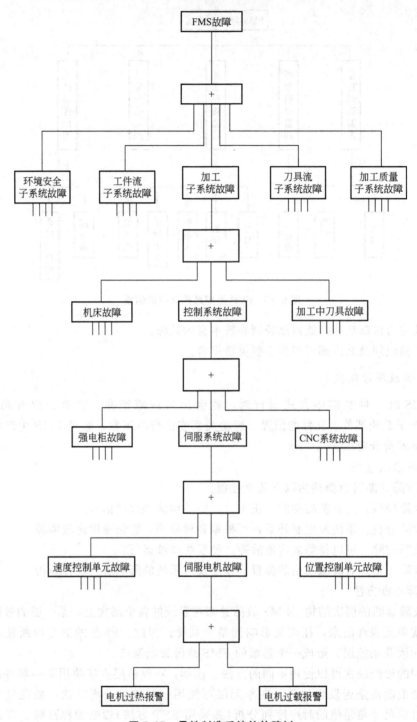

图 5.37 柔性制造系统的故障树

质量故障是指机床加工的工件精度不能满足设计要求。影响精度的因素包括：机床系统的空间定位误差(简称空间误差)，刀具系统的位置误差和工件与夹具系统的位置误差等，图 5.38 所示表示构成加工误差的各因素。如果进一步考虑环境条件、运行工作状况以及检测系统误差等，则影响精度的因素将更多。图 5.39 所示是以加工中心为例列出的各项影响因素。

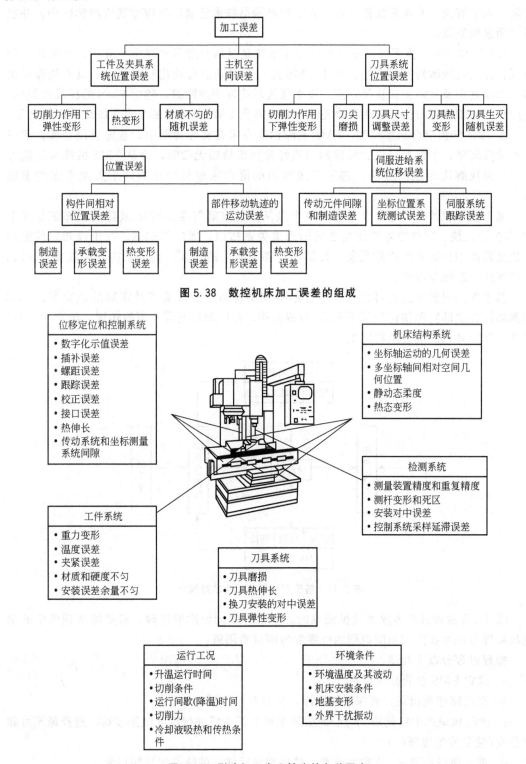

图 5.38 数控机床加工误差的组成

图 5.39 影响加工中心精度的各种因素

由于影响加工设备状态和工件精度的因素很多以及加工过程本身的复杂性和多变性，造成对自动化加工过程的故障诊断技术要求越来越难，传统的诊断方法已不能满足要求。目前，人工智能、专家系统技术以及人工神经网络技术已被广泛应用到故障诊断中。并取得了明显的效果。

(3) 故障诊断专家系统。故障诊断专家系统是根据对症状的观察与分析，推断故障的位置，并进行故障排除的系统。由于 FMS 是一个复杂的自动化制造系统，具有故障层次多、原因复杂及故障传递快等特点，要求系统尽快发现故障源，建立 FMS 的深浅知识库。使用深浅知识推理方法，采用混合控制策略是开发 FMS 故障诊断专家系统比较好的途径。

① 深浅知识混合求解模型。FMS 故障诊断专家在实际诊断中，首先应用经验知识来诊断故障问题，当没有需要的经验知识或经验知识诊断无效时，会从 FMS 的结构功能等方面来寻找解决问题的办法。基于深浅知识的混合求解模型正类似于人类专家的思维方式。

基于浅知识的推理是专家系统的一个最基本的求解策略。FMS 故障的浅知识是关于 FMS 各子系统、部件故障与征兆之间的因果关系知识，即经验知识。基于浅知识的推理方法是根据用户输入的故障现象，扫描浅层知识库中的规则，确定它所发生故障在 FMS 中的所属子系统及部件。

基于深知识推理方法可提高故障诊断专家系统诊断的准确率及求解的成功率。FMS 的深知识方法即物理知识是基于 FMS 组成结构、性能和功能等方面的知识。图 5.40 所示是基于深浅知识的混合求解模型。

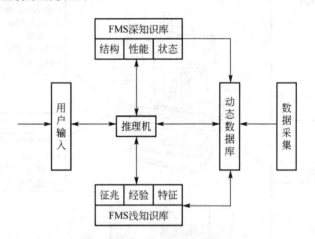

图 5.40　基于深知识的混合求解模型

② FMS 故障诊断专家系统推测理论。基于深浅知识库的推理，需要深知识库中的结点故障发生概率和浅知识库规则的可靠度与测试费用值。

推理过程分以下几步。

a. 建立 FMS 功能分级结构。

b. 有故障征兆出现，调深层知识库，从根开始诊断。

c. 使用知识库中功能块(节点)的故障率对其下一层进行广度优先搜索，选择最不可靠的分支(最易发生故障的)。

d. 重复执行步骤 c，直到终节点，然后调最后缺点的结点的浅知识库。

e. 使用浅知识库结点可靠度和测试费用值,搜索终点规则。
f. 测试浅知识库的规则结论部分。如果规则匹配,则找出故障源,否则继续第 g 步。
g. 返回到其上一步,并转步骤 e。
h. 如果在当前浅知识库中没有找到匹配的规则,则转到深知识库的相应终结点,并修正其故障率,转至 b,直到找到匹配的规则。

FMS 是一个集机、电、控制于一体的复杂的制造系统,是机械制造业向自动化、集成化、智能化的发展。对故障诊断专家系统有两个主要要求,一是实时性,可以实现故障的预测和诊断,并及时得出故障排除策略,使系统可以可靠、正常的运行;二是机器自学习,由于系统复杂,知识输入有限,要求专家系统能根据工作经验及外部数据,不断地归纳总结,不断地产生新知识。

复习思考题

5-1 简述自动化检测的内容及其分类。
5-2 工艺系统受力变形引起的误差有哪些?如何减少工艺系统受力变形?
5-3 减少工艺系统热变形的途径有哪些?
5-4 结合图 5.14 试述激光测径仪的组成和工作原理图。
5-5 简述三坐标测量机的结构类型及其特点。
5-6 结合图 5.22 简述双端面磨床的自动补偿工作。
5-7 结合图 5.23 简述采用压电陶瓷元件的镗刀自动补偿装置工作原理。
5-8 结合图 5.26 简述精密丝杠螺距的自动补偿工作。
5-9 试述刀具破损的监控方法。
5-10 简述加工设备功能监控的内容。

第 6 章
产品装配过程自动化

 本章教学要点

知识要点	掌握程度	相关知识
自动化装配的重要性、发展概况和实现途径	掌握实现自动化装配的 3 种途径； 熟悉自动化装配的 3 个发展阶段； 了解自动化装配在现代制造业中的重要性	自动化装配的特点和作用； 装配系统的发展过程及其分类； 装配的设计准则
自动装配工艺过程分析和设计	掌握自动装配条件下零件的结构工艺性； 熟悉自动装配工艺设计的一般要求； 了解自动装配工艺设计步骤	零件的结构工艺性； 自动装配工艺特点； 自动装配工艺设计过程
自动装配机、自动装配线、柔性装配系统的组成、基本形式及其特点	掌握自动装配机、自动装配线、柔性装配系统的各自组成形式及其工作特点； 熟悉自动装配机、自动装配线、柔性装配系统的概念； 了解自动装配线与手工装配点的集成	各类自动装配机的结构组成和工作原理； 各类装配机或系统在自动化制造系统中的作用

第6章 产品装配过程自动化

 **导入案例**

大连机床集团加工中心装配流水线正式上线

2012年2月22日,大连机床集团瓦房店工业园立式加工中心装配生产线正式上线生产,当天夜里10点58分,该生产线上第一台机床隆重下线,这台机床系统配置为华中数控HNC-22MD系统。

大连机床集团瓦房店工业园采用国际首创的柔性加工生产线和装配线,采用国际首创的柔性加工生产线和装配线,打破了旧有的制造模式,在国内外同行业率先实现了像装配汽车一样装配机床,加快了出产速度,提高了产品质量,降低了员工的劳动强度。这条数控机床装配线平均十分钟下线一台数控机床,以前要实现这样的速度,往往需要几倍甚至十几倍的人力投入。

该工业园的规划目标是:年产数控车床7.5万台、加工中心2.3万台。2011年,数控车床装配线全面贯通。近期,加工中心装配线也正式上线。目前,这两条装配生产线均在大量使用华中数控系统,其中车床数控系统94台,铣床、加工中心数控系统42台。

资料来源:http://www.skxox.com/xxinfo_147242.html,2012

装配是整个生产系统的一个主要组成部分,也是机械制造过程的最后环节。装配对产品的成本和生产效率有着重要影响,研究和发展新的装配技术,大幅度提高装配质量和装配生产效率是机械制造工程的一项重要任务。相对于加工技术而言,装配技术落后许多年,装配工艺已成为现代生产的薄弱环节。因此,实现装配过程的自动化越来越成为现代工业生产中迫切需要解决的一个重要问题。

6.1 概 述

6.1.1 装配自动化在现代制造业中的重要性

装配过程是机械制造过程中必不可少的环节。人工操作的装配是一个劳动密集型的过程,生产率是工人执行某一具体操作所花费时间的函数,其劳动量在产品制造总劳动量中占有相当高的比例。据有关资料统计分析,随着先进制造技术的应用,一些典型产品的装配时间占总生产时间的53%左右,是花费最多的生产过程,因此提高装配效率是制造工业中急需解决的关键问题之一。

装配自动化(Assembly Automation)是实现生产过程综合自动化的重要组成部分,其意义在于提高生产效率、降低成本、保证产品质量,特别是减轻或取代特殊条件下的人工装配劳动。

装配是一项复杂的生产过程,人工操作已经不能与当前的社会经济条件相适应,因为人工操作既不能保证工作的一致性和稳定性,又不具备准确判断、灵巧操作,并赋以较大作用力的特性,同人工装配相比,自动化装配具备如下优点。

(1) 装配效率高,产品生产成本下降。尤其是在当前机械加工自动化程度不断得到提高的情况下,装配效率的提高对产品生产效率的提高具有更加重要的意义。

(2) 自动装配过程一般在流水线上进行,采用各种机械化装置来完成劳动量最大和最繁重的工作,大大降低了工人的劳动强度。

(3) 不会因工人疲劳、疏忽、情绪、技术不熟练等因素的影响而造成产品质量缺陷或不稳定。

(4) 自动化装配所占用的生产面积比手工装配完成同样生产任务的工作面积要小得多。

(5) 在电子、化学、宇航、国防等行业中,许多装配操作需要特殊环境,人类难以进入或非常危险,只有自动化装配才能保障生产安全。

随着科学技术的发展和进步,在机械制造业、CNC、FMC、FMS的出现逐步取代了传统的制造技术,它们不仅具备高度自动化的加工能力,而且具有对加工对象的灵活性。如果只有加工技术的现代化,没有装配技术的自动化,FMS就成了自动化孤岛。装配自动化的意义还在于它是CIMS的重要组成部分。

6.1.2 装配自动化的发展概况

自动装配系统大致经历了3个发展阶段。最初是采用如图6.1所示的传统的机械开环控制单元。例如,操作程序由分配轴把操作时间运动行程信息都记录在凸轮上。

第二个阶段的自动装配系统如图6.2所示。控制单元采用了预调顺序控制器,或者采用可编程序控制器,操作时间分配和运动行程摆脱了机械刚性的控制方法。由于采用微电子器件,各种信息都编制在控制程序中,不仅调整方便,而且提高了系统的可靠性。

发展到第三阶段,产生了所谓的装配伺服系统(Servo System)。控制单元配备了带有智能电子计算机的可编程序控制器,能发出改变操作顺序的信号,根据程序给出的命令和反馈信息,使操作条件或动作维持在设计的最佳状态。这种自动装配系统如图6.3所示。

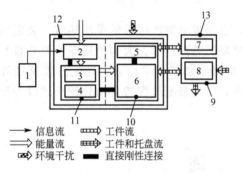

图 6.1 机械开环控制的装配系统
1—操作者;2—电动机;3—机械顺序控制器;
4—机械运动控制器;5—零件运输装置;
6—装配操作装置;7、8—零件;
9—夹具和托盘装置;10—机械装配装置;
11—机械控制装置;12—采用机械控制的装配系统;
13—零件送进装置

对于精密零件的自动装配,必须提高夹具的定位精度和装配工具的柔顺性。为提高定位精度,可采用带有主动自适应反馈的位置控制器,通过光电传感视觉设备、接触压力传感器等对零件的定位误差进行测量,并采用计算机控制的伺服执行机构进行修正,这种伺服装配工具和夹具可进行精密装配。目前,定位精度在0.01mm的自动装配机已得以应用。

产品更新周期的缩短,要求自动装配系统(Automatic Assembly System)具有柔性响应,20世纪80年代出现了柔性装配系统(Flexible Assembly System,FAS)。FAS是一种计算机控制的自动装配系统,它的主要组成是装配中心(Assembly Center)和装配机器人

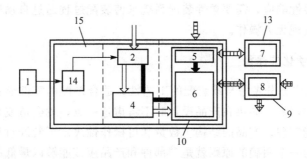

图 6.2　采用预调顺序控制器的装配系统

1～13 同图 6.1；14—可编程顺序控制器；15—机械装配装置

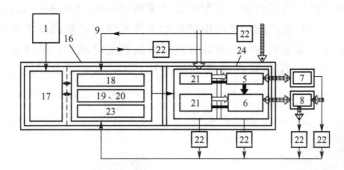

图 6.3　含有可编程控制器的自动装配系统

1～15 同图 6.2；16—可编程操作控制器；17—操作程序处理器；18—前馈控制器；
19—最佳控制器；20—自适应控制器；21—伺服执行机构；22—传感器或探测器；
23—反馈控制器；24—可编程控制器的伺服装配装置

(Assembly Robot)，使装配过程通过传感技术和自动监控实现了无人操作。具有各种不同结构能力和智能的装配机器人是 FAS 的主要特征。柔性装配是自动装配技术的发展方向，采用柔性装配不仅可提高生产率、降低成本、保证产品质量一致性，更重要的是能提高适应多品种小批量的产品应变能力。

今后一段时间内，装配自动化技术将主要向以下两方面发展。

(1) 与近代基础技术互相结合、渗透，提高自动装配装置的性能。近代基础技术，特别是控制技术和网络通信技术的进一步发展，为提高自动装配装置的性能打下了良好的基础。装配装置可以引入新型、模块化、标准化的控制软件，发展新型软件开发工具；应用新的设计方法，提高控制单元的性能；应用人工智能技术，发展、研制具有各种不同结构能力和智能的装配机器人，并采用网络通信技术将机器人和自动加工设备相连以得到较高的生产率。

(2) 进一步提高装配的柔性，大力发展柔性装配系统 FAS。在机械制造业中，CNC、FMC、FMS 的出现逐步取代了传统的制造设备，大大提高了加工的柔性。新兴的生产哲理 CIMS 使制造过程必须成为是用计算机和信息技术把经营决策、设计、制造、检测、装配以及售后服务等过程综合协调为一体的闭环系统。但如果只有加工技术的自动化，没有装配技术的自动化，FMS、CIMS 就不能充分发挥作用。装配机器人的研制成功、FMS 的应用以及 CIMS 的实施，为自动装配技术的开发创造了条件；产品更新周期的缩短，要求自动装配系统具有柔性响应，需要柔性装配系统来使装配过程通过自动监控、传感技术与装配机器人结合，实现无人操作。

6.1.3 实现装配自动化的途径

（1）产品设计时应充分考虑自动装配的工艺性。适合装配的零件形状对于经济的装配自动化是一个基本的前提。如果在产品设计时不考虑这一点，就会造成自动化装配成本的增加，甚至设计不能实现。产品的结构、数量和可操作性决定了装配过程、传输方式和装配方法。机械制造的一个明确的原则就是"部件和产品应该能够以最低的成本进行装配"。因此，在不影响使用性能和制造成本的前提下，合理改进产品结构往往可以极大地降低自动装配的难度和成本。

工业发达的国家已广泛推行便于装配的设计准则（Design for Assembly）。该准则主要包含两方面的内容：一是尽量减少产品中的单个零件的数量，如图 6.4 所示，结构方面的一个区别是分立方式还是集成方式，集成方式可以实现元件最少，维修也方便；二是改善产品零件的结构工艺性，层叠式和鸟巢式的结构（如图 6.5 所示）对于自动化装配是有利的。

图 6.4 有利的集成方式装配
1—配合件；2—基础件

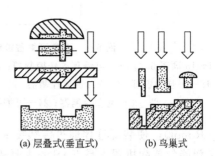

图 6.5 适合自动化装配的产品结构

（2）研究和开发新的装配工艺和方法。鉴于装配工作的复杂性和自动装配技术相对于其他自动化制造技术相对滞后，必须对自动装配技术和工艺进行深入的研究，注意研究和开发自动化程度不一的各种装配方法。如对某些产品，研究利用机器人、刚性的自动化装配设备与人工结合等方法，而不盲目追求全盘自动化，这样有利于得到最佳经济效益。此外，还应加强基础研究，如对合理配合间隙或过盈量的确定及控制方法，装配生产的组织与管理等，开发新的装配工艺和技术。

（3）设计制造自动装配设备和装配机器人。要实现装配过程的自动化，就必须制造装配机器人或者刚性的自动装配设备。装配机器人是未来柔性自动化装配的重要工具，是自动装配系统最重要的组成部分。各种形式和规格的装配机器人正在取代人的劳动，特别是对人的健康有害的操作以及特殊环境（如高辐射区或需要高清洁度的区域）中进行的工作。

刚性自动装配设备的设计应根据装配产品的复杂程度和生产率的要求而定。一般 3 个以下的零件装配可以在单工位装配设备上完成，超过 3 个以上的零件装配则在多工位装配设备上完成。装配设备的循环时间、驱动方式以及运动设计都受产品产量的制约。

自动装配设备必须具备高可靠性，研制阶段必须进行充分的工艺试验，确保装配过程自动化形式和范围的合理性。

6.2 自动装配工艺过程分析和设计

6.2.1 自动装配条件下的结构工艺性

结构工艺性是指产品和零件在保证使用性能的前提下，力求能够采用生产率高、劳动量小、材料消耗少和生产成本低的方法制造出来。自动装配工艺性好的产品零件，便于实现自动定向、自动供料、简化装配设备、降低生产成本。因此，在产品设计过程中，应采用便于自动装配的工艺性设计准则，以提高产品的装配质量和工作效率。

在自动装配条件下，零件的结构工艺性应符合便于自动供料、自动传送和自动装配3项设计原则。

1. 便于自动供料

自动供料包括零件的上料、定向、输送、分离等过程的自动化。为使零件有利于自动供料，产品的零件结构应符合以下各项要求。

（1）零件的几何形状力求对称，便于定向处理。

（2）如果零件由于产品本身结构要求不能对称，则应使其不对称程度合理扩大，以便于自动定向。如质量、外形、尺寸等的不对称性。

（3）零件的一端做成圆弧形，这样易于导向。

（4）某些零件自动供料时，必须防止镶嵌在一起。如有通槽的零件，具有相同内外锥度表面时，应使内外锥度不等，防止套入"卡住"。

2. 利于零件自动传送

装配基础件和辅助装配基础件的自动传送，包括给料装置至装配工位以及装配工位之间的传送。其具体要求如下所示。

（1）为易于实现自动传送，零件除具有装配基准面以外，还需考虑装夹基准面，供传送装置装夹或支承；

（2）零部件的结构应带有加工的面和孔，供传送中定位。

（3）零件外形应简单、规则、尺寸小、重量轻。

3. 利于自动装配作业

（1）零件的尺寸公差及表面几何特征应保证按完全互换的方法进行装配。

（2）零件数量尽可能少（如图6.6所示），同时应减少紧固件的数量。

（3）尽量减少螺纹联接，采用适应自动装配条件的连接方式，如采用粘接、过盈、焊接等。

（4）零件上尽可能采用定位凸缘，以减少自动装配中的测量工作，如将压配合的光轴用阶梯轴代

(a) 改进前　　　　(b) 改进后

图 6.6　自动装配改进前后实例

替等。

(5) 基础件设计应为自动装配的操作留有足够的位置。例如自动旋入螺钉时，必须为装配工具留有足够的自由空间，如图 6.7 所示。

(6) 零件的材料若为易碎材料，宜用塑料代替。

(7) 为便于装配，零件装配表面应增加辅助定位面，如图 6.8 所示。

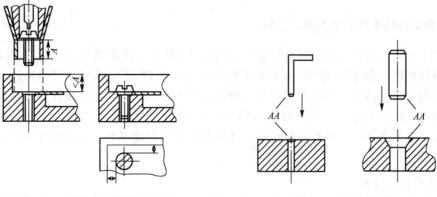

图 6.7　螺钉装配需要的自由空间　　　　图 6.8　辅助定位面

(8) 最大限度地采用标准件和通用件，这样不仅可以减少机械加工，而且可以加大装配工艺的重复性。

(9) 避免采用易缠住或易套在一起的零件结构，不得已时，应设计可靠的定向隔离装置。

(10) 产品的结构应能以最简单的运动把零件安装到基准零件上去。最好是使零件沿同一个方向安装到基础件上去，这样在装配时没有必要改变基础件的方向，以减少安装工作量。

(11) 如果装配时配合的表面不能成功地用作基准，则在这些表面的相对位置必须给出公差，且使在此公差条件下基准误差对配合表面的位置影响最小。

6.2.2　自动装配工艺设计的一般要求

自动装配工艺比人工装配工艺设计要复杂得多，通过手工装配很容易完成的工作，有时采用自动装配却要设计复杂的机构与控制系统。因此，为使自动装配工艺设计先进可靠，经济合理，在设计中应注意如下几个问题。

(1) 自动装配工艺的节拍。自动装配设备中，多工位刚性传送系统多采用同步方式，故有多个装配工位同时进行装配作业。为使各工位工作协调，并提高装配工位和生产场地的效率，必须要求各工位装配工作节拍同步。

(2) 除正常传送外宜避免或减少装配基础件的位置变动。自动装配过程是将装配件按规定顺序和方向装到装配基础件上。通常，装配基础件需要在传送装置上自动传送，并要求在每个装配工位上准确定位。因此，在自动装配过程中，应尽量减少装配基础件的位置变动，如翻身、转位、升降等动作，以避免重新定位。

(3) 合理选择装配基准面。装配基准面通常是精加工面或是面积大的配合面，同时应考虑装配夹具所必需的装夹面和导向面。只有合理选择装配基准面，才能保证装配定位精度。

(4) 对装配零件进行分类。多数装配件是一些形状比较规则、容易分类分组的零件。按几何特性，零件可分为轴类、套类、平板类和小杂件 4 类；再根据尺寸比例，每类又分为长件、短件、匀称件 3 组。经分类分组后，可采用相应的料斗装置实现装配件的自动供料。

(5) 关键件和复杂件的自动定向。形状比较规则的多数装配件可以实现自动供料和自动定向；对于一些自动定向十分困难的关键件和复杂件，为不使自动定向机构过分复杂，采用手工定向或逐个装入的方式，在经济上更合理。

(6) 易缠绕零件的定量隔离。

(7) 精密配合副要进行分组选配。自动装配中精密配合副的装配由选配来保证，根据配合副的配合要求（如配合尺寸、质量、转动惯量等）来确定分组选配，一般可分 3~20 组。分组数多，配合精度越高，选配、分组、储料的机构越复杂，占用车间的面积和空间尺寸也越大。因此，一般分组不宜太多。

(8) 装配自动化程度的确定。装配自动化程度根据工艺的成熟程度和实际经济效益来确定，具体方法如下所示。

① 在螺纹联接工序中，多轴工作头由于对螺纹孔位置偏差的限制较严，又往往要求检测和控制拧紧力矩，导致自动装配机构十分复杂。因此，宜多用单轴工作头，且检测拧紧力矩多用手工操作。

② 形状规则、对称而数量多的装配件易于实现自动供料，故其供料自动化程度较高；复杂件和关键件往往不易实现自动定向，所以自动化程度较低。

③ 装配零件送入储料器的动作以及装配完成后卸下产品或部件的动作，自动化程度较低。

④ 装配质量检测和不合格件的调整、剔除等工作自动化程度宜较低，可用手工操作，以免自动检测头的机构过分复杂。

⑤ 品种单一的装配线，其自动化程度常较高，多品种则较低，但随着装配工作头的标准化、通用化程度的日益提高，多品种装配的自动化程度也可以提高。

⑥ 对于尚不成熟的工艺，除采用半自动化外，还需要考虑手动的可能性；对于采用自动或半自动装配而实际经济效益不显著的工序，宜同时采用人工监视或手工操作。

6.2.3 自动装配工艺设计

1. 产品分析和装配阶段的划分

装配工艺的难度与产品的复杂性成正比，因此设计装配工艺前，应认真分析产品的装配图和零件图。零部件数目大的产品则需通过若干装配操作程序完成，在设计装配工艺时，整个装配工艺过程必须按适当的部件形式划分为几个装配阶段进行，部件的一个装配单元形式完成装配后，必须经过检验，合格后再以单个部件与其他部件继续装配。

2. 基础件的选择

装配的第一步是基础件的准备，基础件是整个装配过程中的第一个零件，往往是先把基础件固定在一个托盘或一个夹具上，使其在装配机上有一个确定的位置。这里基础件是在装配过程只需在其上面继续安置其他零部件的基础零件（往往是底盘、底座或箱体类零件),基础件的选择对装配过程有重要影响。在回转式传送装置或直线式传送装置的自动化装配系统中,也可以把随行夹具看成基础件。

基础件在夹具上的定位精度应满足自动装配工艺要求。例如,当基础件为底盘或底座时,其定位精度必须满足件上各连接点的定位精度要求。当外定位如图 6.9(a)所示,精度不能达到要求时,可采用定位销定位。为避免装配错误,定位孔一个为圆形,另一个为槽形,如图 6.9(b)所示;也可以将两个定位孔不对称布置,如图 6.9(c)所示。

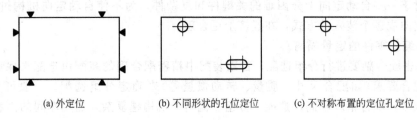

(a) 外定位　　　　(b) 不同形状的孔位定位　　　　(c) 不对称布置的定位孔定位

图 6.9　基础件的定位方式

3. 对装配零件的质量要求

这里装配零件的质量要求包括两方面的内容:一是从自动装配过程供料系统的要求出发,要求零件不得有毛刺和其他缺陷,不得有未经加工的毛坯和不合格的零件;另一方面是从制造与装配的经济性出发,对零件精度的要求。图 6.10 所示表示了手工装配与自动装配两种可能的公差分布方式。方式 1 公差分布比较宽,成本低,但不适合自动化装配;方式 2 公差分布比较严格,适合自动化装配,但生产成本高。装配自动化要求零件质量高,但是这不意味着缩小图样给定的公差。

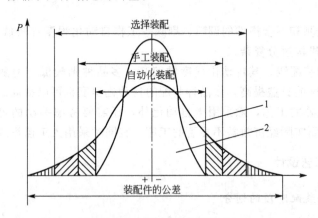

图 6.10　配合件的公差范围

P—概率;1—现成的零件质量;2—自动化装配所要求的零件质量

在手工装配时,容易分出不合格的零件。但在自动装配中,不合格零件包括超差零件、损伤零件,也包括混入杂质与异物,如果没有被分拣出来,将会造成很大的损失,甚至会使整个装配系统停止运行。因此,在自动化装配时,限定零件公差范围是非常必要的。

合理化装配的前提之一就是保持零件质量稳定。在现代化大批量生产中,只有在特殊情况下才对零件 100% 检验,通常采用统计的质量控制方法,零件质量必须达到可接受的水平。

4. 拟定自动装配工艺过程

自动装配需要详细编制工艺，包括绘制装配工艺过程图并建立相应的图表，表示出每个工序对应的工作工位形式。具有确定工序特征的工艺图，是设计自动装配设备的基础，按装配工位和基础件的移动状况的不同，自动装配过程可分为两种类型。

一类为基础件移动式的自动装配线。在这类装配过程中，自动装配设备的工序在对应工位上对装配对象完成各装配操作，每个工位上的动作都有独立的特点，工位之间的变换由传送系统连接起来。

另一类是装配基础件固定式的自动装配中心。在这类装配过程中，零件按装配顺序供料，依次装配到基础件上，这种装配方式，实际上只有一个装配工位，因此装配过程中装配基础件是固定的。

无论何种类型的装配方式，都可用带有相应工序和工步特征的工艺图表示出来，如图 6.11 所示。其中，方框表示零件或部件，装配（检测）按操作顺序用圆圈表示。

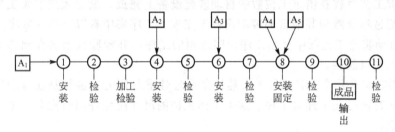

图 6.11 装配工艺流程图

每个独立形式的装配操作还可详细分类，如检测工序包括零件就位有无检验、尺寸检验、物理参数测定等；固定工序包括有螺纹联接、压配联接、铆接、焊接等。同时，确定完成每个工序的时间，即根据联接结构、工序特点、工作头运动速度和轨迹、加工或固定的物理过程等来分别确定各工序时间。

5. 确定自动装配工艺的工位数量

拟定自动装配工艺从采用工序分散的方案开始，对每个工序确定其工作头及执行机构的形式及循环时间，然后研究工序集中的合理性和可能性，减少自动装配系统的工位数量。如果工位数量过多，会导致工序过于集中，而使工位上的机构太复杂，既降低了设备的可靠性，也不便于调整和排除故障，还会影响刚性联接（无缓冲）自动装配系统的效率。

确定最终工序数量（相应的工位数）时，应尽量采用规格化传送机构，并留有几个空工位，以预防产品结构估计不到的改变，随时可以增加附加的工作结构。如工艺过程需 10 个工序，可选择标准系列 12 个工位周期旋转工作台的自动装配机。

6. 确定各装配工序时间

自动装配工艺过程确定后，可分别根据各个工序工作头或执行机构的工作时间，在规格化和实验数据的基础上，确定完成单独工序的规范。每个单独工序的持续时间为

$$t_i = t_T + t_x + t_y \tag{6-1}$$

式中，t_T——完成工序所必需的操作时间；

t_x——空行程时间(辅助运动);

t_y——系统自动化元件的反应时间。

通常,单独工序的持续时间可用于预先确定自动装配设备的工作循环的持续时间,这对同步循环的自动装配机设计非常有用。如果分别列出每个工序的持续时间,则可以帮助人们区分出哪个工位必须改变工艺过程参数或改变完成辅助动作的机构,以减少该工序的持续时间,使各工序实现同步。

根据单个工序中选出的最大持续时间 t_{max},再加上辅助时间 t_f,便可得到同步循环时间为

$$t_s = t_{max} + t_f \tag{6-2}$$

式中,t_f——完成工序间传送运动所消耗的时间。

实际的循环时间可以比该值大一些。

7. 自动装配工艺的工序集中

在自动装配设备上确定工位数后,可能会发生装配工序数量超过工位数量的情况。此时,如果要求工艺过程在给定工位数的自动装配设备上完成,就必须把有关工序集中,或者把部分装配过程分散到其他自动装配设备上完成。工序集中有以下两种方法。

(1) 在自动装配工艺图中找出工序时间最短的工序,并校验其附加在相邻工位上完成的合理性和工艺可能性。

(2) 对同时兼有几个工艺操作的可能性及合理性进行研究,也就是在自动装配设备的一个工位上平行进行几个连贯工序。这个工作机构的尺寸应允许同时把几个零件安装或固定在基础件上。

工序过于集中会导致设备过于复杂,可靠性降低,调整、检测和消除故障都较为困难。

8. 自动装配工艺过程的检测工序

检测工序是自动装配工艺的重要组成部分,可在装配过程中同时进行检测,也可单设工位用专用的检测装置来完成检验工作。自动装配工艺过程的检测工序,可以查明有无装配零件,是否就位,也可以检验装配部件尺寸(如压深);在利用选配法测量零件时,也可以检测固定零件的有关参数(例如螺纹联接的力矩)。检测工序一方面保证装配质量,另一方面使装配过程中由于各故障原因引起的损失减为最小。

6.3 自动装配机

装配机是一种按一定时间节拍工作的机械化的装配设备,有时也需要手工装配与之配合。装配机所完成的任务是把配合件往基础件上安装,并把完成的部件或产品取下来。

随着自动化的向前发展,装配工作(包括至今为止仍然靠手工完成的工作)可以利用机器来实现,产生了一种自动化的装配机械,即实现了装配自动化。自动装配机械按类型分,可分为单工位装配机与多工位装配机两种。为了解决中小批量生产中的装配问题,人们进一步发明了可编程的自动化装配机,即装配机器人。它的应用不再是只能严格地适应一种产品的装配,而是能够通过调整完成相似的装配任务。

6.3.1 单工位自动装配机

单工位装配机是指这样的装配机：它只有单一的工位，没有传送工具的介入，只有一种或几种装配操作。这种装配机的应用多限于只由几个零件组成而且不要求有复杂的装配动作的简单部件。在这种装配机上同时进行几个方向的装配是可能的，而且是经常使用的方法。这种装配机的工作效率可达到每小时 30~12000 个装配动作。

单工位装配机在一个工位上执行一种或几种操作，没有基础件的传送，比较适合于在基础件的上方定位并进行装配操作。其优点是结构简单，可以装配最多由 6 个零件组成的部件。通常适用于两到 3 个零部件的装配，装配操作必须按顺序进行。

这种装配机的典型应用范围是电子工业和精密工具行业，例如接触器的装配。这种装配机用于螺钉旋入、压入联接的例子如图 6.12 所示。

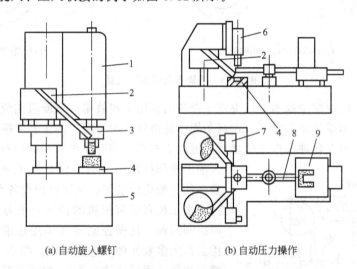

(a) 自动旋入螺钉　　　　　(b) 自动压力操作

图 6.12　单工位装配机
1—螺钉料斗；2—送料单元；3—旋入工作头和螺钉供应环节；4—夹具；5—机架；
6—压头；7—分配器和输入器；8—基础件送料器；9—基础件料仓

6.3.2 多工位自动装配机

对 3 个零件以上的产品通常用多工位装配机进行装配，装配操作由各个工位分别承担。多工位装配机需要设置工件传送系统，传送系统一般有回转式或直进式两种。

工位的多少由操作的数目来决定，如进料、装配、加工、试验、调整、堆放等。传送设备的规模和范围由各个工位布置的多种可能性决定，各个工位之间有适当的自由空间，使得一旦发生故障，可以方便地采取补偿措施。一般螺钉拧入、冲压、成形加工、焊接等操作的工位与传送设备之间的空间布置小于零件送料设备与传送设备之间的布置。图 6.13 所示为供料设备在回转式自动装配机上的两种不同布置。对进料设备的具体布置是由零件的定位和供料方向决定的，因此有不同的空间需求。

图 6.13(a)所示表示零件定位和进料方向是一致的，采用这种布置时，进料轨道可以通过回转工作台的中心。图 6.13(b)所示表示零件定位和进料方向成 90°夹角，采用这种布置时，进料轨道应放在与回转工作台相切的位置，以便保持零件的正确装配位置。回转

式布置会形成回转工作台上若干闲置工位，直进式传送设备也有类似的情况。自动装配机的总利用率主要决定于各个零件进料工位的工作可靠程度，因此进料装置要求具有较高的可靠性。

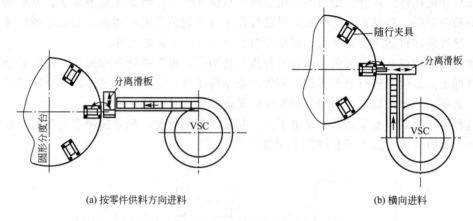

(a) 按零件供料方向进料　　　　　　　　(b) 横向进料

图 6.13　不同布置的供料装置

装配机的工位数多少基本上已决定了设备的利用率和效率，装配机的设计又常常受工件传送装置的具体设计要求制约。这两条规律是设计自动装配机的主要依据。

检测工位布置在各种操作工位之后，可以立即检查前面操作过程的执行情况，并能引入辅助操作措施。检测工位有利于避免自动化装配操作的各种失误动作，从而保护设备和零件。

多工位自动装配机的控制一般有行程控制和时间控制两种。行程控制常常采用标准气动元件，其优点是大多数元件可重复使用。图 6.14 所示为一台简单的气动回转式多工位装配机示意图。装配机由气动装置驱动，包括回转式工作台、两零件进料工位和一台冲压机。由电动机驱动的多工位装配机，常用分配轴凸轮控制装配机的动作，属于时间控制。许多自动装配机以电动机为主结合气动装置。传送装置通常由电动机驱动，而处理装置、进料装置是气动的。回转式装配机中较典型的形式是槽轮或凸轮驱动。

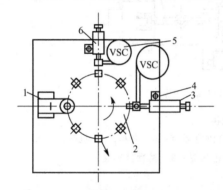

图 6.14　气动回转式多工位装配机
1—启动冲压机；2—气动回转装置；
3—气缸；4—控制器；5—振动料斗；
6—气动移置机构

6.3.3　工位间传送方式

装配基础件在工位间的传送方式有连续传送和间歇传送两类。

图 6.15 所示为带往复式装配工作头的连续传送方式。装配基础件连续传送，工位上装配的工作头也随之同步移动。对直线型传送装置，工作头需作往复移动；对回转式传送装置，工作头需作往复回转。装配过程中，工件连续恒速传送，装配作业与传送过程重合，故生产速度高，节奏性强，但不便于采用固定式装配机械，装配时工作头和工件之间相对定位有一定困难。目前除小型简单工件采用连续传送方式外，一般都使用间歇式传送

方式。

间歇传送中,装配基础件由传送装置按节拍时间进行传送,装配对象停在装配工位上进行装配,作业一完成即传送至下一工位,便于采用固定式装配机械,避免装配作业受传送平稳性的影响。按节拍时间特征,间歇传送方式又可以分为同步传送和非同步传送两种。

间歇传送大多数是同步传送,即各工位上的装配件每隔一定的节拍时间都同时向下一工位移动。对小型工件来说,由于装配夹具比较轻小,传送时间可以取得很短,因此实用上对小型工件和节拍小于十几秒的大部分制品的装配,可采取这种固定节拍的同步传送方式。

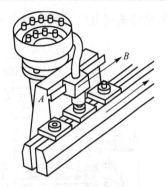

图 6.15　带往复式装配工作头的连续传送装置

同步传送方式的工作节拍是最长的工序时间与工位间传送时间之和,工序时间较短的其他工位上存在一定的等工浪费,并且一个工位发生故障时,全线都会受到停车影响。为此,可采用非同步传送方式。

非同步传送方式不但允许各工位速度有所波动,而且可以把不同节拍的工序组织在一个装配线中,使平均装配速度趋于提高,而且个别工位出现短时间可以修复的故障时不会影响全线工作,设备利用率也得以提高,适用于操作比较复杂而又包括手工工位的装配线。

实际使用的装配线中,各工位完全自动化常常是没有必要的,因技术上和经济上的原因,多数以采用一些手工工位较为合理,因而非同步传送方式采用得越来越多。

6.3.4　装配机器人

随着科学技术的不断进步,工业生产取得很大发展,工业产品大批量生产,机械加工过程自动化得到广泛应用,同时对产品的装配也提出了自动化、柔性化的要求。为此目的而发展起来的装配机器人也取得了很大进展,技术上越来越成熟,逐渐成为自动装配系统中重要的组成部分。

一般来说,要实现装配工作,可以用人工、专用装配机械和机器人 3 种方式。如果以装配速度来比较,人工和机器人都不及专用装配机械。如果装配作业内容改变频繁,那么采用机器人的投资将要比专用装配机械经济。此外,对于大量、高速生产,采用专用装配机械最有利。但对于大件、多品种、小批量、人力又不能胜任的装配工作,则采用机器人最合适。

能适应自动装配作业需要的机器人应具有工作速度和可靠性高、通用性强、操作和维修容易、人工容易介入以及成本及售价低、经济合理等特点。

装配机器人可分为伺服型和非伺服型两大类。非伺服型装配机器人指机器人的每个坐标的运动通过可调挡块由人工设定,因而每个程序的可能运动数目是坐标数的两倍;伺服型装配机器人的运动完全由计算机控制,在一个程序内,理论上可有几千种运动。此外,伺服型装配机器人不需要调整终点挡块,不管程序改变多少,都很容易执行。非伺服型和伺服型装配机器人都是微处理器控制的。不过,在非伺服机器人中,它控制的只是动作的顺序;而对伺服机器人,每一个动作、功能和操作都是由微处理器控制的。

机器人的驱动系统,传统上的做法是伺服型采用液压的,非伺服型采用气动的。现在的趋势是用电气系统作为主驱动，特别是新型机器人。液压驱动不可避免地有泄漏问题，只有一些大功率的机器人现在和将来都要用液压驱动。气动系统装配质量较小、功率较小、噪声较小、整洁、结构紧凑，对柔性装配系统（FAS）来说更为合适。非伺服型采用可调终点挡块，能获得很高的精度，因此可应用它进行精密调整。

装配机器人的控制方式有点位式、轨迹式、力（力矩）控制方式和智能控制方式等。装配机器人主要的控制方式是点位式和力（力矩）控制方式。对于点位式而言，要求装配机器人能准确控制末端执行器的工作位置，如果在其工作空间内没有障碍物，则其路径不是重要的，这种方式比较简单。力（力矩）控制方式要求装配机器人在工作时，除了需要准确定位外，还要求使用适度的力和力矩进行工作，装配机器人系统中必须有力（力矩）传感器。图 6.16 所示为 SCARA 型装配机器人外形图，这种机器人已广泛应用于自动装配领域。

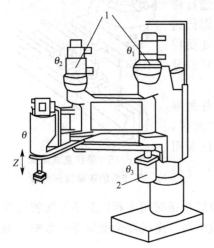

图 6.16　SCARA 型装配机器人
1—PC 伺服电动机；
2—姿态控制器（脉冲电机）

6.4　自动装配线

6.4.1　自动装配线的概念和组合方式

自动装配线是在流水线的基础上逐渐发展起来的机电一体化系统，是综合应用了机械技术、计算机技术、传感技术、驱动技术等技术，将多台装配机组合，然后用自动输送系统将装配机相连接而构成的。它不仅要求各种加工装置能自动完成各道工序及工艺过程，而且要求在装卸工件、定位夹紧、工件在工序间的输送甚至包装都能自动进行。

自动装配线的组合方式有刚性的和松散的两种形式。如果将零件或随行夹具由一个输送装置直接从一台装配机送到另一台装配机，这就是刚性组合，但是，应尽可能避免采用刚性组合方式。松散式组合需要进行各输送系统之间的相互连接，输送系统要在各装配机之间有一定的灵活性和适当的缓冲作用，自动装配线应尽可能采用松散式组合。这样，当单台机器发生故障时，可避免整个生产线停工。

6.4.2　自动装配线对输送系统的要求

自动装配线对其输送系统有以下两个基本要求。
（1）产品或组件在输送中能够保持它的排列状态。
（2）输送系统有一定的缓冲量。

如果装配的零件和组件在输送过程中不能保持规定的排列状态，则必须重新排列。但对于装配组件的重排列，在形式和准确度方面，一般是很难达到的，而且重排列要增加成本，并可能导致工序中出现故障，因此要尽量避免重排列。图 6.17(a)中，部件能以一个工件排列形式被输送，无随行夹具，可保持它的排列状态；在输送中，如果需要工件保持有次序的位置，那么，就要设计随行夹具。随行夹具在装配操作中没有作用，只是简单地固定工件或部件，使有次序的位置不会丧失。图6.18所示为一个简单的随行夹具，它适用于图6.17(b)所示的组件。使用随行夹具时，需要输送系统具有向前和返回的布置。

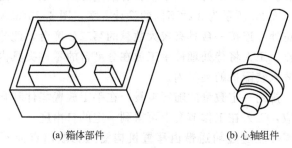

图 6.17 具有不同输送特点的产品组件

对于较大的组件，靠输送机输送带的长度不能达到要求的缓冲容量时，可以使用多层缓冲器。为了增大装配线的利用率，不仅需要在输送带上缓冲载有零件的随行夹具，而且也要缓冲返回运动中输送带上的空的随行夹具，这样才能保证在第二台装配机上发生短期故障时第一台装配机不因缺少空的随行夹具而停止工作。

图6.19所示为一台回转式装配机和一台直进式装配机的联合布置的工作方式。装配机Ⅰ上装配的组件由移位装置将它传送到 a 位置。气缸将组件从 a 位置移到输送带上输送走。装配机Ⅱ的处理装置将输送系统端部 b 位置的组件移动，并放入装配机Ⅱ的随行夹具内。此时，气缸将空的随行夹具载体横向推在输送系统返回输送带上，通过横向运动回到端部的承载工位。

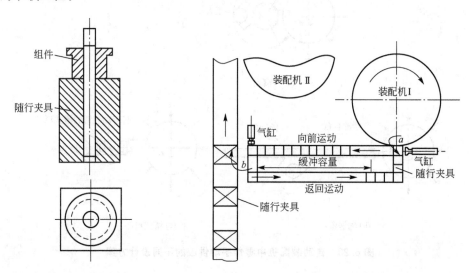

图 6.18 输送一个组件的随行夹具　　图 6.19 随行夹具系统将装配机联合的布置图

6.4.3 自动装配线与手工装配点的集成

在自动装配线内常常加入手工装配点，这是由于零件的设计或定向定位的原因，这些零件不能自动排列、自动供料，必须要以手动方法来操作；或由于装配工作有很复杂的操作，采用自动化很不经济，必须设置不同结构的手工装配点。

1. 供应零件的手工装配点

手工排列和手动供料，提高了装配线的可靠性，但对循环时间短于 5s 的装配机，工人很难适应这样的节奏。为从固定的周期中获得有限量的灵活性，就必须在自动工位的前面安装合适的设备。图 6.20 所示为 3 种不同的设计方案。图 6.20(a)所示为在一台回转式装配机前面的手动工位处，连接一台具有较大数量的第二分度台，此分度台和装配机的分度装置按次序进行工作。工人将待处理件手工放在分度台的零件夹具内，然后装配机的移置机构将此零件移动放入装配机的夹具内。

在第二分度台内，排列一定数量的随行夹具，在手工放置零件和自动移置零件之间就形成了一定的缓冲效应，工人在工作节奏上可得到一定的自由度。

如果手工处理的零件能通过输送带由移置机构输送到取出点而不会改变已排列的位置，那么装配机前面安装输送带即可不受节奏约束，工人即可由于缓冲效应而得到一定程度的自由度。如图 6.20(b)所示，在手工放置零件的操作点和装配机的自动移置零件之间有缓冲区。如图 6.20(c)所示，工人将堆积的零件排列在槽式料斗内，为获得缓冲效应，在一台旋转装置上排列两个槽式料斗。满载的料斗位置向着装配机，其中的零件由装配机的移置机构从槽式料斗底部取出并放在装配机的工件夹具内；空料斗面向工人操作位置，工人在空料斗内排列零件。当面向装配机料斗的零件被取完后，旋转装置启动，将两个料斗换位。

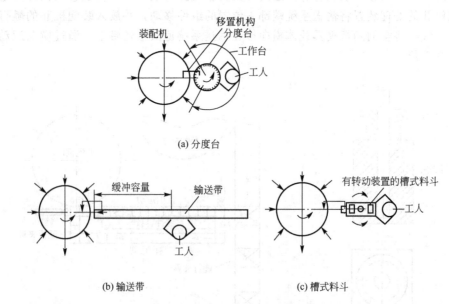

图 6.20 自动装配机中零件手动供应的不同设计方案

2. 手工装配工作点

联动零件或高度弯曲零件等的装配操作很困难，如果它们不能在自动工位上的循环时间内完成，那么就必须在装配机外边进行手工操作。所需的手工装配点，最适合于并在联合各装配机的输送系统中。如图 6.21 所示,此种工件只能借助于随行夹具输送,假如装配机循环时间为 3s,而手工装配点的工作量为 9s,那么在输送系统中应包含 3 个并列的手工工位。

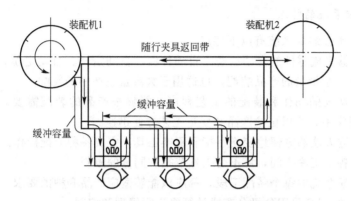

图 6.21　3 个并列的手工工位与带随行夹具的双输送系统

6.5　柔性装配系统

6.5.1　柔性装配系统的组成

产品更新周期缩短、批量减小、品种增多,要求自动装配系统具有柔性响应,进而出现了柔性装配系统(Flexible Assembly System,FAS)。柔性装配系统具有相应的柔性,可对某一特定产品的变型产品按程序编制的随机指令进行装配,也可根据需要增加或减少一些装配环节,在功能、功率和几何形状允许范围内,最大限度地满足一簇产品的装配。

柔性装配系统由装配机器人系统和外围设备构成。外围设备包括灵活的物料搬运系统、零件自动供料系统、工具(手指)自动更换装置及工具库、视觉系统、基础件系统、控制系统和计算机管理系统等。柔性装配系统能自动装配中小型、中等复杂程度的产品,如电动机、水泵、齿轮箱等,特别适应于中、小批量产品的装配,可实现自动装卸、传送、检测、装配、监控、判断、决策等功能。

6.5.2　基本形式及特点

1. 柔性装配系统的基本形式

柔性装配系统通常有两种形式:一种是模块积木式柔性装配系统;另一种是以装配机器人为主体的可编程柔性装配系统。柔性装配系统按其结构又可分为以下 3 种:

(1) 柔性装配单元(Flexible Assemble Cell,FAC)。这种单元借助一台或多台机器人,在一个固定工位上按照程序来完成各种装配工作。

(2) 多工位的柔性同步系统。这种系统各自完成一定的装配工作,由传送机构组成固定或专用的装配线,采用计算机控制,各自可编程序和可选工位,因而具有柔性。

(3) 组合结构的柔性装配系统。这种结构通常要具有 3 个以上装配功能,是由装配所需的设备、工具和控制装置组合而成,可封闭或置于防护装置内。例如,安装螺钉的组合机构是由装在箱体里的机器人送料装置、导轨和控制装置组成,可以与传送装置连接。

2. 柔性装配系统的特点

总体来说,柔性装配系统有以下特点。

(1) 系统能够完成零件的自动运送、自动检测、自动定向、自动定位、自动装配等作业,既适用于中、小批量的产品装配,也适用于大批量生产中的装配。

(2) 装配机器人的动作和装配的工艺程序,能够按产品的装配需要,迅速编制成软件,存储在数据库中,所以更换产品和变更工艺方便迅速。

(3) 装配机器人能够方便地变换手指和更换工具,完成各种装配操作。

(4) 装配的各个工序之间,可不受工作节拍和同步的限制。

(5) 柔性装配系统的每个装配工段,都应该能够适应产品变种的要求。

(6) 大规模的 FAS 采用分级分布式计算机进行管理和控制。

图 6.22 所示为一个有代表性的 FAS 分级计算机管理与控制系统框图。柔性装配单元配有一台或多台装配机器人,在一个固定工位上按照程序来完成各种装配工作,FAC 是 FAS 的组成部分,也可以是小型的 FAS。FAC 计算机控制和协调所管理的各种自动化设备,对进入该单元的零件进行自动识别。全部末级自动化设备均由各自的微型计算机进行控制,它们的运行实况和生产量由若干微型计算机进行监控和采集。当生产过程改变时,FAC 计算机向各自动化设备微型机输送新的作业程序。

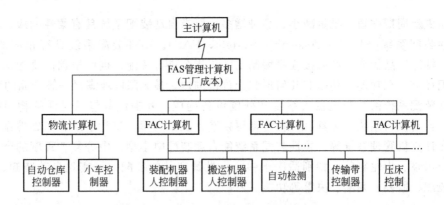

图 6.22 FAS 分级计算机管理与控制系统

严格说来,只有手工装配才是柔性的,而机器人模拟人的手工技巧和感观智能进行自动装配都只能达到一定的限度,人的手臂能实现大约 50 个自由度,而装配机器人在实际应用中只有 4~6 个自由度,所以 FAS 的柔性还是有限度的。装配是一项复杂的工作,有些情况下还需要人的参与,人作为生产元素,主要体现在管理、检查和设计环节中。

6.5.3 柔性装配系统应用实例

装配机器人是柔性装配系统中的主要部分,选择不同结构的机器人可以组成适应不同装配任务的柔性装配系统。

图 6.23 所示为用于电子元件等小部件装配的柔性装配系统。工件托盘是圆柱形的塑料块，塑料块中有一块永久磁铁。借助磁铁的吸力，工件托盘可以被传送钢带带着走，如发生堵塞，工件托盘则在钢带上打滑，利用这一点就形成了一个小的缓冲仓。

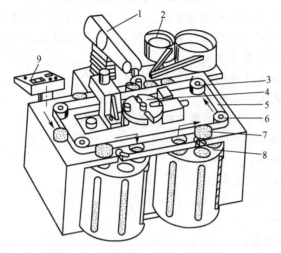

图 6.23 小部件装配的柔性装配系统

1—装配机器人；2—供料器；3—传动辊；4—抓钳库或工具库；5—传送带；
6—导辊；7—工件托盘；8—鼓形储备仓；9—操作台

在装配工位上，工件托盘可以用一个销子准确地定位。工件托盘可以由一鼓形的储备仓供给。钢带可以在两个方向运动（即托盘的运动）。配合件可以由外部设备（例如振动送料器）供应。在这样的装配系统上，根据装配工艺的需要，也可以配置多台机器人。

为了实现印制电路板的自动化装配，开发了许多种装配机（有些使用机器人，有些没有使用机器人）。有些是高度专用化的，可以达到很高的工作效率；另外一些考虑到适应不同装配任务的需要而具有较高的可调性。图 6.24 所示是一种结构变种，这种结构方式的特点是机器都作直角坐标运动，在一个装配间里可以平行安置若干台机器人协同工作，机器人可以作为一个功能模块来更换。

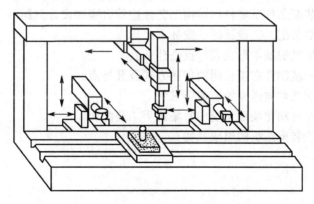

图 6.24 印刷电路板的柔性装配系统

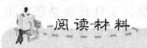

柔性数字化装配技术在飞机中的应用

飞机柔性装配是指一套装配工装(装配型架)能够完成两个或两个以上产品装配作用的制造技术,它以数字化和自动化为依托,能更好更快地实现产品的装配任务,提高产品装配的质量,缩短产品工装的设计和制造周期。飞机柔性装配的关键技术如下所示。

(1) 飞机数字化设计及制造技术。
(2) 装配工装定位柔性化技术。
(3) 装配工装装夹柔性化技术。
(4) 适合装配工装尺寸调整的柔性化结构设计技术。
(5) 复杂曲面的数字识别技术。
(6) 计算机编程技术。
(7) CAD/CAM/CAE 技术。
(8) 多轴系统控制技术。
(9) 自动钻孔技术。
(10) 自动铆接技术等。

这些技术基本是成熟的现有技术,柔性化装配是对现有技术以适应飞机柔性制造工艺为目的的技术集成和发展,是现有技术在飞机装配中的应用。这种技术的集成不是简单的相加,而是有机地相互匹配和优化。集成后飞机柔性装配系统具有全新的功能、全新的性能指标和评估标准。因此,数字化柔性装配技术在飞机制造业中起到了至关重要的作用。

资料来源:李雷. 柔性数字化装配技术在飞机中的应用 [J]. 电脑编程技巧与维护,2012.20:18

复习思考题

6-1 简述装配自动化的发展概况。
6-2 什么是产品结构工艺性,它对自动装配的实现有何影响?
6-3 在自动装配条件下零件的结构工艺性应符合哪些设计原则?
6-4 简述自动装配工艺设计的一般要求。
6-5 自动装配机的基本形式及特点是什么?
6-6 试述装配基础件在工位间的传送方式及其特点。
6-7 自动装配线对输送系统有何要求?
6-8 为什么在自动化装配系统中常集成手工装配?
6-9 试述柔性装配系统的组成及特点。

第7章 自动化制造的控制系统

本章教学要点

知识要点	掌握程度	相关知识
机械制造自动化控制系统的分类	掌握以自动控制形式、参与控制方式、调节规律分类的内容	针对受控对象实际情况选择控制类型
顺序控制系统	掌握计算机可编程序控制器；熟悉固定程序继电器控制、组合式逻辑顺序控制	继电器的逻辑控制功能；组合式逻辑顺序控制系统组成、可编程控制器的应用
计算机数字控制系统	熟悉计算机数字控制系统的组成、功能和应用	开放式数控系统的3种途径；CNC控制系统的应用
自适应控制系统	掌握自适应控制的含义；熟悉自适应控制的基本内容与分类	系统的稳定性、收敛性和鲁棒性；自适应控制系统的应用
DNC控制系统	掌握DNC的含义；熟悉DNC的发展状况	DNC的特点；DNC的应用场合
多级分布式计算机控制系统	掌握系统的含义；熟悉系统的结构	分布式控制系统的特点；第四代DCS的技术特点

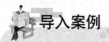 **导入案例**

自动化成套系统是大型装备的"灵魂"

中国工程院院士孙优贤指出,我国对许多大型设备,如大型综合机床、大型工程机械、大型矿山装备、大型冶金装备、大型化工装备等,都有相当的制造能力,但缺乏与之配套的自动化成套系统。业内专家表示,我国需要从以下几个方面推进高端工业自动化技术产业化。

第一,构建高端工业自动化硬件平台,提高新一代主控系统产品质量。

第二,构建高端工业自动化信息集成平台,提高和扩大综合自动化系统的应用深度和广度。

第三,面向大型工业过程瓶颈制约的关键装置、关键性控制与优化系统。

第四,面向"三高"治理的成套专用控制装置和专用优化系统。

第五,特种高端工业自动化技术——机器人。

资料来源:http://bbs.hc360.com/thread-2568175-1-1.html,2012

在自动化制造系统中,为了实现机械制造设备、制造过程及管理和计划调度的自动化,就需要对这些控制对象进行自动控制。作为自动化制造系统的子系统——自动化制造的控制系统,它是整个系统的指挥中心和神经中枢,根据制造过程和控制对象的不同,先进的自动化制造系统多采用多层计算机控制的方法来实现整个制造过程及制造系统的自动化制造,不同层次之间可以采用网络化通信的方式来实现。

7.1 机械制造自动化控制系统的分类

机械制造自动化控制系统有多种分类方法,比如,根据机械制造的控制系统发展分为机械传动的自动控制、液压传动的自动控制、继电接触器自动控制、计算机控制等;根据机械制造的控制系统应用范围分为局部部件控制、单机控制、多机联合控制、网络化多层计算机控制等。这里主要介绍以自动控制形式分类、以参与控制方式分类和以调节规律分类3种分类方法。

7.1.1 以自动控制形式分类

1. 计算机开环控制系统

若控制系统的输出对生产过程能行使控制,但控制结果——生产过程的状态没有影响计算机控制的系统,其中计算机、控制器、生产过程等环节没有构成闭合回路,则称之为计算机开环控制系统。若生产过程的状态没有反馈给计算机,而是由操作人员监视生产过程的状态并决定着控制方案,使计算机行使其控制作用,这种控制形式称为计算机开环控制。

2. 计算机闭环控制系统

若计算机对生产对象或生产过程进行控制时,生产过程状态能直接影响计算机控制系统，称之为计算机闭环控制系统。其控制计算机在操作人员监视下，自动接受生产过程的状态检测结果，计算并确定控制方案，直接指挥控制部件(器)的动作，行使控制生产过程作用。在这样的系统中，控制部件按控制机发来的控制信息对运行设备进行控制，另一方面运行设备的运行状态作为输出，由检测部件测出后，作为输入反馈给控制计算机，从而使控制计算机、控制部件、生产过程、检测部件构成一个闭环回路，这种控制形式称为计算机闭环控制。计算机闭环控制系统利用数学模型设置生产过程最佳值与检测结果反馈值之间的偏差，控制生产过程运行在最佳状态。

3. 在线控制系统

只要计算机对受控对象或受控生产过程能够行使直接控制，不需要人工干预的，都称之为计算机在线控制或联机控制系统。在线控制系统可以分为在线实时控制和分时方式控制。计算机实时控制系统是指一种在线实时控制系统，对被控对象的全部操作(信息检测和控制信息输出)都是在计算机直接参与下进行的，无需管理人员干预；计算机分时方式控制是指直接数字控制系统是按分时方式进行控制的，按照固定的采样周期对所有的被控制回路逐个进行采样，多次计算并形成控制输出，以实现一个计算机对多个被控回路的控制。

4. 离线控制系统

计算机没有直接参与控制对象或受控生产过程，它只完成受控对象或受控过程的状态检测，并对检测的数据进行处理，而后制定出控制方案，输出控制指示，然后操作人员参考控制指示，进行人工手动操作，使控制部件对受控对象或受控过程进行控制，这种控制形式称为计算机离线控制系统。

5. 实时控制系统

计算机实时控制系统是指当受控对象或受控过程在请求处理或请求控制时，其控制机能及时处理并进行控制的系统。实时控制系统通常用在生产过程是间断进行的场合，只有进入过程才要求计算机进行控制。计算机一旦进行控制，就要求计算机对来自生产过程的信息在规定的时间内做出反应或控制，这种系统常使用完善的中断系统和中断处理程序来实现。

综上所述，一个在线系统并不一定是实时系统，但是一个实时系统必定是一个在线系统。

7.1.2 以参与控制方式分类

1. 直接数字控制系统

由控制计算机取代常规的模拟调节仪表而直接对生产过程进行控制的系统，称为直接数字控制(Direct Digital Control，DDC)系统。受控的生产过程的控制部件接受的控制信号可以通过控制机的过程输入/输出通道中的数/模(D/A)转换器，将计算机输出的数字控制量转换成模拟量，输入的模拟量也要经控制机的过程输入/输出通道的模/数(A/D)转换器转换成数字量进入计算机。

DDC控制系统中常使用小型计算机或微型机的分时系统来实现多个点的控制功能，

实际上是属于用控制机离散采样，实现离散多点控制。DDC 计算机控制系统已成为当前计算机控制系统中的主要控制形式之一。

DDC 控制的优点是灵活性大、可靠性高和价格便宜，能用数字运算形式对若干个回路甚至数十个回路的生产过程，进行比例—积分—微分（PID）控制，使工业受控对象的状态保持在给定值，偏差小且稳定，而且只要改变控制算法和应用程序便可实现较复杂的控制，如前馈控制和最佳控制等。一般情况下，DDC 控制常作为更复杂的高级控制的执行级。

2. 计算机监督控制系统

计算机监督控制系统（Supervisory Computer Control，SCC）是利用计算机对工业生产过程进行监督管理和控制的计算机控制系统。监督控制是一个二级控制系统，DDC 计算机直接对被控对象和生产过程进行控制，其功能类似于 DDC 直接数字控制系统。直接数字控制系统的设定值是事先规定的，但监督控制系统可以通过对外部信息的检测，根据当时的工艺条件和控制状态，按照一定的数学模型和优化准则，在线计算最优设定值，并及时送至下一级 DDC 计算机，实现自适应控制，使控制过程始终处于最优状态。直接影响计算机监督控制效果优劣的首先是它的数学模型，为此要经常在运行过程中改进数学模型，并相应修改控制算法和应用控制程序。

3. 计算机多级控制系统

计算机多级控制系统是按照企业组织生产的层次和等级配置多台计算机来综合实施信息管理和生产过程控制的数字控制系统。通常，计算机多级控制系统由直接数字控制系统、计算机监督控制系统和管理信息系统 3 部分组成。

（1）直接数字控制系统（DDC）。位于多级控制系统的最末级，其任务是直接控制生产过程，实施多种控制功能，并完成数据采集、报警等功能。直接数字控制系统通常由若干台小型计算机或微型计算机构成。

（2）监督控制系统（SCC）。是多级控制系统的第二级，指挥直接数字控制系统的工作，在有些情况下，监督控制系统也可以兼顾一些直接数字控制系统的工作。

（3）管理信息系统（MIS）。主要进行计划和调度，指挥监督控制系统工作。按照管理范围还可以把管理信息系统分为若干个等级，如车间级、工厂级、公司级等。管理信息系统的工作通常由中型计算机或大型计算机来完成。

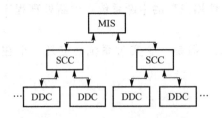

图 7.1 计算机多级控制系统示意图

多级控制系统的示意图如图 7.1 所示。

4. 集散控制系统

在计算机多级控制系统的基础上发展起来的集散控制系统是生产过程中的一种比较完善的控制和管理系统。集散控制系统（Distributed Control Systems，DCS），是由多台计算机分别控制生产过程中多个控制回路，同时又可集中获取数据和集中管理的自动控制系统。

集散控制系统采用微处理器分别控制各个回路，而用中小型工业控制计算机或高性能的微处理机实现上一级的控制,各回路之间和上下级之间通过高速数据通道交换信息。集散控制系统具有数据获取、直接数字控制、人机交互以及监督和管理等功能。

在集散控制系统中,按地区把微处理机安装在测量装置与执行机构附近,将控制功能尽可能分散,管理功能相对集中。这种集散化的控制方式会提高系统的可靠性,不像在直接数字控制系统中,当计算机出现故障时会使整个系统失去控制。在集散控制系统中,当管理级出现故障时,过程控制级仍有独立的控制能力,个别控制回路出现故障也不会影响全局。相对集中的管理方式有利于实现功能标准化的模块化设计,与计算机多级控制相比,集散控制系统在结构上更加灵活,布局更加合理,成本更低。

集散控制系统通常可分为两层结构模式、3层结构模式和4层结构模式。图7.2所示给出了两层结构模式的集散控制系统的结构形式。第一层为前端机,也称下位机、直接控制单元。前端机直接面对控制对象完成实时控制、前端处理功能。第二层称为中央处理机,又称上位机,完成后续处理功能。中央处理机不直接与现场设备打交道,即使中央处理机失效,设备的控制功能依旧能得到保证。在前端计算机和中央处理机间再加一层中间层计算机,便构成了3层结构模式的集散控制系统。4层结构模式的集散控制系统中,第一层为直接控制级,第二层为过程管理机,第三层为生产管理机,第四层为经营管理级。集散控制系统具有硬件组装积木化、软件模块化、控制系统组态化、通信网络化以及具有开放性、可靠性等特点。

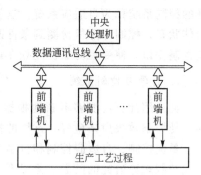

图7.2 二层结构模式的集散控制系统示意图

7.1.3 以调节规律分类

1. 程序控制

如果计算机控制系统是按照预先编制的固定程序进行自动控制,则这种控制称为程序控制。例如,炉温按照一定的时间曲线进行控制称为程序控制。

2. 顺序控制

在程序控制的基础上产生了顺序控制。计算机如能根据随时间推移所确定的对应值和此刻以前的控制结果两方面情况行使对生产过程的控制,则称之为计算机的顺序控制。

3. 比例—积分—微分PID控制

常规的模拟调节仪表可以完成PID控制,用微型计算机也可以实现PID控制。

4. 前馈控制

通常的反馈控制系统中,由干扰造成了一定后果后才能反馈过来产生抑制干扰的控制作用,因而产生滞后控制的不良后果。为了克服这种滞后的不良控制,当计算机接受干扰信号后,在还没有产生后果之前插入一个前馈控制作用,使其刚好在干扰点上完全抵消干扰对控制变量的影响,这种控制称为前馈控制,又称为扰动补偿控制。

5. 最优控制（最佳控制）系统

控制计算机如有使受控对象处于最佳状态运行的控制系统，则称之为最佳控制系统。此时计算机控制系统在现有的限定条件下，恰当选择控制规律（数学模型），使受控对象运行指标处于最优状态，如产量最大、消耗最少、质量合格率最高、废品率最少等。最佳状态是由定出的数学模型确定的，有时是在限定的某几种范围内追求单项最好指标，有时是要求综合性最优指标。

6. 自适应控制系统

上述的最佳控制，当工作条件或限定条件改变时，就不能获得最佳的控制效果了。如果在工作条件改变的情况下，仍然能使控制系统对受控对象进行控制而处于最佳状态，这样的控制系统称为自适应系统。这就要求数学模型体现出在条件改变的情况下，如何达到最佳状态，控制计算机检测到条件改变的信息，按数学模型给出的规律进行计算，用以改变控制变量，使受控对象仍能处在最好状态。

7. 自学习控制系统

如果用计算机能够不断地根据受控对象运行结果积累经验，自行改变和完善控制规律，使控制效果愈来愈好，这样的控制系统称为自学习控制系统。

最优控制、自适应控制和自学习控制都涉及多参数、多变量的复杂控制系统，都属于近代控制理论研究的问题。系统稳定性的判断，多种因素影响控制的复杂数学模型研究等，都必须有生产管理、生产工艺、自动控制、检测仪表、程序设计、计算机硬件各方面人员相互配合才能得以实现。应根据受控对象要求反应时间的长短、控制点数的多少和数学模型的复杂程度来决定所选用的计算机规模，一般来说需要功能（速度与计算功能）很强的计算机才能实现。

上述诸种控制既可以是单一的，也可以是几种形式结合的，并对生产过程实现控制。这要针对受控对象的实际情况，在系统分析、系统设计时确定。

7.2 顺序控制系统

顺序控制是指按预先设定好的顺序使控制动作逐次进行的控制，目前多用成熟的可编程序控制器来完成顺序控制。在机械制造自动化控制系统中，顺序控制经历了固定程序的继电器控制、组合式逻辑顺序控制和计算机可编程序控制器3个阶段。

7.2.1 固定程序的继电器控制系统

一般来说，继电器控制系统的主要特点是，利用继电器接触器的动合触点（用K表示）和动断触点的串、并联组合来实现基本的"与"、"或"、"非"等逻辑控制功能。

图7.3所示为"与"、"或"、"非"逻辑控制图。由图可见，触点的串联叫做"与"控制，如K_1与K_2都动作时K才能得电；触点的并联叫做"或"控制，如K_1与K_2有一个动作K就得电；而动合触点K_2与动断触点K_1互为相反状态，叫做"非"控制。

在继电控制系统中，还常常用到时间继电器（例如延时打开、延时闭合、定时工作等），有时还需要其他控制功能，例如计数等。这些都可以用时间继电器及其他继电器的"与"、"或"、"非"触点组合加以实现。

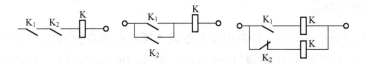

图 7.3　基本"与"、"或"、"非"逻辑控制图

7.2.2　组合式逻辑顺序控制系统

若要克服继电接触器顺序控制系统程序不能变更的缺点，同时使强电控制的电路弱电化，只需将强电换成低压直流电路，再增加一些二极管构成所谓的矩阵电路即可实现。这种矩阵电路的优点在于：一个触点变量可以为多个支路所公用，而且调换二极管在电路中的位置能够方便地重组电路，以适应不同的控制要求。这种控制器一般由输入、输出、矩阵板（组合网络）3 部分组成。其结构框图如图 7.4 所示。

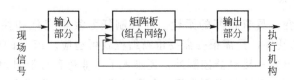

图 7.4　矩阵控制系统结构框图

（1）输入部分。主要由继电器组成，用来反映现场的信号，例如来自现场的行程开关、按钮、接近开关、光电开关、压力开关以及其他各种检测信号等，并把它们统一转换成矩阵板所能接受的信号送入矩阵板。

（2）输出部分。主要由输出放大器和输出继电器组成，主要作用是把矩阵送来的电信号变成开关信号，用来控制执行机构。执行机构（如接触器、电磁阀等）是由输出继电器动合触点来控制的。同时，输出继电器的另一对动合触点和动断触点作为控制信号反馈到矩阵板上，以便编程中需要反馈信号时使用。

（3）矩阵板组合网络。矩阵板及二极管所组成的组合网络用来综合信号，对输入信号和反馈信号进行逻辑运算，实现逻辑控制功能。

一般而言，组合式逻辑顺序控制器，都是以"与"、"或"、"非"组合的基本控制单元形式的组合网络为主体，与输入输出及中间元件、时间元件相配合，按程序完成规定的动作，如电磁阀的启动、电动机的起停等，或控制各动作量，如控制位移、时间及有关参量等。

组合式逻辑顺序控制器的设计，需要首先对被控制对象，包括整个生产过程的运行方式、信号的取得、整个过程的动作顺序、与相关设备的联系以及有无特殊要求等，做全面的了解。其次，对被采用的控制装置的控制原理、技术性能指标、扩展组合的能力（例如输入、输出功能、时间单元特性、计数功能等）也要有充分的了解，然后在此基础上进行设计。其设计方法主要有两种：一种是根据生产工艺要求，采用一般强电控制即继电接触器控制线路的设计方法,其步骤是先写出逻辑式,然后根据逻辑式画矩阵图;第二种方法是根据工艺流程画出动作顺序流程图,由流程图再编写逻辑代数式,最后画二极管矩阵图。

7.2.3 可编程序控制器

可编程序控制器是针对传统的继电器控制设备所存在的维护困难、编程复杂等缺点而产生的。最初,可编程逻辑控制器(Programmable Logic Controller,PLC)主要用于顺序控制,虽然采用了计算机的设计思想,但实际上只能进行逻辑运算。

随着计算机技术的发展,可编程逻辑控制器的功能不断扩展和完善,其功能远远超出了逻辑控制、顺序控制的范围,具备了模拟量控制、过程控制以及远程通信等强大功能,所以美国电气制造商协会(NEMA)将其正式命名为可编程控制器(Programmable Controller),简称 PC。但是为了和个人计算机(Personal Computer)的简称 PC 相区别,人们常常把可编程控制器仍简称为 PLC。

PLC 是一种以微处理器为核心的新型控制器,主要用于自动化制造系统底层设备的控制,如加工中心换刀机构、工件运输设备、托盘交换装置等的控制,属设备控制层。

1. PLC 的主要特点

(1) 控制程序可变,具有很好的柔性。在控制任务发生变化和控制功能扩展的情况下,不必改变 PLC 的硬件,只需根据需要重新编程就可适应。PLC 的应用范围不断扩大,除了代替硬接线的继电器—接触器控制外,还进入了工业过程控制计算机的应用领域,从自动化单机到自动化制造系统都得到应用,如数控机床、工业机器人、柔性制造单元、柔性制造系统、柔性制造线等。

(2) 工作可靠性高,适用于工业环境。PLC 产品平均无故障时间一般可达 5 年以上,它经得起振动、噪声、温度、湿度、粉尘、磁场等的干扰,是一种高度可靠的工业产品,可直接应用于工业现场。

(3) 功能完善。早期的 PLC 仅具有逻辑控制功能,现代的 PLC 具有数字和模拟量输入和输出、逻辑和算术运算、定时、计数、顺序控制、PID 调节、各种智能模块、远程 I/O 模块、通信、人—机对话、自诊断、记录和图形显示等功能。

(4) 易于掌握,便于修改。PLC 使用编程器进行编程和监控,使用人员只需要掌握工程上通用的梯形图语言(或语词表、流程图)就可进行用户程序的编制和调试。即使不太懂计算机的操作人员也能掌握和使用。PLC 有完善的自诊断功能、输入/输出均有明显的指示,在线监控的软件功能很强,能很快查出故障的原因,并能迅速排除故障。

(5) 体积小,省电。与传统的控制系统相比,PLC 的体积很小,一台收录机大小的 PLC 相当于 1.8m 高的继电器控制柜的功能,PLC 消耗的功率只是传统控制系统的 1/3~1/2。

(6) 价格低廉。随着集成电路芯片功能的提高和价格的降低,PLC 的硬件价格也在不断下降,PLC 的软件价格所占的比重在不断提高。但由于使用 PLC 减少了设计、编程和调试费用,总的费用还是低廉的,而且还呈不断下降的趋势。

2. PLC 的应用

图 7.5 所示是用 PLC 控制托盘交换工作台工作的示意图。用 PLC 控制托盘交换工作

台的动作。闭合开关 Sl 启动输送带 Ml，托盘从倾斜的轨道进入输送带。若行程开关 S2 动作，输送带 Ml 停止，并且使气动升降台向上移动；如果开关 S4 动作，向上移动停止，输送带 M1 和 M2 都启动。如果开关 S5 动作，两条输送带都停止，升降台向下移动，直至行程开关 S3 动作。开关 S0 用于整个设备的接通和断开。

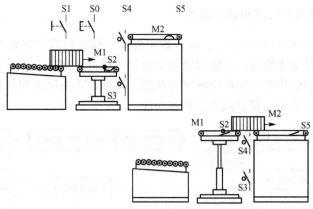

图 7.5　PLC 控制托盘交换工作台工作的示意图

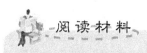

浅析 PLC 的应用及前景

PLC 的应用范围极为广泛，特别在工程方面发挥着不可替代的作用。在全球工业计算机控制领域，围绕开放与再开放过程控制系统、开放式过程控制软件、开放性数据通信协议，已经发生巨大变革，几乎到处都有 PLC。它为自动化控制应用提供了安全可靠和比较完善的解决方案，适合于当前工业企业对自动化的需要。

PLC 的未来将以下面几个重点作为发展方向。
(1) 人机界面更加友好。
(2) 网络通讯能力大大加强。
(3) 开放性和互操作性大大发展。
(4) PLC 的功能进一步增强。
(5) 工业以太网的发展对 PLC 有重要影响。

资料来源：科技资讯，2005

7.3　计算机数字控制系统

计算机数字控制，简称 CNC(Computer Numerical Control)，主要是指机床控制器，属设备控制层。CNC 是在硬件数控 NC 的基础上发展起来的，它在计算机硬件的支持下，由软件实现数控的部分或全部功能。为了满足不同控制要求，只需改变相应软件，无需改变硬件电路。微型计算机是 CNC 的核心，外围设备接口电路通过总线(BUS)和 CPU 连接。现代 CNC 对外都具有通信接口,如 RS232,先进的 CNC 对外还具有网络接口。CNC 具有较大容量存储器,可存储一个或多个零件数控程序。CNC 相对于硬件数控 NC 具有较高的通用性和柔性、易于实现多功能和复杂程序的控制、工作可靠、维修方便、具有通信接口、便于集成等特点。

7.3.1 CNC 机床数控系统的组成及功能

CNC 机床数控系统由输入程序、输入输出设备、计算机数字控制装置、可编程控制器(PLC)、进给伺服驱动装置、主轴伺服驱动装置等组成,如图 7.6 所示。数控系统的核心是 CNC 装置。CNC 装置采用存储程序的专用计算机,它由硬件和软件两部分组成,软件在硬件环境支持下完成一部分或全部数控功能。

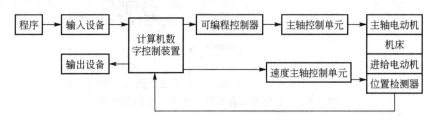

图 7.6 CNC 数控系统的组成

CNC 装置的主要功能如下。

(1) 运动轴控制和多轴联动控制功能。

(2) 准备功能。即用来设定机床动作方式,包括基本移动、程序暂停、平面选择、坐标设定、刀具补偿、固定循环等。

(3) 插补功能。包括直线插补、圆弧插补、抛物线插补等。

(4) 辅助功能。即用来规定主轴的启停、转向,冷却润滑的通断、刀库的启停等。

(5) 补偿功能。包括刀具半径补偿、刀具长度补偿、反向间隙补偿、螺距补偿、温度补偿等。

此外,还有字符图形显示、故障诊断、系统通信、程序编辑等功能。

数控系统中的 PLC 主要用于开关量的输入和控制,包括控制面板的输入、机床主轴的停启与换向、刀具的更换、冷却润滑的启停、工件的夹紧与松开、工作台分度等开关量的控制。

7.3.2 实现开放式 CNC 数控系统的途径

数控系统越来越广泛地应用到各种控制领域,同时也不断地对数控系统软硬件提出了新的要求,其中较为突出的是要求数控系统具有开放性,以满足数控系统技术的快速发展和用户自主开发的需要。

采用 PC 微机开发开放式数控系统已成为数控系统技术发展的主流,这也是国内外开放式数控系统研究的一个热点。实现基于 PC 微机的开放式数控系统有如下 3 种途径。

(1) PC 机+专用数控模板。即在 PC 机上嵌入专用数控模板,该模板具有位置控制功能、实时信息采集功能、输入输出接口处理功能和内装式 PLC 单元等。这种结构形式使整个系统可以共享 PC 机的硬件资源,利用其丰富的支撑软件可以直接与网络和 CAD/

CAM 系统连接。与传统 CNC 系统相比，它具有软硬件资源的丰富性、透明性和共享性，便于系统的升级换代。然而，这种结构形式的数控系统的开放性只限于 PC 微机部分，其专用的数控部分仍处于封闭状态，只能说是有限的开放。

(2) PC 机＋运动控制卡。这种基于开放式运动控制卡的系统结构是以通用微机为平台，以 PC 机标准插件形式的开放式运动控制卡为控制核心。通用 PC 机负责如数控程序编辑、人机界面管理、外部通信等功能，运动控制卡负责机床的运动控制和逻辑控制。这种运动控制卡以子程序的方式解释并执行数控程序，以 PLC 子程序完成机床逻辑量的控制；支持用户的二次开发和自主扩展，既具有 PC 微机的开放性，又具有专用数控模块的开放性，可以说具有上、下两级的开放性。这种运动控制卡是以美国 Delta Tau 公司的 PMAC(Programmable Multi‐Axis Controller)多轴运动卡为典型代表，它拥有自身的 CPU，同时开放包括通信端口、存储结构在内的大部分地址空间，具有灵活性好、功能稳定、可共享计算机所有资源等特点。

(3) 纯 PC 机型。即全软件形式的 PC 机数控系统。这类系统目前正处于探索阶段，还未能形成产品，但它代表了数控系统的发展方向。

7.3.3　CNC 控制系统的应用

图 7.7 所示为采用 PCI‐8134 运动控制卡的伺服进给装置及控制系统结构图，它主要由计算机控制系统、PCI‐8134 运动控制卡、AC 伺服电机系统和外围辅助电路 4 部分组成。

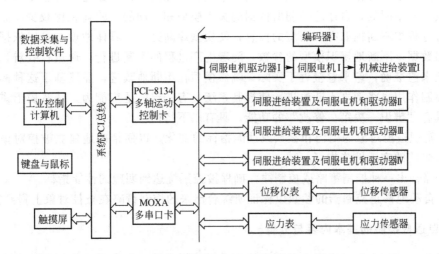

图 7.7　伺服进给装置及控制系统结构图

(1) 计算机控制系统。主要由控制计算机和控制软件组成。在数控设备伺服进给控制系统中，计算机主要承担控制器作用，在控制软件的运行管理下，实现对控制对象的状态采集、分析，根据采用的控制规律发出各种运行命令，完成其他各种信息处理和管理工作；控制软件在伺服进给控制系统中起着灵魂作用，它关系到整个控制系统的正常运转，而且可通过软件增加产品功能，提高系统柔性，提供友好的人机界面。

(2) PCI‐8134 运动控制卡。该卡是台湾 ADLINK 公司生产的具有 PCI 接口的 4 轴运动控制卡，能够产生高频率脉冲信号来驱动伺服电机，同时还能接收来自于机械传动机构末端增量编码器传送来的信号，从而可以纠正机械传动部分的位置误差。其核心部件是PCL5023大规模集成电路运动控制芯片，每片PCL5023与一些必要的辅助电路构成一个独立运动控制单元，可从硬件一级完成对伺服电机位置和速度的控制，控制精度高，性能可靠。

（3）AC伺服电机系统。由伺服电机本体、伺服电机驱动器、传感器和驱动控制线路等组成。该控制系统中采用松下伺服电机，采用位置控制方式。

（4）外围辅助电路。该部分主要包括开关按钮、变压器、空气开关及继电器等元件，用于给控制系统提供所需的交流电和直流电及便于操作者进行安全操作的电源开关。

7.4 自适应控制系统

7.4.1 自适应控制的含义

为了使控制对象参数在大范围内变化时，系统仍能自动地工作于最优或接近于最优的运行状态，这就提出了自适应控制问题。

自适应控制可简单地定义为：在系统工作过程中，系统本身能不断地检测系统参数或运行指标，根据参数的变化或运行指标的变化，改变控制参数或控制作用，使系统运行于最优或接近于最优工作状态。自适应控制与常规反馈控制一样，也是一种基于数学模型的控制方法，所不同的是自适应控制所依据的关于模型和扰动的先验知识比较少，需要在系统的运行过程中不断提取有关模型的信息，使模型逐渐完善。具体地说，可以依据对象的输入输出数据，不断地辨识模型的参数，随着生产过程的不断进行，通过在线辨识，模型会变得愈来愈准确，愈来愈接近于实际。既然模型在不断地改进，显然基于这种模型综合出来的控制作用也将随之不断改进，使控制系统具有一定的适应能力。从本质上讲，自适应控制具有"辨识—决策—修改"的功能，具有以下特征。

（1）辨识被控对象的结构和参数或性能指标的变化，以便精确地建立被控对象的数学模型，或当前的实际性能指标。

（2）综合出一种控制策略或控制律，确保被控系统达到期望的性能指标。

（3）自动地修正控制器的参数以保证所综合出来的控制策略在被控对象上得到实现。

7.4.2 自适应控制的基本内容与分类

自从20世纪50年代末期由美国麻省理工学院提出第一个自适应控制系统以来，先后出现过许多不同形式的自适应控制系统。到目前为止，比较成熟的自适应控制系统有两大类：模型参考自适应控制和自校正控制。前者由参考模型、实际对象、减法器、调节器和自适应机构组成调节器，力图使实际对象的特性接近于参考模型的特性，减法器形成参考模型和实际对象的状态或者输出之间的偏差，自适应机构根据偏差信号来校正调节器的参数或产生附加控制信号；后者主要由两部分组成，一个是参数估计器，另一个是控制器，参数估计器得到控制器的参数修正值，控制器计算控制动作。

自适应控制系统是一种非线性系统，因此在设计时往往要考虑稳定性、收敛性和鲁棒性3个主要内容。

(1) 稳定性。在整个自适应控制过程中,系统中的所有变量都必须一致有界。这里的变量不仅指系统的输入、输出和状态,而且还包括可调参数和增益等,这样才能保证系统的稳定性。

(2) 收敛性。算法的收敛性问题是一个十分重要的问题。对自适应控制来说,如果一种自适应算法被证明是收敛的,那该算法就有实际的应用价值。

(3) 鲁棒性。所谓自适应控制系统的鲁棒性,是指存在扰动和不确定性的条件下,系统保持其稳定性和性能的能力。如果能保持稳定性,则称系统具有稳定鲁棒性。如果还能保持一个可以接受的性能,则称系统具有性能鲁棒性。显然,一个有效的自适应控制系统必须具有稳定鲁棒性,也应当具有性能鲁棒性。

1. 模型参考自适应控制

所谓模型参考自适应控制,就是在系统中设置一个动态品质优良的参考模型,在系统运行过程中,要求被控对象的动态特性与参考模型的动态特性一致,例如要求状态一致或输出一致。典型的模型参考自适应系统如图 7.8 所示。

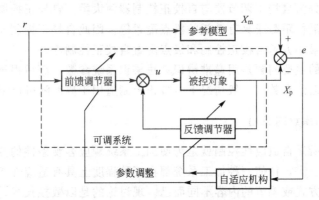

图 7.8 模型参考自适应控制系统

自适应控制的作用是使控制对象的状态 X_p 与理想的参考模型的状态 X_m 一致。当被控对象的参数变化或受干扰影响时,X_p 与 X_m 可能不一致,通过比较器得到误差向量 e,将 e 输入到自适应机构。自适应机构按照某一自适应规律调整前馈调节器和反馈调节器的参数,改变被控对象的状态 X_p,使 X_p 与 X_m 相一致,误差 e 趋近于零值,以达到自适应的要求。

在图 7.8 所示的模型参考自适应控制方案中参考模型和被控对象是并联的,因此这种方案称为并联模型参考自适应系统。在这种自适应控制方案中,由于被控对象的性能可与参考模型的性能进行直接比较,因而自适应速度比较快,也较容易实现。这是一种应用范围较广的方案。控制对象的参数一般是不能调整的,为了改变控制对象的动态特性,只能调节前馈调节器和反馈调节器的参数。控制对象和前馈调节器及反馈调节器一起组成一个可调整的系统,称之为可调系统,如图 7.8 中虚线所框的部分所示。有时为了方便起见就用可调系统方框来表示被控对象和前馈调节器及反馈调节器的组合。

除了并联模型参考自适应控制之外,还有串联模型参考自适应控制和串并联模型参考自适应控制。在自适应控制中一般都采用并联模型参考自适应控制。

以上是按结构形式对模型参考自适应控制系统进行分类,还有其他的分类方法。例如按自适应控制的实现方式(连续性或离散性)来分,可分为:①连续时间模型参考自适应系统;②离散时间模型参考自适应系统;③混合式模型参考自适应系统。

2. 自校正控制

自校正控制的基本思想是当系统受到随机干扰时,将参数递推估计算法与对系统运行指标的要求结合起来,形成一个能自动校正的调节器或控制器参数的实时计算机控制系统。首先读取被控对象的输入 $u(t)$ 和输出 $y(t)$ 的实测数据,用在线递推辨识方法,辨识被控对象的参数向量 θ 和随机干扰的数学模型。按照辨识求得的参数向量估值 $\tilde{\theta}$ 和对系统运行指标的要求,随时调整调节器或控制器参数,给出最优控制 $u(t)$,使系统适应于本身参数的变化和环境干扰的变化,处于最优的工作状态。典型的自校正控制方框图如图 7.9 所示。

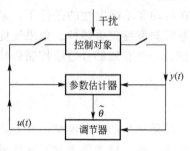

图 7.9　自校正控制方框图

自校正控制可分为自校正调节器与自校正控制器两大类。自校正控制的运行指标可以是输出方差最小、最优跟踪或具有希望的极点配置等。因此自校正控制又可分为最小方差自校正控制、广义最小方差自校正控制和极点配置自校正控制等。

设计校正控制的主要问题是用递推辨识算法辨识系统参数,而后根据系统运行指标来确定调节器或控制器的参数。一般情况下自校正控制适用于离散随机控制系统。

7.4.3　自适应控制系统的应用

在制造业中,所谓自适应性控制就是为使加工系统顺应客观条件的变化而进行的自动调节控制。从广义上讲,任何一种加工系统都在某种程度上具有适应性控制的功能,只是实现调节所采用的方式或调节的内容不同而已。现讨论的是以数控技术、传感器技术和计算机控制技术等为基础的适应性控制。图 7.10 所示为具有这种适应性控制功能的加工系统框图。

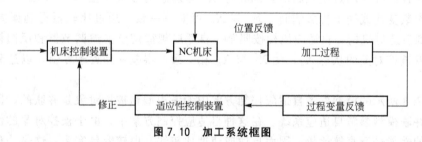

图 7.10　加工系统框图

由图 7.10 可知,这种系统中包括两种反馈系统:一种是闭环控制数控机床本身带有的位置环控制回路;另一种则是根据需要在加工过程中检测某些反映加工状态的过程变量信息,并将这种信息反馈给适应性控制装置,由其产生调节指令,以改变系统的某些功能与切削参数。而 NC 系统不需要进行任何人工干预便可使切削加工在合理状态下进行,不仅保证了较高的加工精度和产品质量,并且最大限度地发挥了机床的效能,降低了生产成本。

加工过程的适应性控制实际上是一种自适应控制,其控制机理是相当复杂的。究其原因在于自适应控制是一种非线性系统,对于加工过程这样一个复杂的非线性系统,要求其能正常工作的本质问题就是稳定。而目前尚不能设计出一个非线性系统对多变的加工过程的设计解始终是稳定的。反之,系统行为非常紧密地与参考信号及干扰相关,不同的参考信号有时可能获得截然不同的解。由此看来,能否建立一个一般的非线性稳定系统,需要继续深入研究。这是一个理论问题,也是一个实际问题。目前,人们的研究大多是在现有的适应性控制发展的基础上加上专家系统的人工智能手段,使自适应控制有个较好的基础。然而,或许只有从根本上改进自适应的机制(从仅有递推估计作为适应机制的初级状况中走出来),才能使适应性控制的发展跃上一个新的台阶。适应性控制的应用范围非常广泛,尤其适用于大型数控机床、IMS进行加工的场合及加工复杂的难切削材料的零件和加工切削条件不稳定的零件。因而,适应性控制始终是先进制造技术研究的一个重要分支。尽管它尚处于初级阶段,随着研究的深入,一定会有光明的前景。

7.5　DNC 控制系统

7.5.1　DNC 的含义与概念

直接数字控制或分布数字控制(Direct Numerical Control or Distributed Numerical Control,DNC)指的是将若干台数控设备直接连接在一台中央计算机上,由中央计算机负责 NC 程序的管理和传送,是车间自动化的重要组成形式。DNC 的研究始于 20 世纪 60 年代,最早的含义是直接数字控制,即计算机直接对数控设备进行控制和加工。随着数控系统的存储容量和计算速度的提高,数控设备具备一定的自我控制加工能力,DNC 就扩展了原有直接数字控制的功能使之具备系统信息收集、系统状态监视以及系统控制等功能。

近年来,数控技术、通信技术、控制技术、计算机技术、网络技术等新技术的发展,使 DNC 的内涵和功能不断扩大,与 20 世纪六七十年代的 DNC 相比已有很大区别,它开始着眼于车间的信息集成,提出了集成 DNC(简称 IDNC)的概念,如图 7.11 所示。

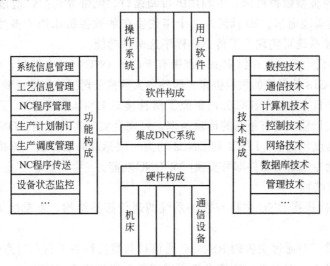

图 7.11　集成 DNC 系统的构成

集成DNC是现代化机械加工车间控制管理的一种模式,它以数控技术、通信技术、控制技术、计算机技术和网络技术等先进技术为基础,把与制造过程有关的设备(如数控机床等)与上层控制计算机集成起来,从而实现制造车间制造设备的集中控制管理以及制造设备之间、制造设备与上层计算机之间的信息交换。可以说,集成DNC是现代化机械加工车间实现设备集成、信息集成和功能集成的一种方法和手段,是未来车间自动化的重要模式,也是CIMS实现设备集成和信息集成的重要组成部分。集成DNC的内涵还可以从结构特征、功能特征和过程特征等几方面进一步描述。

(1) 结构特征。集成DNC系统是把与制造过程有关的设备(如数控机床等)、主控计算机和通信设施等按一定的结构和层次组合起来的一个整体。

(2) 功能特征。集成DNC系统通过集成DNC主机,实现对制造车间的数控机床等制造设备的集中控制管理,并可实现与上层计算机的信息集成,具有与CAD、CAPP、CAM、MRPⅡ等系统的信息接口。

(3) 过程特征。集成DNC系统只涉及与产品制造有关的活动,不包括市场分析、产品设计、工艺规划、检验出厂和销售服务等环节。

7.5.2 DNC系统研究国内外进展

国内外对DNC系统的研究主要集中于DNC通信装置和DNC系统的应用上。

1. DNC通信装置的研究

DNC通信装置不仅指能连接NC机床的硬件通信设备,而且还包括能与之进行信息交换的通讯技术、方法等。其研究的主要内容包括DNC接口、DNC通信结构及DNC通信技术等。

1) DNC接口

DNC接口从数控机床配置的类型看有无接口型、穿孔机接口型、纸带阅读机接口型、RS232C型、RS422/485型、DNC接口型、网络接口型以及新出现的现场总线接口型等。

不带串口的经济型数控机床,可利用纸带阅读口、纸带穿孔口,通过外接式通讯适配器与DNC计算机实现通信。20世纪八九十年代生产的数控机床绝大多数配有RS232C通讯接口,这类数控系统可实现上下传NC程序这两种功能。

20世纪90年代生产的数控机床很多都带有专门的DNC接口电路板,如具备FANUC0、FANUC7、FANUC18等系统的数控机床。国外各大数控公司都非常重视专用DNC通信接口软硬件的研究,如日本的FANUC公司研究了两种接口DNC1和DNC2。DNC1采用专用控制计算机同步方式传输,具有很高的传输速率,可完全实现实时控制;DNC2采用通用计算机异步方式传输速度稍低些。DNC1和DNC2均为一块标准的插件板,直接插入数控系统的总线插槽,再借助专用通信软件即可实现广义DNC功能。

2) DNC通信结构

DNC通信结构是指DNC主机与数控系统的通信拓扑结构,常见的DNC通讯结构有以下3种形式。

(1) 点对点式,即通过主机的RS232C通信口与数控设备进行点对点连接。

(2) 现场总线式,即主机与数控设备通过现场总线构成通信网络。

(3) 局域网式，即通过局域网将主机与数控设备连接起来。
3) DNC 通讯技术

DNC 通信技术不仅包括 DNC 主机与数控系统的通信，而且还包括 DNC 主机与上层控制计算机的通信。DNC 主机与数控系统的通信，常用的有串行通信技术、现场总线技术、局域网通信技术等。

DNC 主机与数控系统的通信采用最多的是串行通信，物理接口最常见的是 RS232C 串行通信接口，此外还有 RS422、RS485、RS511 等。这种方式存在通讯距离短、传输速度慢、可靠性差、只能实现点到点通信等问题，因而人们在对这种通信方式不断改进的基础上（如增加传输距离扩展通信口转换成其他串行接口标准等），还在积极地寻求其他通信方式，近年来出现了现场总线技术和计算机局域网通信技术。现场总线是一种适合于现场设备联网成本低、效益高、使用方便、实用性强、可靠性好的网络总线标准，被称为是一种将引发一场整个工业测控领域革命、引起产品全面更新换代的变革技术。

DNC 主机与上层控制计算机的通信以前主要是串行通信，随着网络技术的发展，现在主要采用计算机局域网技术。这部分的技术发展与网络技术的发展密切相关，主要有以太网和 MAP3.0（Manufacturing Automation Protocol 3.0，制造自动化协议）等。

2. DNC 应用系统的研究

DNC 应用系统一直是各国研究的重点。最早的 DNC 系统是美国 1968 年研制成功的 OMNI-CONTROL 系统和日本 1970 年研制成功的 COMPUTROL-45 系统。目前国外典型的 DNC 系统主要有美国 Automation Intelligence 公司的 SHOPNETDNC 系统、日本 FANUC 公司 20 世纪 90 年代推出的 DNC1 和 DNC2 系统。但各个厂家在实现 DNC 控制方面是不完全一样的，美国的 DNC 系统包括控制计算机，主要是通用计算机、DNC 装置、DNC 接口等。系统通过控制计算机联网，实现 DNC 控制，并配有相应的应用软件，包括通信软件、管理和监控软件等。而日本 FANUC 的 DNC（包括 DNC1、DNC2）系统完全实现总线结构，因而 DNC 实际上就是一块标准的插件板，用户只要将 DNC1 插入系统总线，就能实现系统与控制计算机以及更高层网络的通信，并实现 DNC 控制。欧、美、日等因开展 DNC 研究较早，其 DNC 系统具有数据传送、数据采集、工具管理、生产管理、CAD/CAPP/CAM 接口等全部功能，如美国 CRYSTAC 公司的 DNC 系统。

国内关于 DNC 系统的研究始于 20 世纪 70 年代后期，目前已研制的 DNC 系统主要如下：①数控工段集成管理系统。该系统由北京机床研究所研制，并在广东轻工业机械集团的数控分厂得到应用，其特点是研制了数控机床集成器，实现了车间的集成控制管理；②国家 CIMS/ERC 的 DNC 系统。该系统由清华大学与北京机床研究所合作研制，是基于 BITBUS 结构的工作站级控制系统；③国家 CIMS/ERC 与北京第三机床厂合作开发的 DNC 系统。该系统由一台 386 微机控制 4 台加工中心，是基于 RS232C 的点对点式 DNC 系统；④成都飞机公司的 FDNC1 系统。它是由西北工业大学与成都飞机公司合作开发的基于以太网的点对点式 DNC 系统；⑤重庆大学开发的基于 CAN 总线和软插件技术的 DNC 系统。它采用现场总线网络实现异构数控设备的集成；⑥上海交通大学的基于 CORBA 的 DNC 系统。它建立在车间局域网之上，基于软总线技术实现车间设备集成和功能集成。

7.6 多级分布式计算机控制系统

7.6.1 分布式计算机控制系统的产生与定义

现在工业生产的高速发展对工业生产过程的控制提出了自动化、精确化和快速化的要求,传统的由模拟仪表组成的过程控制系统,虽然具有成本低、容易维护、操作简便等特点,但明显存在着许多的局限性,如难以实现对复杂对象的控制、控制精度不高等。随着生产规模的扩大和工艺过程的复杂化,常规控制系统仪表大量增加,模拟仪表屏不断增大,不易集中显示和操作;各子系统间信号联系困难,无法组成分级系统;当生产工艺要求变更时,往往需要变更调节仪表。所以,随着电子技术、计算机技术和通信技术的发展,以及测量仪表的进一步精确和现代先进控制理论的出现,新的控制系统 DCS(计算机集散控制系统)诞生了。

分布式计算机控制系统,是以微处理器为核心,采用数据通讯和图形显示技术的新型计算机控制系统。该系统能够完成直接数字控制、顺序控制、批量控制、数据采集与处理、多变量解耦控制以及最优控制等功能,并包含有生产的指挥、调度和管理功能。DCS 的实质是利用计算机技术对生产过程进行集中监视、操作、管理和现场前端分散控制相统一的新型控制技术。

7.6.2 分布式计算机控制系统的特点和结构体系

分布式控制系统(Distributed Control System,DCS)亦称集散控制系统,其本质是采用分散控制和集中管理的设计思想、分层治理和综合协调的设计原则,并采用层次化的体系结构,从下到上依次分为直接控制层、操作监控层、生产管理层和决策管理层。分布式控制系统是以多台直接数字控制(DDC)计算机为基础,集成了多台操作、监控和管理计算机,并采用层次化的体系结构,从而构成了集中分布型控制系统。分布式控制系统现在是过程计算机控制领域的主流系统,它随着计算机技术、控制技术、通信技术和屏幕显示技术的发展而不断更新和提高,现已广泛应用于工业自动化。

1. 分布式控制系统的特点

分布式控制系统的最大特点是分散控制和集中管理并存。分布式控制系统的分散性是广义的,不但是指分散控制,还有地域分散、设备分散、功能分散和危险分散的含义。分散的目的是为了提高系统的可靠性和安全性;而集中性是指集中操作、集中控制和集中管理。分布式控制系统的通信网络和分布式数据库是集中性的具体体现,用通信网络把物理分散的设备构成统一的整体,用分布式数据库实现全系统的信息集成,进而达到信息共享。分布式控制系统是具有数字通信能力的控制系统,它基于数字技术,除了现场的变送和执行单元外,其余的处理均采用数字方式。同时,分布式控制的整个功能分成若干台不同的计算机去完成,各个计算机之间通过网络实现相互间的协调和系统的集成。在 DCS中,检测、计算和控制由称为现场控制站的计算机完成,而人机界面则由称为操作员站的计算机完成。综上所述,分布式控制系统具有以下特点。

(1) 分散控制和集中管理并存。
(2) 以回路控制为主要功能。
(3) 除变送器和执行单元外，各种控制功能及通信人机界面均采用数字技术。
(4) 以计算机的 CRT、键盘、鼠标代替仪表盘形成系统人机界面。
(5) 回路控制功能由现场控制站完成，系统可有多台现场控制站，每台控制一部分回路。
(6) 系统中所有的现场控制站、操作员站均通过数字通讯网络实现连接。

2. 分布式控制系统的结构体系

自第一套分布式控制系统诞生以来，世界上有几十家自动化公司推出了上百种分布式控制系统，虽然这些系统各不相同，但在体系结构上却大同小异，所不同的只是采用了不同的计算机、不同的网络或不同的设备。

最基本的分布式控制系统包括 4 个组成部分：现场控制站、操作员站、工程师站和通信网络，其典型结构如图 7.12 所示。

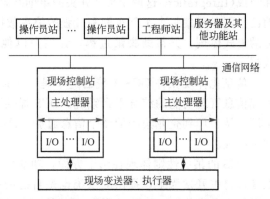

图 7.12 典型分布式控制系统的结构

现场控制站是 DCS 的核心，系统主要的控制功能由它来完成。现场控制站的硬件一般都采用专门的工业计算机系统，其中除了计算机系统所必需的运算器（主 CPU）、存储器外，还包括了现场测量单元、执行单元的输入输出设备，即过程量 I/O 或现场 I/O。现场控制站内部逻辑部分和现场部分的连接，一般采用与工业计算机相匹配的内部并行总线。现在，由于现场总线技术的快速发展，使用现场总线作为现场 I/O 模块和主处理器的连接已经很普遍。操作员站主要完成人机界面的功能，一般采用桌面型通用计算机系统，其配置与常规的桌面系统相同，但要求有大尺寸的显示器和高性能的图形处理器。

工程师站的主要作用是对分布式控制系统进行组态。组态是分布式控制系统的上位机部分，是用户与控制系统的接口，用于完成控制系统中现场设备运行的组态，从而实现对系统的控制，是系统不可缺少的组成部分。组态是离线进行的，一旦组态完成，系统就具备了运行能力。当系统在线运行时，工程师站可以在系统中设置人机界面来实现人对系统的管理与监控，还有诸如报警、报表以及历史数据存储等功能。

服务器的主要功能是完成监督控制层的工作，如整个生产装置乃至全厂运行状态的监视、对生产过程各个部分出现的异常情况及时发现并及时处置、向更高层的生产调度和生产管理，直至企业经营等管理系统提供实时数据和执行调节控制操作等。除此之外，还可以有许多执行特定功能的计算机，如专门记录历史数据的历史数据站等。

由于采用分散控制，必须通过通信网络将系统的各个站连接起来，这就是所谓的集中管理。分布式控制系统的各个站之间必须实现有效的数据传输，以实现系统总体的功能，因此通信网络的实时性、可靠性和数据通信能力关系到整个系统的性能。随着以太网技术的逐渐成熟，越来越多的工业自动化控制系统将采用以太网作为通信网络，以太网相对于现场总线技术开放性更好。

7.6.3 第四代分布式控制系统及其技术特点

1. 第四代 DCS 的结构体系

第四代 DCS 的体系结构主要分为 4 层：现场仪表层、控制装置单元层、工厂（车间）层和企业管理层。一般 DCS 厂商主要提供下面的 3 层功能，而企业管理层则通过提供开放的数据库接口连接第三方的管理软件平台（ERP、CRM、SCM 等）。所以说当今 DCS 主要提供工厂（车间）级的所有控制和管理功能，并集成全企业的信息管理功能。

2. 第四代 DCS 的技术特点

（1）DCS 充分体现信息化和集成化（Information & Integration）。信息（Information）和集成（Integration）这两个以 I 开头的单词基本描述了当今 DCS 系统正在发生的变化。目前已经可以采集整个工厂车间和过程的信息数据，但是用户希望这些大量的数据能够以合适的方式体现，并帮助决策过程，让用户以他明白的方式在方便的地方得到真正需要的数据。

信息化体现在各 DCS 系统已经不是一个以控制功能为主的控制系统，而是一个充分发挥信息管理功能的综合平台系统。DCS 提供了从现场到设备，从设备到车间，从车间到工厂，从工厂到企业集团的整个信息通道。这些信息充分体现了全面性、准确性、实时性和系统性。

DCS 的集成性则体现在两个方面：功能的集成和产品的集成。过去的 DCS 厂商基本上是以自主开发为主，提供的系统也是自己的系统。当今的 DCS 厂商更强调系统的集成性和解决方案能力，DCS 中除保留传统 DCS 所实现的过程控制功能之外，还集成了可编程逻辑控制器（Programmable Logic Controller，PLC）、远程终端设备（Remote Terminal-unit，RTU）、现场总线（Field Bus Control System，FCS）、各种多回路调节器、各种智能采集或控制单元等。

（2）DCS 变成真正的混合控制系统。过去人们区分 DCS 和 PLC 主要通过被控对象的特点（过程控制和逻辑控制）来进行划分，但是，第四代的 DCS 已经将这种划分模糊化了。几乎所有的第四代 DCS 都包容了过程控制、逻辑控制和批处理控制，实现了混合控制。这也是为了适应用户的真正控制需求，因为，多数的工业企业的控制要求绝不能简单地划分为单一的过程控制需求和逻辑控制需求，而是以过程控制为主或逻辑控制为主的分过程组成的。人们要实现整个生产过程的优化，提高整个工厂的效率，就必须把整个生产过程纳入统一的分布式集成信息系统。

（3）DCS 包含 FCS 功能并进一步分散化。所有的第四代 DCS 都包含了各种形式的现场总线接口，可以支持多种标准的现场总线仪表、执行机构等。此外，各 DCS 还改变了原来机柜架式安装 I/O 组件、相对集中的控制站结构，取而代之的是进一步分散的 I/O 模块（导轨安装）或小型化的 I/O 组件（可以现场安装）或中小型的 PLC。分布式控制的一个重要优点是逻辑分割，工程师可以方便地把不同设备的控制功能按设备分配到不同的合适控制单元上，这样，操作工可以根据需要对单个控制单元进行模块化的功能修改、安装和调试。另外的优点是，各个控制单元分布安装在被控设备附近，既可以节省电缆，又可以提高该设备的控制速度。一些 DCS 还包括分布式就地操作站，人和机器将有机地融合在一起，共同完成一个智能化工厂的各种操作。

（4）DCS已经走过高技术产品时代，进入低成本时代。DCS在20世纪八九十年代还是技术含量高、应用相对复杂、价格也相当昂贵的工业控制系统。随着应用的普及和大家对信息技术的理解，DCS已经走出高贵的神秘塔，变成大家熟悉的、价格合理的常规控制产品。第四代DCS的另一个显著特征就是各系统纷纷采用现成的软件技术和硬件(I/O处理)技术，采用灵活的规模配置，大大降低了系统的成本。

（5）DCS平台开放性与应用服务专业化。20年来，工业自动化界讨论非常多的一个概念就是开放性。过去，由于通信技术的相对落后，开放性是困扰用户的一个重要问题。为了解决该问题，人们设想了多种方案，其中包括CIMS系统概念中的开放网络(MAP 7层网络协议平台)。然而，MAP网络协议并没有得到真正的推广应用。而当代网络技术、数据库技术、软件技术、现场总线技术的发展为开放系统提供了可能。各DCS厂家竞争的加剧，促进了细化分工与合作，各厂家放弃了原来自己独立开发的工作模式，变成集成与合作的开发模式，所以开放性自动实现了。第四代DCS全部支持某种程度的开放性。开放性体现在DCS可从3个不同层面与第三方产品相互连接：在企业管理层支持各种管理软件平台连接；在工厂车间层支持第三方先进控制产品、SCADA平台、MES产品、BATCH处理软件、同时支持多种网络协议(以以太网为主)；在装置控制层可以支持多种DCS单元(系统)、PLC、RTU、各种智能控制单元等以及各种标准的现场总线仪表与执行机构。

复习思考题

7-1 自动化制造的控制系统分为哪些类型？

7-2 顺序控制系统经历了哪几个阶段，各有何特点？

7-3 可编程控制器有何特点？

7-4 简述CNC机床数控系统的组成及功能。

7-5 实现基于PC微机的开放式数控系统有哪几种途径？

7-6 举例说明伺服控制卡在自动化制造系统中的应用。

7-7 简述自适应控制系统的含义、分类及其工作原理。

7-8 什么是DNC控制系统？DNC通信结构有哪几种形式？

第 8 章
自动化制造系统的总体设计

本章教学要点

知识要点	掌握程度	相关知识
自动化制造系统总体设计的步骤	熟悉自动化制造系统总体设计的步骤和内容	自动化制造系统总体设计的步骤
零件族的选择和工艺分析	熟悉工艺分析步骤；了解零件族选择的影响因素	零件族；工艺分析步骤
设备选择与配置和总体布局设计	掌握从至表法；了解设备选择与配置原则	设备选择与配置原则；从至表

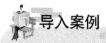
导入案例

长安汽车发动机缸体机械加工自动线总体设计与研究

长安汽车集团公司针对 JL472Q、JL474Q、JL475Q 3 种汽车气缸体的加工工艺特点，并结合工厂生产实际，对缸体的加工工艺进行了系统的研究改进，依据现代自动化制造系统的规划、设计和运行原理对 3 种气缸缸体的机械加工柔性自动线进行了总体设计，规划出了一条缸体机械加工柔性自动线，该自动线采用了 9 台加工设备（其中 5 台卧式加工中心，2 台专用机床，2 条自动线）的设计方案，整个柔性加工线设备利用率高、生产能力稳定、可靠性好，解决了企业生产中的发动机气缸体加工的瓶颈问题，适合长安汽车集团企业扩大生产与率先进入 WTO 战略的需要。

陈良江. 硕士论文. 重庆大学. 2001

在前面的几章中，比较详细地介绍了自动化制造系统的基本理论、自动化制造系统的组成及其典型设备。本章将讨论自动化制造系统的总体设计问题。自动化制造系统的设计是一项复杂的系统工程，采取什么样的设计步骤与方法对于系统的成功实施至关重要。有人估计，系统分析与规划阶段造成的失误在后续阶段可能要花两倍时间才能找到，而纠正需要花五倍时间。因此，必须采用合理的系统工程方法与步骤进行自动化制造系统的设计。

8.1 总体设计的步骤及内容

自动化制造系统往往是个复杂的大系统，它包括许多相互关联的子系统，如多级计算机控制系统、自动化物料储运系统、检测监视系统、加工中心及其他工作站等。而各个子系统本身又可能是一个较复杂的系统，倘若设计不当，它们就不能很好地连接，也不能实现自动化制造系统的有机集成。因此，必须做好自动化制造系统的总体设计工作。

在进行自动化制造系统的总体设计时，一般采用图 8.1 所示的设计步骤。

在图 8.1 中，总体设计各个步骤涉及的主要内容有如下。

(1) 组织队伍，明确分工。本阶段应选择专业配套、熟悉业务、工作责任心强的精干班子组成总体组，并指定技术总负责人。如果自动化制造系统是用户委托供应商设计制造，则需求分析、可行性论证、系统验收及运行应以用户为主，供应商为辅；而总体设计、系统制造、安装与调试应以供应商为主，用户积极配合。

(2) 选择加工零件类型和范围，并进行工艺分析，制定工艺方案，确定设备选型。

(3) 按功能划分设计模块，初步制定技术指标和各自的接口，同时进行概要设计和初步设计。

(4) 总体方案初步设计，这一阶段包括总体布局和各分系统的概要设计。

(5) 总体组讨论初步形成的总体布局及各分系统的概要设计方案。

(6) 根据初步形成的零件族、工艺分析、生产率、总体布局、物料储运方案等进行系统的仿真分析，确定刀库容量、托盘缓冲站数量及工件运输小车与换刀机器人利用率等参数。

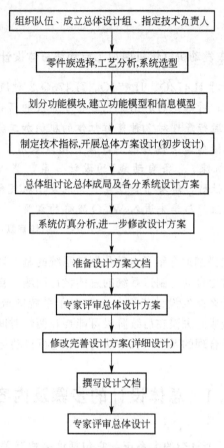

图 8.1 总体方案设计步骤

(7) 组织专家评审总体设计方案。

(8) 文档撰写,最终要形成以下文档:总体设计的总技术报告;总体布局图;零件族选择及工艺分析说明书;工艺设计文件及图册;机床设备选型报告;系统仿真分析报告;机械系统与接口设计说明书及图册;电气接口设计说明书及图册;网络通信及数据库设计说明书及图册;运行控制软件及其他软件接口设计说明书;质量控制方案说明书;检测监视系统方案和接口设计说明书;系统安装、调试、验收与运行维护设计说明书;系统运行可靠性分析报告;系统运行效益评估说明书等。

8.2 零件族的选择及工艺分析

要使自动化制造系统具有满意的运行效率,必须从用户的实际要求出发,选择好上线的零件,并进行工艺分析。这是设计或引进自动化制造系统必须解决的问题。根据确定的零件族和工艺分析,就可以决定自动化制造系统的类型和规模、必需的覆盖范围和能力、机床及其他设备的类型和所需的主要附件、夹具的类型和数量、刀具的类型和数量、托盘及其缓冲站点数量,并可初步估算所需的投资额。

8.2.1 零件族的选择

1. 零件族选择的定义

在对自动化制造系统进行设计时,面对的是一大批形状各异的零件,但并不是所有零件都适合采用自动化制造系统加工,因此需要确定进线零件,即零件族的选择。所谓零件族选择,即是根据成组技术原理,从零件的结构与工艺相似性出发,对生产系统中的各类零件进行统计分析,从中选出适合采用自动化制造系统加工的一组零件。图8.2和图8.3所示表示两个零件族,图8.2所示的零件族从几何外形看是相似的。图8.3所示的零件族具有相似的加工工艺,但外形上相差较大。一般来说形状相似的工件,工艺也相似。

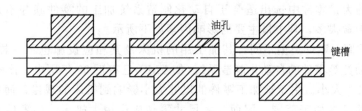

图8.2 几何形状相似的零件族

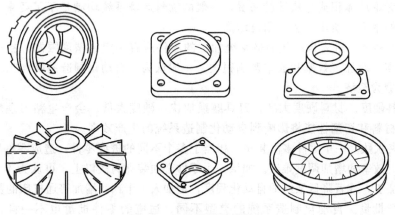

图8.3 工艺相似的零件族

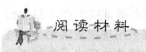

成组技术的含义

成组技术(GT-group Technology)揭示和利用事物间的相似性,按照一定的准则分类成组,同组事物能够采用同一方法进行处理,以便提高效益的技术,称为成组技术。它已涉及各类工程技术、计算机技术、系统工程、管理科学、心理学、社会学等学科的前沿领域。日本、美国、前苏联和德国等许多国家把成组技术与计算机技术、自动化技术结合起来发展成柔性制造系统,使多品种、中小批量生产实现高度自动化。全面采用成组技术会从根本上影响企业内部的管理体制和工作方式,提高标准化、专业化和自动化程度。在机械制造工程中,成组技术是计算机辅助制造的基础,将成组哲理用于设计、制造和管理等整个生产系统，改变多品种小批量生产方式，以获得最大的经济效益。成组技术的核心是成组工艺，它是把结构、材料、工艺相近似的零件组成一个零件族（组），按零件族制定工艺进行加工，从而扩大了批量、减少了品种、便于采用高效方法、提高了劳动生产率。零件的相似性是广义的，在几何形状、尺寸、功能要素、精度、材料等方面的相似性为基本相似性，以基本相似性为基础，在制造、装配等生产、经营、管理等方面所导出的相似性，称为二次相似性或派生相似性。

> 资料来源：http://baike.baidu.com/view/45307.htm，2011

2. 影响零件族选择的因素

要从工厂的大量零件中选出适合于自动化制造系统加工的零件族并不是一件容易的事，它的影响因素很多，其中最主要的影响因素如下所示。

(1) 零件类型。零件类型不同，其加工用的机床及其相应设施也不一样。一般来说，加工箱体类和轴类等零件的自动化制造系统(如 FMS)已有近 30 年历史，比较成熟。

(2) 零件尺寸大小。由于被加工零件的尺寸大小影响到机床的规格，而每一种规格的机床都有一定的经济加工范围。因而，大尺寸零件应采用大机床，小零件通常加工余量少，采用大机床会造成经济性差，且精度可能达不到要求。大零件常需要考虑专用的运输设备，因为无论从体积或是从重量来看，一般的物料运输系统均满足不了要求，而且，随着加工尺寸的增大，所用设备费用也增高。

(3) 加工精度。进入自动化制造系统加工的零件应有一定的精度限制，精度太低不经济；精度太高，对加工效率和成本影响很大。一般认为，自动化制造系统加工 IT7 级左右精度的零件最为经济。

(4) 材料硬度。材料硬度太高，刀具磨损加快；硬度太低，会产生粘刀现象，断屑困难。因此，材料和切削性能将影响到自动化制造系统的生产效率。

(5) 装夹次数。一个零件多次装夹，相当于多个不同的进线零件，造成零件频繁进出系统，影响加工效率和增加调度难度。如果一个零件必须装夹两次以上，可认为不宜进入自动化制造系统加工，或者降低系统的自动化程度，增加人工干预，增加普通机床的数量等。

(6) 生产批量。自动化制造系统的类型不同，适应的零件批量也不一样，一般品种少、批量大、生产较稳定的零件适用于柔性较低、生产率高的刚性自动化制造系统。生产率稍低、柔性较高的自动化制造系统(如 FMS)最适于多品种、中小批量或生产不稳定的零件制造。对于根据市场订货，按合同生产的单件生产，一般不宜采用规模较大的自动线生产形式，更多地采用单机自动化或成组制造单元。只有如此，才更能体现出系统加工的经济性。但目前有研究表明，即使对于批量较大或批量很小的生产环境，也可以采用自动化程度和柔性程度均较高的制造系统。

总之，在具体选择零件族的过程中，应根据工厂的实际情况对以上因素综合考虑。

3. 零件选择方法

刚性自动线等刚性自动化制造系统加工零件单一或很少，零件的选择比较简单。对于多品种、中小批量加工的柔性自动化制造系统，加工零件的选择是一项很重要也很复杂的工作，零件选择是否合理对系统的组成和运行效果都有很大的影响。对于后一种情况，进线零件的选择通常有人工挑选和计算机自动挑选两种方法。

(1) 人工挑选法由经验丰富的工艺人员根据蓝图和工艺路线来选择。这种方法较简单，能充分发挥人的作用。其缺点是要耗去大量人力和时间，且易造成人为失误，甚至导致失败的选择。

(2) 计算机自动选择法是按成组技术的原理，以计算机为工具，建立数学模型和相应的算法，自动从众多的零件中挑选合适的候选零件，最终由人—机结合确定进入自动化制造系统加工的零件族。

由于有专门的书籍介绍这些方法，所以本书不做更多的介绍，请读者自行参考相关文献。

8.2.2 零件工艺分析

1. 工艺分析的目的

上线零件工艺分析与零件族的选择是相辅相成的。工艺分析是对已经初步选上的上线零件进行详细的工艺分析，进一步将不适合上线的零件予以剔除，并改善整个生产过程中不合理的工艺内容、工艺方法、工艺程序及作业现场的空间配置，通过严格的考察与分析，设计出最经济合理、最优化的工艺方法、工艺程序和空间配置。

2. 零件工艺分析的要点

在自动化制造系统中，每一台机床都具有十分完善的功能，在工艺分析时必须结合这一点来考虑，使加工零件尽可能在一台机床上完成较多的工序（工步），从而减少该零件的装夹次数，有利于提高自动化制造系统的运行效率和确保零件的加工精度。对于不适合于自动化制造系统加工的工序，或者为了得到合适（合理）的装夹定位基准，可以将某些工序安排在线外加工。这就是所谓工艺分析中的"集中性与选择性"。

零件加工的工艺设计必须考虑成组技术原则，这样对于提高自动化制造系统的效率和利用率、简化夹具设计、减少刀具数量、简化NC程序编制和保证加工质量等众多方面都会带来好处，并通过选用标准化的通用刀具使刀库容量减至最少，尽量采用复合式刀具，从而节省换刀时间。

另外在工艺分析中，还必须结合机床、刀具、工件材料、精度和刚度、工厂条件等众多因素，合理选择切削参数。

3. 工艺分析的步骤

工艺分析的基本步骤如下如所示。

(1) 分析产品工艺要求。内容包括：①零件形状及结构特点；②零件轮廓尺寸范围；③零件加工精度；④材料硬度及可切削性；⑤装夹定位方式；⑥现行工艺及特点。

(2) 进行工序划分。原则是：①先粗加工后精加工，以保证加工精度；②在一次装夹中，尽可能切削更多的加工面；③尽可能使用较少的刀具切削较多的加工面；④尽量做到系统中各台机床负荷平衡，消除瓶颈现象。

(3) 选择工艺基准。原则是：①尽可能与设计一致（统一）；②零件便于装夹，变形最小；③不影响更多的加工面；④必要时可在系统外进行预加工。

(4) 其他。如：安排工艺路线、拟定夹具方案、选择刀具与切削参数、拟定零件检测方案、工时计算与统计等。为检验工艺方案是否合理，还应进行工艺方案的经济性分析与运行效益评估。

8.3 设备选择与配置和总体布局设计

自动化制造系统的设备配置与总体布局是千变万化的,自动化制造系统的类型不同,其设备配置及总体布局是不一样的,需视具体情况而定。由于柔性制造系统是自动化制造系统的发展方向,下面以柔性制造系统为例介绍设备选择与配置和总体布局设计内容。

8.3.1 设备选择与配置

前已提及,一个典型的柔性制造系统主要由下述3个子系统组成。

(1) 加工子系统。即加工装备,主要采用数控机床和加工中心等。

(2) 物流子系统。即物料储运系统,这里的物流指工件和刀具。柔性制造系统的物流子系统常包括工件与刀具的搬运系统、托盘缓冲站、刀具进出站、中央刀库、立体仓库等。

(3) 控制子系统。多采用计算机控制。

除此之外,柔性制造系统还可以扩展清洗、检测和排屑等装置。

1. 加工装备的选择与配置

1) 柔性制造系统对机床的要求

柔性制造系统对集成于其中的加工设备是有一定要求的,不是任何加工设备均可纳入自动化制造系统中。一般来说,纳入柔性制造系统运行的机床主要有如下特点。

(1) 加工工序集中。由于柔性制造系统是适应小批量、多品种加工的高度自动化制造系统,造价昂贵,这就要求加工工位的数目尽可能少,而且接近满负荷工作。根据统计,80%的现有柔性制造系统的加工工位数目不超过10个。此外,加工工位较少,还可减轻工件流的输送负担,所以同一机床加工工位上的加工工序集中就成为柔性制造系统中机床的主要特征。

(2) 控制方便。柔性制造系统所采用的机床必须适合纳入整个制造系统,因此,机床的控制系统不仅要能够实现自动加工循环,还要能够适应加工对象的改变,易于重新调整,也就是说要具有"柔性"。近年来发展起来的计算机数字控制系统(CNC)和可编程序控制器(PLC),在柔性制造系统的机床和输送装置的控制中获得日益广泛的应用。

(3) 兼顾柔性和生产率。这是一个有较高难度的要求。为了适应多品种工件加工的需要,就不能像大批量生产那样采用为某一特定工序设计的专用机床,但是又不能像单件生产那样采用普通万能机床。它们虽然具备较大的柔性,但生产率不高,不符合工序集中的原则。

另外,柔性制造系统中的所有装备受到本身数控系统和柔性制造系统中央计算机控制系统的调度和指挥,要能实现动态调度、资源共享、提高效率,就必须在各机床之间建立必要的接口和标准,以便准确及时地实现数据通信与交换,使各个生产装备、储运系统、控制系统等协调地工作。

2) 选择机床的原则

在选择机床时，要考虑到工件的尺寸范围、工艺性、加工精度和材料以及机床的成本等因素。

对于箱体类工件，通常选择立式和卧式加工中心以及有一定柔性的专用机床，如可换主轴箱的组合机床，带有转位主轴箱的专用机床等；带有大孔或圆支承面的箱体工件，也可以采用立式车床进行加工；需要进行大量铣、钻和攻螺纹加工，且长径比小于 2 的回转体类工件，通常也可以在加工箱体工件的柔性制造系统中进行加工。

加工纯粹回转体工件(杆和轴)的柔性制造系统技术现在仍处在发展阶段。可以把具有加工轴类和盘类工件能力的标准与 CNC 车床结合起来，构成一个加工回转体工件的柔性制造系统。

数控加工中心的类型很多，可以是基本形式的卧式或立式三坐标机床，这些机床只加工工件的一个侧面，或者只能对邻近几个面上的一些表面进行加工。采用这类机床一般需要多次装夹才能完成工件各个面的加工。若在卧式加工中心上增加一个或两个坐标轴，如称为第四个坐标轴的托盘旋转和称为第五坐标轴的主轴头倾斜，就可以对工件进行更多表面的加工。要在立式加工中心上实现工件多面加工，必须在基本形式机床上增加一个可倾式回转工作台。通常选用五坐标轴加工中心主要是为了满足一些非正交平面内的特殊加工的需要。除上述增加坐标轴的方法外，还可在一套夹具上装夹多个工件，以提高柔性制造系统的生产能力。

柔性制造系统应能完成某一成组零件族的全部工序的加工，系统内需要配置不同工艺范围和精度的机床来实现这一目标。最理想的配置方案是所选机床的工艺范围有较大的兼容性，即每道工序有多台机床可以胜任，这样可以有效地排除因为某个关键工序或某台关键机床成为瓶颈，影响了整条生产线的正常作业，可以大大地提高装备的利用率，但这样做必然提高了每台机床的复杂性，增加了柔性制造系统的造价。

3) 确定系统中机床种类和数量的方法和步骤

选择过程中，首先确定机床切削区的尺寸范围；其次是确定机床的效能，比如加工精度、规格和受控轴数等，这就为确定加工工件的成套机床方案提供了基础。

根据给定的技术条件，把要进行的各类操作分派给指定的机床，并计算出每种操作的加工时间，确定整个工作量是多少，需要多少台机床，或许还可能因此而对选用的方案作出修改。只有对所规划的机床成本加以估计，才有可能估计出选定的机床方案的经济性能。如果加工能力低或者经济效果不好，则要对机床的方案另作修改，一直到获得圆满的结果为止。

柔性制造系统的所有加工中心都具有刀具存储能力，采用鼓形、链形等各种形式的刀库。为了满足柔性制造系统内工件品种对刀具的要求，通常要求有很大的刀具存储容量。在一个刀库中需要 100 个以上的刀座是很常见的。这样的容量加上某些大质量的刀具，特别是大的镗杆或平面铣刀，都要求注意刀具传送和更换机构的可靠性。

4) 柔性制造系统的机床配置形式

柔性制造系统适用于中小批量生产，既要兼顾对生产率和柔性的要求，也要考虑系统的可靠性和机床的负荷率。因此，就产生了互替形式、互补形式以及混合形式等多种类型的机床配置方案。

所谓互替形式就是纳入系统的机床是可以互相代替的。例如，由数台加工中心组成的柔性制造系统,由于在加工中心上可以完成多种工序的加工,有时一台加工中心就能完成箱体的全部工序,工件可输送到系统中任何恰好空闲的加工工位,使系统具有较大的柔性和较宽的工艺范围,而且可以达到较高的装备利用率。从系统的输入和输出来看,它们是并联环节,因而增加了系统的可靠性,即当某一台机床发生故障时,系统仍能正常工作。

所谓互补形式就是纳入系统的机床是互相补充的,各自完成某些特定的工序,各机床之间不能互相替代,工件在一定程度上必须按顺序经过各加工工位。它的特点是生产率较高,对机床的技术利用率较高,即可以充分发挥机床的性能。从系统的输入和输出的角度来看,互补机床是串联环节,它减少了系统的可靠性,即当一台机床发生故障时,系统就不能正常工作。

现有的柔性制造系统大多是互替机床和互补机床的混合使用,即柔性制造系统中的有些装备按互替形式布置,而另一些机床则以互补方式安排,以发挥各自的优点。

2. 各独立工位及其配置原则

通常情况下,柔性制造系统具有多个独立的工位。工位的设置与柔性制造系统的规模、类型与功能需求有关。

1) 机械加工工位

机械加工工位是指对工件进行切削加工(或其他形式的机械加工)的地点,一般泛指机床。柔性制造系统的功能主要由它所采用的机床来确定,被确定的工件族通常决定柔性制造系统应包含的机床类型、规格、精度以及各种类型机床的组合。一条柔性制造系统中机床的数量应根据各类被加工零件的生产纲领及工序时间来确定。必要时,应有一定的冗余。加工箱体类工件的柔性制造系统通常选用卧式加工中心或立式加工中心,根据工件特别的工艺要求,也可选用其他类型的 CNC 机床。加工回转体类工件的柔性制造系统通常选用车削加工中心机床。卧式加工中心和立式加工中心应具备托盘上线的交换工作台(APC),加工中心都应具有刀具存储能力,其刀位数的多少应顾及被加工零件混合批量生产时采用刀具的数量。选择加工中心时,还应考虑它的尺寸、加工能力、精度、控制系统以及排屑装置的位置等。加工中心的尺寸和加工能力主要包括控制坐标轴数、各坐标的行程长度、回转坐标的分度范围、托盘(工作台)尺寸、工作台负荷、主轴孔锥度、主轴直径、主轴速度范围、进给量范围、主电动机功率等。

加工中心的精度包括工作台和主轴移动的直线度、定位精度、重复精度以及主轴回转精度等。加工中心的控制系统应具备上网和所需控制功能。加工中心排屑装置的位置将影响 FMS 的平面布局,这点应予以注意。

2) 装卸工位

装卸工位是指在托盘上装卸夹具和工件的地点,它是工件进入、退出柔性制造系统的界面。装卸工位设置有机动、液压或手动工作台。通过自动引导小车可将托盘从工作台上取走或将托盘推上工作台。操作人员通过装卸工位的计算机终端可以接收来自柔性制造系统中央计算机的作业指令或提出作业请求。装卸工位的数目取决于柔性制造系统的规模及工件进入和退出系统的频度。一条柔性制造系统可设置一个或多个装卸工位,装卸工作台至地面的高度应便于操作者在托盘上装卸夹具及工件。操作人员在装卸工位装卸工件或夹具时,为了防止托盘被自动引导小车取走而造成危险,一般在它们之间设置自动开启式防护闸门或其他安全防护装置。

3）检测工位

检测工位是指对完工或部分完工的工件进行测量或检验的地点。对工件的检测过程既可以在线进行也可以离线进行。在线测量过程通常采用三坐标测量机，有时也采用其他自动检测装置。通过 NC 程序控制测量机的检测过程，测量结果反馈到柔性制造系统控制器，用于控制刀具的补偿量或其他控制行为。在 CIMS 环境下，三坐标测量机测量工件的 NC 检测程序可通过 CAD/CAM 集成系统生成。离线检测工位的位置往往离柔性制造系统较远。

一般情况下通过计算机终端由人工将检验信息送入系统，由于整个检测时间及检测过程的滞后性，离线检测信息不能对系统进行实时反馈控制，在柔性制造系统中，检测系统与监控系统一起往往作为单元层之下的独立工作站层而存在，以便于柔性制造系统采用模块化的方式设计与制造。

4）清洗工位

清洗工位是指对托盘（含夹具及工件）进行自动冲洗和清除滞留在其上的切屑的工位。对于设置在线检测工位的柔性制造系统，往往亦设置清洗工位，将工件上的切屑和灰尘彻底清除干净后再进行检测，以提高测量的准确性。有时，清洗工位还具有干燥（如吹风干燥）功能。当柔性制造系统中的机床本身具备冲洗滞留在托盘、夹具和工件上的切屑的功能时，可不单独设置清洗工位。清洗工位接收单元控制器的指令进行工作。

3. 物料储运系统及其配置

柔性制造系统的物料是指工件（含托盘和夹具）和刀具（含刀具柄部），因此就有工件搬运系统和刀具搬运系统之分。

1）工件搬运系统

工件搬运系统指工件（含托盘和夹具）经工件装卸站进入或退出系统以及在系统内运送的装置。可供选择的工件运送方案有：无轨道式自动导向小车（AGV）运送方式；直线轨道式自动导向小车（RGV）运送方式；环形滚道运送方式；缆索牵引拖车运送方式；行走机器人运送方式；固定导轨式（龙门式）机器人运送方式；无轨吊挂运送方式。

通常，工件的搬运由有轨或无轨自动导向小车担任。有轨自动导向小车搬运系统具有结构原理简单，小车的运行速度快、定位精度高、承载能力大和造价低等特点。但是，小车只能在固定的轨道上运行，灵活性差，小车和轨道离机床较近，使检修作业区较为狭窄，一般使用与机床台数较少（2~4 台）且按直线布局的场合。无轨自动导向小车搬运系统目前技术发展较快，小车行走方式主要有固定路径和自由路径两种。在固定路径中，有电磁感应制导、光电制导、激光制导等多种形式。在自由路径中，有一种方法是采用地面支援系统，如用激光灯塔、超声波系统等移动的信号标志进行引导；另一种方法则是靠小车上的环境识别装置来达到自主行走。

工件在托盘上的夹具中装夹，一般由人工操作。当工件被装夹完毕，操作者通过装卸工位处的计算机终端将操作有关信息向单元反馈，自动导向小车接收到单元控制器的调度指令后，将工件送到指定地点，即机床、清洗站、检测站上的托盘自动交换装置（APC）或托盘缓冲站。

进行回转体零件加工的柔性制造系统，除了工件搬运之外，还必须采用机器人才能将工件抓往机床。进行钣金加工的柔性制造系统通常采用带吸盘的输送装置来搬运钣料。

作为毛坯和完工零件存放地点的仓库分为平面仓库（单层）及立体仓库两大类。广义上讲，自动立体仓库也是柔性制造系统托盘缓冲站的扩展与补充，柔性制造系统中使用的托盘及大型夹具也可存放在立体仓库中。自动化立体仓库可分为多巷道、单巷道堆垛机控制方式，个别的也有采用单侧叉式控制方式。立体仓库的巷道数及货架数的设置应考虑车间面积、车间高度、车间中柔性制造系统的数量、各种加工设备的能力以及车间的管理模式等。在立体仓库中自动存取物料的堆垛机，能把盛放物料的货箱推上滚道式输送装置或从其上取走。有时，还与无轨道自动导向小车进行物料的传递。钣金加工的柔性制造系统通常带有存放板材的立体仓库，不设其他缓冲站。立体仓库的管理计算机具有对物料进出货架的管理以及对货架中物料的检索查询能力。

2）刀具搬运系统

指刀具（含刀具柄部）经刀具进出站进入或退出系统以及在系统内运送的装置。可供选择的运送方案有：盒式刀夹—无人自动导向小车方式；直线轨道机器人—中央刀库方式；带中间刀具架及换刀机器人的自动导向小车方式；龙门式机器人—中间刀库方式；直接更换机床刀库方式。

刀具进入系统之前，必须在刀具准备间内完成刀具的刃磨、刀具刀套的组装、刀具预调仪的对刀，并将刀具的有关参数信息送到柔性制造系统单元控制器（刀具工作站控制器）中。刀具准备间的规模及设备配置由柔性制造系统系统的目标、生产纲领确定。

刀具进出站是刀具进出柔性制造系统系统的界面。由人工将相应的刀具置于刀具进出站的刀位上，或从刀位上取走退出系统的刀具。在刀具进出站处，通常设置一个条码阅读器，以识别置于刀具进出站的成批刀具，避免出现与对刀参数不吻合的错误。

换刀机器人是 FMS 系统内的刀具搬运装置，换刀机器人的手爪既要能抓住刀具柄部又要便于将刀具置于刀具进出站、中央刀库和机床刀库的刀位上或从其上取走。换刀机器人的自由度数按动作需要设定，既有采用地面轨道，也有采用架空轨道作为换刀机器人纵向移动之用。

对于换刀不太频繁的较大型的加工中心，可在机床刀库附近设置换刀机器手，进入系统的刀具放在托盘上特制的专门刀盒中，经工件进出站由 AGV 拉入系统。然后，换刀机器手将刀具装到机床刀库的刀位中，或从机床刀库取下刀具放入刀盒中，由 AGV 送到工件进出站退出系统。这样，可省去庞大的换刀机器人等刀具运储系统。

中央刀库是柔性制造系统内刀具的存放地点，是独立于机床的公共刀库，其刀位数的设定应综合考虑系统中各机床刀库容量、采用混合工件加工时所需的刀具最大数量，为易损刀具准备的姊妹刀数量以及工件调度策略等。中央刀库的安放位置应便于换刀机器人在刀具进出站、机床刀库和中央刀库三者中抓放刀具。

4. 柔性制造系统检测监视系统的设置原则及其内容

检测监视系统对于保证柔性制造系统各个环节有条不紊地运行起着重要的作用。它的总体功能包括：工件流监视、刀具流监视、系统运输过程监视、环境参数及安全监视以及工件加工质量的监视。

1）设置检测监视系统的原则及要求

（1）该系统应该具有进一步容纳新技术的能力和进一步扩充的能力，这是为了保证系统的先进性以及便于与即将开发的检测监视技术的集成。

(2) 应充分考虑该系统的可靠性、可维护性与操作性，应有良好的人机界面，软件采用容错、提示、口令等便于人机对话。

(3) 便于数据分散采集和集中分析。在柔性制造系统中，根据需要在许多部位设置检测或监视点。检测监视装置是分散的，所以，要求检测装置的设置有利于系统的数据采集，并能把从各个部位获得的数据集中起来加以分析，从而得到系统的状态信息。

(4) 应具有合适的响应速度。检测监视系统应能迅速及时地反映加工过程的状态，其中对设备层的监视要求为毫秒级，工作站层监控和单元层监控为秒级。

(5) 应能预报故障。在对检测数据分析的基础上预报故障。

(6) 应能对工作人员提供可靠保护。通过对作业危险区的保护以及对上下料搬运系统和传送系统的工作监视来保护柔性制造系统中的操作人员。

(7) 该系统应具有预处理测量信号的能力，对复杂参数的判断能力以及测量和处理大量的模拟和数字信号的能力。

2) 柔性制造系统检测监视系统的监视方式及其内容

(1) 检测监视方式。

① 对设备或环境进行连续实时地测量并对获得的数据进行分析，给出报警或其他有效方式予以处理。

② 对检测点或环境定时或按约定时间进行采集测量，拾取有关数据进行分析处理。

③ 操作者在任意的时间对监测点或环境进行观察测量，并对即时的采集数据进行分析处理。

④ 工件加工质量的检测方式包括：利用机床所带的测量系统对工件进行在线主动检测；采用测量设备(如三坐标测量机或其他检验装置)在系统内对工件进行测量；在柔性制造系统线外测量。

(2) 检测监视内容。

① 对工件流系统的监视。检测工件进出站的空、忙状态，自动识别在工件进出站上的工件、夹具；检测自动导向小车的运行与运行路径；检测工件(含托盘和夹具)在工件进出站、托盘缓冲站、机床托盘自动交换装置与自动导向小车之间的引入情况、引出质量；检测物料在自动立体仓库上的存取质量。

② 对刀具流系统的监视。阅读与识别贴于刀柄上的条码；检测刀具进出站的刀位状态(空、忙、进、出)；检测换刀机器人的运行状态和运行路径；检测换刀机器人对刀具的抓取、存放质量；检测刀具的破损；检测和预报刀具的寿命。

③ 对机器加工设备的监视。在柔性制造系统中主要是监视其工作状态，主要内容包括：通过闭路电视系统，观察运行状态正常与否；检测主轴切削转矩、主电动机功率、切削液状态、排屑状态以及机床的振动与噪声。

④ 环境参数及安全监控。监测电网的电压和电流；监测供水供气等压力；监控空气的温度和湿度，并对火灾进出系统进行统计检测。

8.3.2 总体平面布局设计

1. 平面布局设计的基本原则

影响总体平面布局的因素很多，如系统的模型；机床的类型、数量和结构；车间的面积和环境；被加工零件的类型；生产需求；要求的操作类型与时间；选定的物料储运系统类型；进料、出料及服务的靠近程度与便利程度等，所以要因地制宜地设计系统的总体平面布局。进行总体平面布局设计时应遵循的基本原则主要有如下内容。

(1) 物料运输路线短。尽可能按照零件生产过程的流向和工艺顺序布置设备，减少零件在系统内地来回往返运输，尽可能缩短零件在加工过程中的运输路线。

(2) 保证设备的加工精度。比如，对于振动较大的清洗工位，应离机床和检测工位较远，以免清洗工件时的振动对零件加工与测量产生不利影响。而三坐标测量机对工作环境的要求较高，应安放在有防尘、防振、防潮、恒温、恒湿等措施的隔离室内。

(3) 确保安全。应为工作人员和设备创造安全的生产环境，充分保证必要的通风、照明、卫生、取暖、防暑、防尘、防污染等要求，设备的运动部分应有保护与隔离装置。

(4) 作业方便。各设备间应留有适当的空间，便于物料运输设备的进入、物料的交换、设备的维护保养等，避免不同设备(如小车和机械手)之间的相互干扰。

(5) 便于系统扩充。在进行设备平面布局时最好按结构化、模块化的原则设计，如有需要可方便地对系统进行扩充。

(6) 便于控制与集成。对通信线路、计算机工作站的布置要充分考虑，要兼顾到本系统与其他系统(如装配、热处理、毛坯制造等)的物料与信息交换。

2. 平面布局的形式

1) 基于装备之间关系的平面布局

按照自动化制造系统中加工装备之间的关系，平面布局形式可分为随机布局、功能布局、模块布局和单元布局。

(1) 随机布局。即生产装备在车间内可任意安装。当装备少于3台时可以采用随机布局形式；当装备较多时随机布局将使系统内的运输路线复杂，容易出现阻塞，增加系统的物流量。

(2) 功能布局。即生产装备按照其功能分为若干组，相同功能的装备安置在一起，也就是所谓的"机群式"布局。

(3) 模块布局。即把机床分为若干个具有相同功能的模块。这种布局的优点是可以较快地响应市场变化和处理系统发生的故障；缺点是不利于提高装备利用率。

(4) 单元布局。即按成组技术加工原理，将机床划分成若干个生产单元，每一个生产单元只加工某一族的工件。这是柔性制造系统采用较多的布局形式。

2) 基于物料输送路径的平面布局

按工件在系统中的流动路径，总体平面布局可分为直线型、环型、网络型等多种形式。

(1) 直线型布局。各独立工位排列在一条直线上。自动导向小车沿直线轨道运行，往返于各独立工位之间。直线型布局最为简单。当独立工位较少，工件生产批量较大时，大多按这种布局形式，且采用有轨式自动导向小车。

(2) 环型布局。各独立工位按多边形或弧形，首尾相连形成封闭型布局，自动导向小车沿封闭型路径运动于各独立工位之间。环型布局形式使得各独立工位在车间中的安装位置比较灵活,且多采用无轨自动导向小车。

(3) 网络型布局。所谓网络型布局是指各独立工位之间都可能有物料传送的路径,自动导向小车可在各独立工位之间以较短的运行路线储运物料。当系统中有较多的独立工位时,这种布局的装备利用率和容错能力最高,物料储运一般采用无轨自动导向小车,但其小车的控制调度比较复杂。

3. 平面布局设计的方法

平面布局设计的方法很多,从至表试验法(From-to Chart)就是一种常用的生产和服务设施布置方法。它是根据各种零件在各工作地和设备上加工的顺序,编制零件从某工作地(设备)至另一工作地(设备)的移动次数的汇总表,利用从至表中列出的机器或设施之间的相对位置,以对角线元素为基准计算工作地之间的相对距离,经过有限次实验性改进,找出整个生产单元物料总运量最小的布置方案。可按下列步骤进行。

第一步:首先绘制多种零件在各类生产设备上加工的工艺流程图,称为零件的综合工艺流程图。

第二步:根据零件的综合工艺流程图,编制零件从至表。

表中每一小格内记入各类机床设备上加工的零件上、下道工序间移动的次数,进行分析比较,寻求一个最佳的机床设备排列方案。

例题1:有一个按对象专业化形式组织的生产2种零件的生产线。生产线包括7个工作地;相邻两工作地的距离都大致相等,算作一个单位距离。求最优设备布置方案。

第一步:按照每一种零件的工序组成的顺序,可编制零件综合工艺流程图,见表8-1,表中圆圈内的数字表示加工工序号。

表 8-1 零件综合工艺流程图

机床 \ 零件号	1	2	合计
毛坯库	①	①	2
铣床	③	③	2
车床	②	②	2
钻床	④	④⑥	3
镗床		⑤	1
磨床			
检验	⑤	⑦	2

第二步:根据零件综合工艺流程图编制零件从至表。从至表是按工作地数(n)做的一个$n \times n$矩阵,表中直列为起始的工序,横行为终至的工序。对角线的右上方(上三角)表示按箭头方向前进的移动次数,对角线左下方(下三角)表示按箭头方向后退的移动次数。在表8-1的每一格填入从某工作地至另一工作地的零件移动次数。初始零件从至表见表8-2所示。

表 8-2　原从至表

从＼至	1 毛坯	2 铣床	3 车床	4 钻床	5 镗床	6 磨床	7 检验	合计
1 毛坯		2						2
2 铣床			2					2
3 车床		2						2
4 钻床					1		2	3
5 镗床				1				1
6 磨床								
7 检验								
合计		2	2	3	1		2	10

第三步：分析和改进初始的零件从至表，求得较优的设备可行布置方案。从从至表的构成可知，从至表中的数据距对角线的格数就是设备之间的距离单位数。在从至表对角线的两侧做平行于对角线，穿过各从至数的斜线。如果将所有斜线按距离对角线远近依次编号 $[i=1, 2, 3, \cdots, (n-1)]$，编号为 i 的斜线穿过的从至数为 j，则设备在这种排列下，零件总的移动距离为 $L=\sum ij$，见表 8-2，初始从至表中对角线右上方第一条斜线 $i=1$，表示从各设备至斜线经过的各设备之间的距离均为 1 个单位；$i=2$ 则表示距离均为 2 个单位，从而可以求出总的零件移动距离。

通过上述分析可知，斜线与对角线越靠近，表明移动距离越短。因此，最佳的设备排列应该是使从至表中从至数越大的设备，排列在越靠近对角线的位置上。依据这一原则，通过多次调整，找出较优的排列顺序，则改进后的最终零件从至表见表 8-3。

表 8-3　最终零件从至表

从＼至	1 毛坯	2 车床	3 铣床	4 钻床	5 检验	6 镗床	7 磨床	合计
1 毛坯		2						2
2 车床			2					2
3 铣床				2				2
4 钻床					2	1		3
5 检验								
6 镗床				1				1
7 磨床								
合计		2	2	3	2	1		10

第四步：计算改进前后零件移动的总距离，见表 8-4。通过计算比较可知，改进后的总零件移动距离减少了 6 个单位距离，占原总距离数的 33.3%，设备布置的优化程度大大提高了。

表8-4 从至表计算表

排列	顺流		逆流
调整前	格数×对角线位上各次之和 1×1=1　　　2×(2+2)=8 3×2=6		格数×对角线位上各次之和 1×(2+1)=3
	小计　　15		小计　　3
	零件移动总距离　　15+3=18（单位距离）		
调整后	1×(2+2+2+2)=8 2×1=2		2×1=2
	小计　　10		小计　　2
	零件移动总距离　　10+2=12（单位距离）		
	零件移动总距离调整前后之差　　18-12=6(单位距离)		
	总距离相对减少程度 6/18=33.3%		

改进后的零件综合工艺流程图见表8-5。

表8-5 改进后的零件综合工艺流程图

机床＼零件号	1	2	合计
毛坯库	①	①	2
车床	②	②	2
铣床	③	③	2
钻床	④	④⑥	3
检验	⑤	⑦	2
镗床		⑤	1
磨床			

4. 平面布局实例

例题2：图8.4所示为某柔性制造系统平面布局示意图。

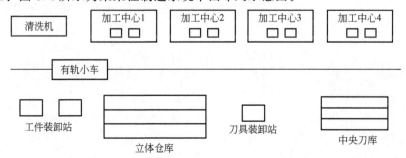

图8.4 某柔性制造系统的总体平面布局设计

该系统包括 4 台卧式加工中心,其中 1 台由德国进口,其余 3 台由国内某机床厂制造,另配备了 1 台工件清洗机。物料输送装置为 1 台轨道自动导向小车,作直线往复运动,以无线红外技术实现信息通信,为工件和刀具输送共用。系统设立了一个用于存放工件、有 90 个库位的立体仓库和一个有 30 个刀位的中央刀库,还设立了两个工件装卸站,1 个刀具装卸站。加工中心和清洗机 5 台设备呈直线排列在小车轨道的一侧,工件装卸站、刀具装卸站、立体仓库和中央刀库布置在小车轨道的另一侧。

复习思考题

8-1 叙述自动化制造系统总体设计的步骤。
8-2 简要说明零件族选择的影响因素。
8-3 自动化制造系统如何进行设备选择与配置。
8-4 总体平面布局的形式有哪些?

第 9 章 自动化制造系统的计算机仿真及优化

本章教学要点

知识要点	掌握程度	相关知识
(1) 仿真的基本概念、特点及意义 (2) 自动化制造系统计算机仿真的作用	掌握仿真的基本概念； 了解仿真的特点、意义及其作用	计算机仿真的发展历程
仿真的基本理论、方法	掌握仿真的基本理论及方法	仿真建模的基本理论； 仿真的一般过程； 离散事件系统仿真的基本技术
自动化制造系统仿真研究的主要内容	掌握自动化制造系统仿真研究的主要内容	总体布局研究； 动态调度策略仿真研究； 作业计划仿真研究
仿真语言、仿真软件及应用实例	熟悉仿真的实例； 了解仿真语言及软件	通用仿真语言 GPSS； ProModel 仿真软件的模型元素及使用

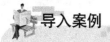 **导入案例**

对虚拟柔性制造系统仿真技术的研究

机械制造系统是一个复杂的系统,系统输入的是与制造有关的物料、设备、工具、能源、人员、制造理论、制造工艺和制造信息等,输出的是一个合格的具有一定功能的产品。制造系统的复杂性表现在:制造环境、制造产品和制造系统结构和制造过程的复杂性。面对如此复杂的系统,要使产品达到TQCS(产品的时间、质量、成本、服务)最优,需要严格控制制造的各个环节,得到局部最优乃至全局最优目标。而这一切需要对整个制造过程进行建模,目前研究的热点之一就是虚拟制造技术。

柔性制造系统(Flexible Manufacturing System,FMS)是由数控加工设备、物料运储装置和计算机控制系统等组成的自动化制造系统,它包括数控机床、加工中心、车削中心等,也可能是柔性制造单元,能根据制造任务或生产环境的变化迅速进行调整。要采用虚拟制造技术来正确模拟柔性制造系统的制造过程,主要开展两方面的工作,一是真实模拟该制造系统中加工设备的功能;二是对整个柔性制造系统在"一"的基础上正确规划生产过程,以便获得对整个产品可制造性的全面评估。

"虚拟柔性制造系统系统仿真研究"项目从2003年5月～2005年5月得到西南交通大学科技发展基金的支持。该项目以柔性制造系统为原型研究对象,从系统论的角度,按照复杂系统的观点对虚拟柔性制造系统进行理论建模,对虚拟柔性制造系统仿真的关键技术进行研究。重点研究加工过程的工艺信息建模、工艺系统几何建模、运动建模和物理效应建模,并对加工过程工序进行规划运动模拟、对NC代码进行检验和刀具轨迹模拟。以此研究零件可加工性的评判因素和机理,建立工艺评价的优化模型。其最终目的是建立一个能评价工艺方案和工艺参数的基于虚拟现实的直观制造评价体系,以解决制造系统与产品市场的矛盾关系。

经过两年的研究,该项目已取得预期的成果和可以认定的技术性能指标。

资料来源:http://www.soft6.com/v9/2011/fzsj_0527/152699.html,2011

9.1 计算机仿真概述

自动化制造系统的投资往往较大、建造周期较长、风险性也比较大。因此,在设计和规划阶段的可行性研究就显得非常重要。计算机仿真是一种省时、省力、省钱的系统分析研究工具,对分析研究自动化制造系统的设计和运行性能具有巨大的优势,所得到的结论对投资决策能够起到非常重要的支持作用。

本章将概要地介绍计算机仿真的基本概念及其作用、计算机仿真的基本理论及方法、自动化制造系统仿真研究的主要内容、面向制造系统的仿真软件的介绍及其应用实例。

9.1.1 仿真的基本概念

现代科学研究、生产开发、社会工程、经济运营中涉及的许多项目都有一定的规模和复杂度。在进行项目的设计和规划时往往需要对项目的合理性、经济性等品质加以评价；在项目实际运营前也希望对项目的实施结果加以预测以便选择正确、高效的运行策略或提前消除该项目设计中的缺陷，最大限度地提高实际系统的运行水平。采用仿真技术可以省时、省力、省钱地达到上述目的。

仿真对大家来说并不陌生。例如，在进行军事战役之前，进行沙盘推演和实地军事演习就是对该战役的一种仿真研究；设计飞机时，用风洞对机翼进行空气动力学特性研究就是在飞机上天实际飞行前对其机翼在空中高速气体流场中受力状态和运行状态的一种仿真；在制造系统的设计阶段，通过某一种模型来研究该系统在不同物理配置情况下、不同物流路径和不同运行控制策略的特性，从而预先对系统进行分析和评价，以获得较佳的配置和较优的控制策略。在制造系统建成后，通过仿真可以研究系统在不同作业计划输入下的运行情况，比较和选择较优的作业计划，以达到提高系统运行效率的目的。这些都是仿真的应用案例，如图9.1所示。

(a) 神舟飞船的海上回收仿真

(b) 飞机机翼高速气流场中受力状态和运行状态仿真

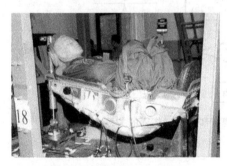
(c) 无人状态下的飞行仿真

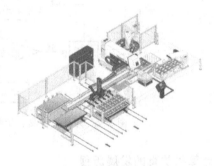
(d) 制造系统的物理配置仿真

图9.1 仿真案例

"仿真"一词源于英文术语Simulation，早期也译为"模拟"。仿真就是通过对系统模型的实验去研究一个存在或设计中的系统(这里的系统是指由相互联系和相互制约的各个部分组成的具有一定功能的整体)。简单地说，仿真就是一种基于模型的活动。

根据仿真与实际系统配置的接近程度，可以将其分为全物理仿真、半物理仿真和计算机仿真。采用与实际系统相同或等效的部件或子系统来实现对系统的试验研究，以分析系统的性能，称为全物理仿真(如图9.1(a)和图9.1(b)所示)。在计算机上建立实际系统的计算机模型，并对其进行试验研究的仿真称为计算机仿真(如图9.1(d)所示)。介于前两者之间并将其有机结合，用已研制出来的系统中的实际部件或子系统去代替部分计算机模型所构成的仿真称为半物理仿真(如图 9.1(c)所示)。一般说来，计算机仿真较之半物理、全物理仿真在时间、费用和方便性等方面都具有明显的优点，而半物理仿真、全物理仿真具有较高的可信度，但费用昂贵且准备时间长。

图 9.2 所示给出了计算机仿真、半物理仿真和全物理仿真的关系及其在工程系统研究各阶段的应用。计算机仿真技术具有经济、安全、可重复和不受气候、场地、时间限制的优势，被称为除理论推导和科学试验之外的人类认识自然和改造自然的第三种手段。因此，除了必须采用半物理或全物理仿真才能满足系统研究的要求的情况外，一般来说都应尽量采用计算机仿真，计算机仿真也由此得到了越来越广泛的应用。本章所要介绍的也就是自动化制造系统计算机仿真的有关内容。

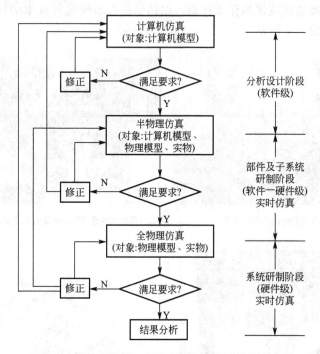

图 9.2 计算机仿真、半物理仿真和全物理仿真的关系

9.1.2 计算机仿真的发展历程

计算机问世前，人们主要进行物理仿真。随着计算机软、硬件技术的飞速发展，计算机求解复杂系统数字模型的能力也越来越强，且费用低、重复性好、精度高、所用时间短、结果处理简单，因而计算机仿真日益受到重视，应用面也越来越广。

计算机仿真随着计算机技术的发展而发展，几乎每一项计算机领域的新技术都在仿真中有所应用。1947 年第一台通用电子模拟计算机研制成功，计算机仿真也随之崭露头角。20 世纪 40 年代末期和 50 年代的工作主要是利用电子模拟计算机对连续系统进行仿真，涉及了自动控制、航天等领域，飞机、导弹的飞行控制、制导系统均采用计算机仿真和半物理仿真进行分析试验。1950～1953 年，美国首先利用计算机来模拟战争，防空兵力或地空作战被认为是最大训练潜力的应用范畴。1958 年出现了第一台混合仿真计算机并成功地用于洲际导弹的仿真。20世纪70年代以来,由于电子数字计算机的发展和普及,电子数字计算机已广泛地用于连续系统和离散系统的仿真。

20世纪60年代和70年代也是仿真理论飞速发展的时期。在此期间,仿真建模理论、仿真方法、仿真通用语言及仿真工具的研究都有很大的发展。例如,用于连续系统仿真的欧拉法、龙格—库塔(Runge - Kutta)法、阿达姆斯(Adams)法、离散相似法等;并开发了一些用于连续系统的软件包,如 MIMIC、CSSL、DYNAMO 等。用于离散事件系统的、以活动循环和事件调度为基础的建模仿真理论也有了长足的发展,并出现了用于离散事件系统仿真的通用语言 GPSS、SIMSCRIKT、SIMULA 以及 ECSL 等等。

至今为止,计算机仿真技术已经有50多年的发展历史,它不仅用于航空、航天各式武器系统的研制部门,而且已经广泛应用于电力、交通运输、通信、化工、核能等各个领域。特别是近20年来,随着系统工程与科学的迅速发展,仿真技术已从传统的工程领域扩展到非工程领域,因而在社会经济系统、环境生态系统、能源系统、生物医学系统、教学训练系统也得到了广泛的应用。计算机仿真行业已经成为代表国家关键技术和科研核心竞争能力,且具有相当规模的产业。根据赛迪报告,2008年全球计算机仿真市场的总体规模达883亿美元以上,中国计算机仿真市场的总体规模达298亿人民币以上,未来计算机仿真行业发展潜力巨大。

9.1.3 计算机仿真的特点

计算机仿真有别于其他方法的显著特点之一是:它是一种在计算机上进行实验的方法,实验所依赖的是由实际系统抽象出来的仿真模型。由于这一特点,计算机仿真给出的是由实验选出的较优解,而不像数学分析方法那样给出问题的确定性的最优解。

计算机仿真结果的价值和可信度与仿真模型、仿真方法及仿真实验输入数据有关。如果仿真模型偏离真实系统,或者仿真方法选择不当,或者仿真实验输入的数据不充分、不典型,则将降低仿真结果的价值。但是,仿真模型对原系统描述得越细、越真实,仿真输入数据集越大,仿真建模的复杂度和仿真时间都会增加。因此,需要在可信度、真实度与复杂度之间加以权衡。

在解决具体问题时,是否选择计算机仿真方法,一般可以按图9.3所示给出的流程加以考虑。根据图9.3中的流程可以看出,对一个实际问题,当可以用数学分析的解析方法来求得解时就首选数学分析方法;当数学分析方法无能为力时就考虑物理实验方法,如果物理实验方法可以解决,则采用物理实验方法;当物理实验方法在时间、费用、可行性等方面难以满足要求时就要考虑计算机仿真的方法;如果连仿真方法也无法实现,则只好采用直观决策的办法。

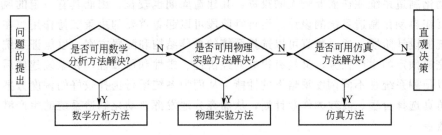

图9.3 研究方法的选择流程

9.1.4 计算机仿真的意义

在科学研究、生产组织、工程开发、经济发展及社会调控方面采用计算机仿真技术具有十分重要的意义。概括地说，主要有以下几点。

(1) 可以替代许多难以开展或无法实现的实验。在实际问题中，有许多是无法通过实际运作来加以研究的。若想采用实验，也是十分困难甚至是无法实现的。例如，要研究某一地区发生一定震级的地震对建筑物或人员的损坏程度，是不可能通过实际地震实验来获取结果的。又如，要预测未来一段时间地球气候变化趋势，是不可能在当前让今后一段时期的地球气候进行预演的。采用计算机仿真却可以在计算机上对抽象的仿真模型进行反复的实验，从而解决这种难以采用实际运作或真实实验的问题。

(2) 可以解决一般理论方法难以求解的大型系统问题。有一些大而复杂的系统，例如柔性制造系统、计算机集成制造系统，采用理论分析或从数学上求解的方法来加以分析是十分困难的，有时甚至不可能。但是，通过计算机仿真，就可以用仿真实验的方法加以研究。

(3) 可以经济快速地比较不同方案以降低投资风险并节省研究开发费用。越是大型复杂的系统和高技术项目，其不可预见性越大，相应的投资风险和人力、物力浪费的潜在可能性也大。如港口、铁路、机场和大型制造工厂，一旦建成后发现设计不合理，要改动或重建，又需要大量人力和物力。如果预先通过计算机仿真对系统或项目的设计、规划方案加以研究比较和优选并对系统建成后的运行效果进行仿真，可以预先获得许多宝贵的认识，从而增加决策的科学性，减少失误。这样，就可以降低投资风险，节省人力和物力。

(4) 可以避免实际实验对生命和财产的危害。有些实际实验对人员和装备都有潜在的危险性。例如，在核电站已建成后才去实施控制系统的可靠性与应急处理能力，显然是十分危险的。再如，电力调度系统对新的调度方案的试验或人员的培训，如果在真实系统上加以实施，也是相当有风险的。然而，计算机仿真却可以较好地达到预期的实验目的，又可避免对人员和财产的危害。

(5) 可以缩短实验时间，并不拘于时空限制。一个制造系统几十小时的加工过程，采用计算机仿真实验则仅需几十分钟至几小时。此外，有些系统的实际实验由于时间和经费的限制，难以反复进行。计算机仿真则不受这种限制，可以多次重复进行；另一方面，有些实验需要相当大的场地，如军事演习等，不能不受客观环境的限制，而计算机仿真对时空的要求则不严格。

9.1.5 自动化制造系统计算机仿真的作用

自动化制造系统往往需要较大的投资，其建造周期也较长，因而具有一定的风险。计算机仿真在自动化制造系统的设计、运行等阶段可以起着重要的决策支持作用。在自动化制造系统的设计阶段，通过仿真可以选择系统的最佳结构和配置方案，以保证系统建成后既可以完成预定的生产任务，又具有很好的经济性、柔性和可靠性；在系统建成后，通过仿真可以预测系统在不同调度策略下的性能，从而为系统运行选择较好的调度方案；还可以通过仿真选择合理、高效的作业计划，从而充分地发挥自动化制造系统的生产潜力，提高经济效益。

根据计算机仿真在自动化制造系统中的作用，可以将其归结为"设计决策"和"运行决策"两种类型。

"设计决策"关注制造系统结构、参数和配置的分析、规划、设计与优化，它可以为下列问题的决策提供技术支持：①在生产任务一定时，制造系统所需机床、设备、工具以及操作人员的类型和数量；②在配置给定的前提下，制造系统的生产能力、生产效率和效益；③加工设备或物料搬运系统的类型、结构和参数优化；④缓冲区及仓库容量的确定；⑤企业及车间的最佳布局；⑥生产线的平衡分析及优化；⑦企业或车间的瓶颈工位分析与改进；⑧设备故障、统计及维修对系统性能的影响；⑨优化产品销售体系，如配送中心选址、数量与规模等，降低销售成本。

"运行决策"关注制造系统运营过程中的生产计划、调度与控制，它可以为以下问题的决策提供技术支持：①给定生产任务时，制定作业计划、安排作业班次；②制定采购计划，使采购成本最低；③优化车间生产控制及调度策略；④企业制造资源的调度，提高资源利用率和实现效益最大化；⑤设备预防性维修周期的制定与优化。

对于自动化制造系统而言，计算机仿真具有很多的优点，主要包括：①可以用仿真试验新的设计方案、结构参数、调度规则、操作流程以及控制方式等，而无需破坏实际系统或中断实际系统的运行；②可以测试车间布局、物流系统等是否合理，而无需消耗大量资源；③仿真时通过采用时间"压缩"或"延长"技术，可以加速或延缓制造系统中某些物理现象的发生频率及其持续时间，深层次地揭示制造系统本质特征；④有利于深入地观察不同配置、结构和参数之间的相互作用，以便从全局的角度认识系统；⑤有利于分析和发现影响系统性能的关键参数，确定系统的敏感变量；⑥有利于找到系统中的瓶颈工序、部位和设备，以便作有针对性地改进；⑦利用仿真技术，可以逐步地分析和解决系统存在的问题，以实现自动化制造系统的最佳设计和运行过程的最优化。

9.2 计算机仿真的基本理论及方法

9.2.1 仿真建模的基本理论

1. 模型的基本概念及分类

1）模型是集中反映系统信息的整体

前面已提及，仿真就是通过对系统模型的实验去研究一个真实系统。由此可见，模型是实现仿真的前提条件。所谓模型就是对真实系统中那些有用的和令人感兴趣的特性的抽象、简化与描述。模型在所研究的系统的某一侧面具有与系统相似的数学描述和物理描述。模型具有下述特点：①它是客观事物的模仿或抽象；②它由与分析问题的有关的因素构成；③它体现了有关因素之间的联系。从另一侧面来看，当我们把系统看成是行为数据源时，那么模型就是一组产生行为数据的指令的集合。

2）模型分类

根据模型与实际系统的一致程度，可以概略地把模型分为以下3类。

（1）物理模型，即实物模型。是采用特定的材料和工艺，根据相似性原则按一定比例制作的，以便通过试验对系统的模型方面性能作出评估。例如，研制新型飞机时，一般先要对比例缩小的飞机模型进行风洞试验,以验证飞机的空气动力学性能;开发新型轮船时,一般先要在水池中对比例缩小的轮船模型进行试验,以了解轮船的各种性能。飞机模型以及轮船模型都属于物理模型。

(2) 数学模型。采用符号、数学方程、数学函数或数据表格等方法定义系统各元素之间的关系和内在规律,再利用对数学模型的试验以获得现实系统的性能特征和规律。例如,国家或地区人口增长模型、经济增长预测模型、数控机床可靠性模型等。

(3) 物理—数学模型也称半物理模型。物理—数学模型是一种混合模型,它有机地结合了物理模型和数学模型的优点。例如航空、航天仿真训练器,发电厂调度仿真训练器等。

2. 建模过程中的信息来源

建模就是对真实系统在不同程度上的抽象。这种抽象实际上是对真实系统的信息以某种适当的形式加以概括和描述,从而具体地定出模型的结构和参数。建模过程有3类主要的信息来源:目标和目的,先验知识,试验数据。

(1) 目标和目的。对同一真实系统,由于研究的目的不同,建模目标也不同,由此形成同一系统的不同模型。因此,建模过程中应准确地掌握建模目的和目标信息。

(2) 先验知识。建模过程是以过去的知识为基础的。在某项建模工作的初始阶段,所研究的过程常常是前人经历过的,已经总结出了许多定论、原理或模型。这些先验知识可作为建模的信息源加以利用。

(3) 试验数据。建模过程来源还可通过对现象的试验和观测来获得。这种试验或观测,或者来自于对真实系统的试验,或者来自于在一个仿真器上对模型的试验。由于要通过数据来提供模型的信息,故要考虑使数据包含尽可能丰富的信息,并且要注意使试验易于进行,数据采集费用低,试验直截了当。

3. 建模方法

1) 仿真建模的一般方法如下所示。

(1) 数学规划。采用排队论、线性规划等理论方法建立系统模型。

(2) 图与网络方法。采用方框图、信号流程图来描述控制系统模型,或者用逻辑流程图、活动循环图、Petri网等来描述离散事件系统模型。

(3) 随机理论方法。对于随机系统,还必须采用随机理论方法来建立系统模型。

(4) 通用仿真语言建模方法。通过某种通用仿真语言提供的过程或活动描述方法对系统动态过程进行描述,再将其转为仿真程序。

(5) 图形建模方法。通过类似于CAD作业那样的方式直接在计算机屏幕上用图标给出某个系统(例如制造系统)的物理配置和布局、活动体的运动轨迹以及控制规则和运行计划。这是一种不必编程即可运行的建模方式。

2) 模型的可信度

模型的可信度是指模型对真实系统描述的吻合程度。可信度可从3个方面加以考察:①在行为水平上的可信度是指模型复现真实系统行为的程度。它体现了模型对真实系统的重复性的好坏。②状态结构水平上的可信度是指模型能否与真实系统在状态上互相对应,从而通过模型对系统未来行为作唯一的预测。它体现了模型对真实系统的复制程度。③在分解结构水平上的可信度。它反映了模型能否表示出真实系统内部工作情况,而且可唯一地表示出来。它体现了模型对真实系统的重构性的好坏。

3) 建模的一般过程

图 9.4 所示给出了建模的一般过程。在建模时，首先要根据研究的"目的"确定建模的"目标"。例如，在某个 FMS 的仿真建模中，"目的"是要研究某种实用的调度控制策略，则建模的"目标"就是要建立详细的模型，使仿真系统的动态调度过程与原系统的动态调度过程一致。在建模时，要尽量根据已有的经验，即"先验知识"，来选取实体的特征以进行系统的简化。然后再通过某种形式化的方法（例如，活动循环图 GPSS 的模型结构图）"演绎分析"以得出仿真模型的框架。

在此过程中可能还要根据仿真"试验设计"的要求，选取必要的数据，以确定模型中属性的数值。必要时，还要对模型进行可信度分析。注意：应仔细选择系统的描述，阐明所研究的真实世界的边界部分，描述清楚输入/输出以及状态集合，并选择一个可接受的模型框架。模型框架实际上就是一种已程式化的、用于概略地描述模型的总体纲要。

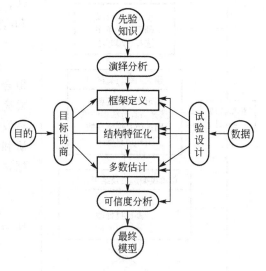

图 9.4 建模的一般过程

9.2.2 计算机仿真的一般过程

建模与仿真研究的目的是分析实际系统的性能特征。如图 9.5 所示给出了系统建模与仿真应用步骤，总体上可分为系统分析、数学建模、仿真建模、仿真试验、仿真结果分析以及模型确认等步骤，以下简要分析各步骤的基本功能。

1) 问题描述与需求分析

建模与仿真的应用源于系统研发的需求。因此，首先明确被研究系统的组成、结构、参数和功能等，划定系统的范围和运行环境，提炼出问题的主要特征和元素，以便对系统建模和仿真研究作出准确的定位和判断。

2) 定研究目标和计划

优化和决策是系统建模和仿真的目的。根据研究对象的不同，建模和仿真的目标包括性能最好、产量最高、成本最低等。根据研究目标，确定拟采用的建模与仿真技术，制定建模与仿真研究计划，包括技术方案、技术路线、时间安排、成本预算、软硬件条件以及人员配置等。

3) 建立系统的数学模型

为保证所建模型复合真实系统、反映问题的本质特征和运行规律，在建立模型时要准确把握系统的结构和机理，提取关键的参数和特征，并采取正确的建模方法。按照由粗到精、逐步深入的原则，不断细化和完整系统模型。需要指出的是，数学建模时不应追求模型元素与实际系统的一一对应关系，而应通过合理的假设来简化模型，关注系统的关键元素和本质特征。此外，应以满足仿真精度为目标，避免使模型过于复杂，以降低建模和求解的难度。

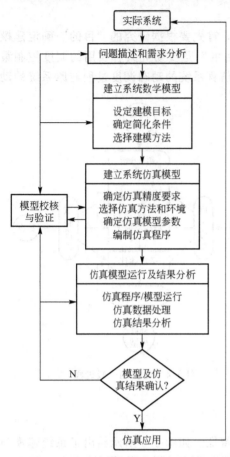

图 9.5 系统建模与仿真的应用步骤

4) 模型的校核、验证及确认

系统建模和仿真的重要作用是为决策提供依据。为减少决策失误，降低决策风险，有必要对所建数学模型和仿真模型进行校核、验证及确认，以确保系统模型与仿真逻辑及结果的正确性和有效性。

5) 数据采集

要使仿真结果反映系统的真实特性，采集或拟合系统实际的输入数据显得尤为重要。例如，要完成一个制造车间效益的评估，必须事先对制造设备数量及其性能、零件种类、数量等进行调研和分析。这些数据是仿真模型运行的基础数据，直接关系到仿真结果的可信性。

6) 数学模型与仿真模型的转换

在计算机仿真中，需要将系统的数学模型转换为计算机能够识别的数据格式。

7) 仿真试验设计

为了提高系统建模和仿真的效率，在不同层面和深度上分析系统性能，有必要进行仿真试验方案的设计。仿真试验设计的内容包括仿真初始化长度、仿真运行的时间、仿真试验的次数以及如何根据仿真结果修正模型及参数等。

8) 仿真试验

仿真试验是运行仿真程序、开展仿真研究的过程，也就是对所建立的仿真模型进行数值试验和求解的过程。

9) 仿真数据处理及结果分析

从仿真试验中提取有价值的信息，以指导实际系统的开发，是仿真的最终目标。目前，仿真软件中广泛采用图形化技术，通过图形、图表、动画等形式显示被仿真对象的各种状态，使得仿真数据更加直观、丰富和详尽，这也有利于人们对仿真结果的分析。

10) 优化和决策

根据系统建模和仿真得到的数据和结论，改进和优化系统结构、参数、工艺、配置、布局及控制策略等，实现系统性能的优化，并为系统决策提供依据。

9.2.3 离散事件系统仿真的基本技术

1. 离散事件系统及其模型分类

根据系统状态是否随时间连续变化，可以将系统分为连续系统和离散事件系统两大类型。

离散事件系统是指其活动和状态变化仅在离散时间点上发生的一类系统。这类系统的状态仅与离散的时间点有关，当离散的时间点上有事件发生时，系统状态才会变化。一个简单的例子是加工设备,若把零件是否在工作台上作为一种系统状态,则仅仅当工作台上有零件装卸的情况(事件)发生时,系统状态才会发生变化,这些事件(装卸零件)是在离散时间点(完成装卸的时刻)上发生的。交通运输、库存管理、加工系统、网络通信等均可看作是离散事件系统。

与离散事件系统相对应,系统模型也可分为连续时间模型和离散时间模型。通常,连续时间模型中的时间用实数表示,可以在任意时间点获取系统状态;离散时间模型中时间用以表示离散点上系统状态的变化。

根据系统状态是否随时间发生变化,可以将系统分为静态系统和动态系统。其中,动态系统是系统建模与仿真技术的主要研究对象。

2. 离散事件系统建模的基本要素

离散事件系统状态的变化只发生在离散的时间点上。由于离散事件发生的时间通常是不确定的,使得系统状态的变化具有随机性。

例如,对汽车制造企业而言,每个时段的市场需求(如款式、配置、数量等)都是随机的,难以准确预测,为减少库存成本、降低市场风险,不少企业开始实行订单生产,这就要求企业具有动态的生产计划和调度能力。

实际上,制造系统的订单、库存、产量、产品售价等都具有随机性。上述特点给制造系统的性能预测带来困难,基于概率、数理统计和随机过程等理论,并利用仿真技术求得系统性能的统计解,可以为此类系统的性能分析提供可行的解决方案。离散事件系统建模与仿真中的基本元素如下所示。

(1) 实体(Entity)。实体是系统边界内的对象,它是构成系统模型的基本要素之一。在离散事件系统中,实体可分为临时实体(Temporary Entity)和永久实体(Permanent Entity)两类。只在系统中存在一段时间的实体称为临时实体,它们在建模和仿真的某一时刻出现,并在仿真结束前从系统中消失。例如,机械加工车间中的一个待加工零件,它按照一定规律进入加工车间,加工过程结束后即离开加工车间,因而是临时实体。永久实体是指始终驻留在系统中的实体。例如,机械加工车间中的加工设备、操作人员等。

(2) 属性(Attribute)。每个实体都具有自身的状态和特性,可以用属性的集合加以描述。例如:加工车间中的机床具有名称、加工范围、加工精度等属性,待加工零件具有名称、材料、重量等属性。在系统建模与仿真中,通常只关注与系统性能有关的属性。

(3) 状态(State)。在任一时刻,系统中所有实体的属性的集合构成系统的状态,系统状态是时间的变量。

(4) 事件(Event)。事件是引起系统状态变化的行为和起因,是系统状态变化的驱动力。正是在事件的驱动下,离散事件系统状态才不断地发生变化。例如,机械加工车间中待加工零件的到达是一个事件,待加工零件到达使得系统状态发生改变(待加工零件数增加1个),还可能使本来处于空闲状态的机床变成加工状态;同样,零件加工结束也是一个事件,它使得系统中已完成加工的零件数增加1个、待加工零件数减少1个,还可能使机床由加工状态变为空闲状态。

(5) 事件点(Event Point)。出现事件的时间点(某一时刻)称为事件点。

(6) 活动(Activity)。活动表示实体在两个事件之间的持续过程,它标志着系统状态的转移。活动的开始和结束都是事件引起的。例如,机械加工车间中的一个零件从开始加工到加工结束可视为一个"加工"活动,在该活动中,机床处于加工状态。再如,仓储系统中"物品到达"是一个事件,该事件的发生可能会使仓储系统的货位从"空闲"状态变为"非空闲"状态。从"物品到达"事件直到"物品取出",物品处在货位中存储的状态,即处于"存储"活动中。因此,"存储"活动的开始和结束标志着物品的到达和离去,标志着货位的空闲与非空闲的转变。

(7) 进程(Process)。进程由与某类实体相关的若干有序事件及活动组成,它描述了相关事件及活动之间的逻辑和时序关系。以机械加工车间为例,一个零件从达到机械加工车间、等待加工(排队)、开始加工、加工结束离开加工车间的过程可视为一个进程。需要指出的是,此处的进程概念与软件编程中的进程有一定的区别。事件、活动和进程三者之间的关系如图 9.6 所示。

图 9.6 事件、活动和进程三者之间的关系

(8) 仿真时钟(Simulation Clock)。仿真时钟用于显示仿真时间的变化,是仿真模型运行时序的控制机构。仿真模型以仿真时钟来模拟实际系统运行所需的时间,而不是指计算机执行仿真程序所需的时间。

(9) 规则(Rule)。离散事件的发生具有随机性,但是它们的发生可以按照一定的逻辑加以约束和定义。规则就是用于描述实体之间的逻辑关系和系统运行策略的逻辑语句和约定。例如,机械加工车间中,当机床空闲时,它可以按照一定的规则去选择待加工的零件,如先到先加工、后到先加工或优先级最高的先加工等。同样的,当有多台机床空闲时,待加工零件也可以按照一定的规则去选择机床,如选择距离最近的机床、选择加工效率最高的机床、选择加工精度最高的机床、选择加工成本最低的机床等。

显然,采用不同规则将对系统性能产生重要影响。在系统建模和编制仿真程序时,可以有意识地设计一些调度规则,用于评价不同规则对系统的影响,从中选择出有利于系统性能优化的规则,这也正是建模和仿真研究的优势所在。

3. 离散事件系统仿真程序的基本结构

离散事件系统种类繁多,建模与仿真分析的目标不同,所采用的建模和仿真方法也不尽相同。但是,在编制仿真程序或采用商品化仿真软件建立模型时还是存在一定的共性。图 9.7 所示为离散事件系统仿真程序的基本结构。

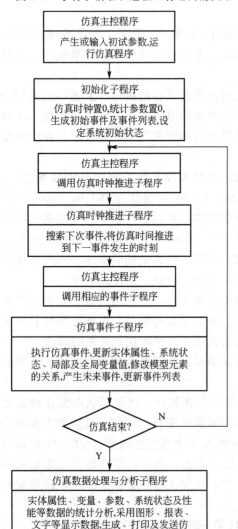

图 9.7 离散事件系统仿真程序的基本结构

由图 9.7 可知，离散事件仿真程序中主要包括以下子程序。

（1）变量、实体属性和系统状态。用来记录系统在不同时刻所处的工作状况。通过跟踪变量、实体属性及系统状态的变化，可以分析引起系统变化的原因，并为系统调度和决策提供依据。

（2）初始化子程序。在仿真模型开始运行前完成模型的初始化工作，产生必要的初始参数。

（3）仿真时钟。用于记录仿真模型的运行时间，它可作为评价系统性能的依据，也可作为仿真调度和仿真程序是否结束的依据。

（4）事件列表。根据仿真模型运行时事件发生的先后顺序建立的数据列表，它是仿真模型运行和仿真时钟推进的依据。

（5）定时子程序。根据事件表确定下一个将要发生的事件，并将仿真时钟推进到下次事件发生的时刻。

（6）事件子程序。根据实际系统抽象出的事件程序，如制造系统中零部件的"故障"、"修复"事件，排队系统中的"等待"事件等。事件子程序与系统中事件类型相对应。

（7）仿真数据处理与分析子程序。用于计算、显示、分析和打印仿真结果，以便根据仿真数据判定系统性能，并为系统的优化和改进提供依据。

为了从仿真试验中提取有价值的信息，提高仿真数据处理的质量和效率，目前仿真软件中已普遍采用图形化和动态显示技术，通过各种图形、图表、动画等展示实体属性和系统状态，使得仿真数据的显示更加直观、丰富和详尽。

9.3 自动化制造系统仿真研究的主要内容

9.3.1 总体布局研究

自动化制造系统在规划设计时，必须在明确制造对象和总体生产目标的基础上，首先确定系统的结构，这包括：①确定各种设备的类型和数量；②确定各种设备的相互位置关系即系统布局；③研究系统布局对既定场地的利用情况；④研究系统中最恰当的物流路径；⑤研究系统在动态运行时是否会由于布局本身的不当而发生阻塞和干涉（系统瓶颈）。

通常的方法是在按第 8 章中的原则确定出系统的配置和布局后，通过仿真系统，按比较严格的比例关系，在计算机屏幕上设计出系统的平面或立体的布局图像，然后通过不同方位或不同运行情况下的图形变换来观察布局是否合理；最后，通过系统的动态运行来研究是否存在动态干涉或阻塞问题，设计人员再根据仿真结果对设计方案进行修改完善。值得指出的是，虽然在研究系统布局时涉及图形变换等动画处理，但从原理上来看仅仅是一种静态结构的仿真，不涉及制造系统本身的动态特性。只有研究系统在动态运行时发生干涉或阻塞问题时，才涉及系统的动态特性。然而此时系统的动态特性主要是着眼于移动设备和固定设备之间的关系以及物料运输路径的合理性。

9.3.2 动态调度策略的仿真研究

在一个自动化制造系统中通常有许多决策点：工件进入系统的决策点；工件选择加工

设备的决策点；加工设备选择工件的决策点；小车运输方式的决策点；工件选择缓冲站的决策点；选择运输小车的决策点；加工设备选择刀具的决策点；刀具选择中央刀库中刀位的决策点等。在不同的决策点具有相应的多个决策规则。因此，根据系统的具体情况在各个决策点采用某些决策规则，就构成了系统的不同调度方案。

进行动态调度策略的仿真研究是为了研究或验证在实际的制造系统控制过程中的动态调度方案是否合理、高效，或通过实验提前消除原控制系统软件的潜在缺陷，属于对系统的比较详细、深入的仿真。为此，在建立仿真模型时，必须使仿真系统中与原制造系统中有对应相同的决策点，每个对应的决策点均采用对应相同的决策方法（由决策规则和规则的适用优先顺序等方法来确定）。每个对应的决策点在相同的条件下应产生对应相同的活动。换言之，仿真系统中的控制逻辑图应与原来的制造系统的控制逻辑图相同。

9.3.3 作业计划的仿真研究

在制造系统建成后，设备配置及调度策略就已经确定了。这时，影响系统运行效率的主要因素就是生产作业计划。由于在生产过程中考虑到后续工序的需求和系统总体效率，零件往往是以混合批次的方式在系统中进行加工的。例如，为了装配某一部件，需要 A 零件 2 件，B 零件 1 件，C 零件 1 件。如果采用先加工 A 零件 2000 件，再加工 B 零件 1000件，然后加工 C 零件 1000 件的作业计划进行生产，则有可能在加工 A 零件时，由于加工2000 件时间过长，造成后续装配工序无件可装而空闲，这显然会造成整个制造系统负荷不均，影响总体效率。当然，按加工 A 零件 2 件，B 零件 1 件，C 零件 1 件的作业计划能够使后续工序不致空闲，但却未必是高效的。因为机床更换不同加工对象时，会涉及刀具的准备（甚至中途换刀）等问题，会显著地增加中间辅助时间，从而降低系统总的生产率。因此，系统作业计划应按 A、B、C 零件的比例关系 $2x : x : x$ 的混合批次进行加工，但究竟 x 为多少最适宜，却是需要仔细研究的。而通过仿真却可以相当准确地预测不同加工计划的优劣，确定出最佳的 x 值。当然，通过对作业计划的仿真，还可以预测产品的交货期是多长，是否能够按期完成任务，还可以预测在某个时期制造系统的产品产量。

对作业计划仿真的主要要素是根据实际作业计划抽象出零件类型和加工工艺路线（按先后顺序给出加工工序以及在同一工序上可替换的机床类型），在每道工序上的加工时间（对于详细的仿真可能甚至还包含该道工序所需的刀具数量以及每把刀的使用时间）。其中比较关键的数据是在同一工序上的加工时间。这一工序时间应是 NC 程序的运行时间以及装卸工件时间之和。当然，一般在加工某一零件时，都对 NC 程序进行过试运行，对零件进行过预加工和调整。因此，在一个制造自动化系统建成后对作业计划进行仿真时，加工时间可以相当准确，从而也使加工计划仿真的结果具有更大的准确度。

表 9-1、表 9-2 和表 9-3 是一个仿真器所输入的零件批量计划、加工计划和相应的刀具需求计划的例子。表 9-1 中给出了 A、B 两种零件的批量计划，其中可能的动态加工路线由加工计划来确定。表 9-2 给出了用于 A 零件的 1 号加工计划，共经 3 种加工工序，第 1 次的机床类型为 MC（*号表示没有），在此次加工中，MC1、MC2 和 MC3（假设它们的类型是相同的）都是可选机床，具体的选择则由当时机床的动态情况和零件选择机床的规则来实现。零件的加工时间为 20min（在实际制造系统中由 NC 程序来确定），需要的刀具数量、类型和每把刀的使用时间由 14 号刀具需求计划来确定。每次加工的机床种类可达 4 类，例如第 2 次加工，可在 MCH（假若有 MCH1、MCH2 两台）和 MCV（假若有

MCV1一台)中挑选。表9-3表示了A零件在第1次加工中在MC类机床上需要的刀具,其中刀具特征尺寸为刀具长度与直径的编码。

表9-1 零件批量计划的实例

零件类型	批量(件)	混合比(件)	交货期/h：min：s	加工计划号
A	125	10	48：00：00	1
B	60	5	48：00：00	2

表9-2 加工计划的实例(加工计划号：1)

序号	机床类型1	机床类型2	机床类型3	机床类型4	加工时间/min	刀具需求计划号
1	MC	*	*	*	20	14
2	MCH	MCV	*	*	30	15
3	WASHER	*	*	*	5	0

表9-3 刀具需求计划的实例(刀具需求计划号：14)

序号	刀具类型	刀具特征尺寸/mm	本次加工使用时间/min：s
1	A	156	1：20
⋮	⋮	⋮	⋮
15	E	244	0：45

9.4 面向制造系统的仿真软件介绍及其应用实例

9.4.1 制造系统仿真语言与支持软件概述

总体上，仿真建模软件系统大致可以分为如下3种类型。

(1) 采用通用编程语言(如FORTRAN、BASIC、C等)编写仿真程序，建立仿真模型。在仿真技术发展的早期，这种方法应用最为普遍。目前，该方法在一些特定领域或特定对象的系统仿真中仍有广泛应用。

(2) 采用面向仿真的程序语言(如GPSS、GASP、SIMSCRIPT等)编制仿真程序。

(3) 采用商品化仿真软件包建立仿真模型，如AutoMod、Extend、Flexsim、Pro-Model、WITNESS、Arena等。这类系统通常具有独立的仿真建模、运行及仿真结果分析环境，提供图形化用户界面，并内嵌仿真编程语言，是目前系统仿真的主要形式。

仿真语言与仿真软件的开发始于20世纪50年代中期。在20世纪50年代，人们还只能采用汇编等计算机语言来对某些特定系统进行编码仿真，所涉及的工作量很大、周期长、易出错，并且处理问题的规模不大。

在20世纪50年代末期，马克韦兹(Markowitz，1990年诺贝尔经济学奖获得者)首创了SIMSCRIPT仿真语言，随后他在通用电器公司开发了由可再用的FORTRAN子程序构成的电器制造仿真器。同期，裴茨克(Pritsker)开发了 SLAM 仿真语言。

20 世纪 60 年代，相继诞生了 GPSS，GASP、SIMAN、SIMULA 等通用仿真语言。1961 年，美国 IBM 公司开发了 GPSS(General Purpose Simulation System)仿真程序语言。同年，美国钢铁公司应用研究实验室开发了 GASP(General Activity Simulation Program)仿真语言，它采用流程图方法建立仿真模型。迄今为止，世界上已有 50 多种商品化的离散事件系统仿真软件，可用于计算机、网络通信、制造系统等方面的仿真，其中约有 1/3 是专用或可用于制造系统的建模与仿真。

20 世纪 60 年代中期至 70 年代末随着计算机硬件技术和编程语言的发展，GPSS、SIMSCRIPT、SIMULA 等面向仿真的程序语言不断地完善和改进，用户界面更加友好，功能更加强大，并开始采用面向对象的编程技术。同时，也出现了以上述仿真编程语言为基础加以改进和扩充的新版本编程语言，如 GPSS/H、GASPIV 等。这些新版本编程语言简化了仿真建模过程、提供交互式编程环境以及采取以问题为导向的编程方法等。

20 世纪 80 年代以后，计算机的小型化、个人计算机(PC)的出现以及计算机软硬件性能的迅速提高，促进了仿真建模软件的发展。上述几种仿真编程语言在保持基本结构不变的前提下，不断扩充以适应计算机时代。1984 年，推出了基于 SIMAN 的 SIMAN/Cinema 动画仿真环境，使仿真更加高效。

20 世纪 80 年代后期，PC 机成为仿真建模软件的主要平台。目前，面向对象的编程技术、图形化用户界面、动画技术以及各种可视化工具等成为仿真软件的基本配置。另外，仿真建模软件还提供输入数据分析器、结果输出分析器等模块，以便简化建模过程，为用户提供高效的数据处理功能，使用户将主要精力用于系统模型的构建中。美国的 AutoMod、SIMFACTORY11.5 仿真器以及由南京理工大学和香港城市大学共同开发的 FMS 仿真器 FMSSIM 已经实现了这一技术。

近年来，仿真软件开始由二维动画向三维动画转变，提供虚拟现实的仿真建模与运行环境。此外，智能化建模技术、基于 Web 的仿真、智能化结果分析与优化技术也成为仿真软件开发的重要趋势。

人们在仿真建模的研究和应用中发现，由于实际系统之间存在很大的差异性，要提供一种具有普适性的仿真平台并不现实，反而会导致仿真软件系统功能、结构及其使用过程的复杂化。因此，开发面向特定应用领域的仿真软件或模块既是仿真软件开发的必然选择，也是促进仿真技术应用的有效途径。此外，为支持用户对特定类型系统或产品的仿真分析，不少仿真软件还提供二次开发及开放性程序接口，以增强软件的适应性。

目前，市场上已有大量的商品化仿真软件，它们面向制造系统、物流系统或机械产品开发的某些特定领域，成为提高产品或系统性能、提高企业竞争力的有效工具。表 9-4 列出了国外用于制造系统建模与仿真的主要软件的基本情况，供研究和应用参考。

表 9-4 国外用于制造系统建模与仿真的主要软件的基本情况

软件名称	公司名称	主要应用领域及特点
Flexsim	美国 Flexsim Software Products, Inc.	物流系统、制造系统仿真
WITNESS	英国 Lanner Group	汽车、电子、物流等制造系统仿真
ProModel	美国 ProModel Corp.	制造系统、物流系统仿真

(续)

软件名称	公司名称	主要应用领域及特点
Extend	美国 Imagine That，Inc	生产及物流系统仿真
Arena	美国 Rockwell Software，Inc	制造、物流及服务系统建模与仿真
Auto Mod	美国 Brooks Automation 公司	生产及物流系统规划、设计及优化
Cinema Animation System	Systems Modeling Corp.	制造系统建模与仿真，包含 SIMAN
GPSS/H	Wolverine Software Corp.	与 proof 软件结合，具有动画功能
SIMFACTORY II.5	CACI Products Company.	评价多种布局和生产调度
SIMAN	Systems Modeling Corp.	主要用于制造系统

在我国，航天工业 204 所与清华大学合作，利用 SLAMII 作为原型，研制了通用的 IHSL 仿真语言，应用于 CIMS 实验工程项目 IMSS 的仿真。该语言采用 C 语言为基础，提供了若干功能子函数，用户利用这些子函数进行二次编程，并具有动画支持。1994 年南京理工大学和香港城市大学共同开发了用于 FMS 的仿真器 FMSSIM，其功能与 Auto-Mod II 相似。该 FMS 仿真器采用活动控制和事件调度相结合的方法。在活动控制中，将系统中各种对象作为虚拟设备，按照 FMS 的控制逻辑和过程进行控制。而事件调度则对各种活动产生的事件按时序或并发方式进行处理。采用这种混合处理方式，既可以严格按离散事件仿真的方法正确地进行仿真，又可以很好地使仿真中的系统动态调度过程与原 FMS 控制过程尽量一致，从而大大增加了仿真的可信度。

9.4.2 通用仿真语言 GPSS 简介

1. 概述

离散事件系统的通用仿真语言 GPSS(General Purpose Simulation System)主要是由美国 IBM 公司开发，GPSS 语言是为那些并不是计算机程序设计专家的分析人员而设计的。最早的文本发表于 1961 年。多年来，GPSS 一直在发展和演变，到目前为止已有几种不同版本的 GPSS，它是离散事件系统仿真方面应用得最广泛的语言之一。

2. 模型描述

用 GPSS 仿真的系统用模块符号来描述，这些模块代表活动，各模块图之间的连线表示动作的先后次序，程序将按顺序实现这些动作。程序中有动作选择的地方，离开一个模块图的连线会多于一条，并在该模块图上标明选择的条件。用模块图描述系统已为大家熟知，而描写模块图的形式却通常是因画模块图的人而异。为此，必须给每一个模块一个精确的含义。在 GPSS 中定义了 48 种模块类型，每一个都代表系统的一个特征活动，用户必须用这些模块图来画系统的模块流程图。

每一模块类型均有一名字和一特定的符号来表示模块活动，图 9.8 所示显示了部分模块图符号，表 9-5 列出了这些模块图的编码指令，表 9-6 列出了若干控制语句。每一模块均有一些信息组，当模块被描述时，模块图上的信息组 A、B、C 等对应于指令中给定的信息。

图 9.8 GPSS 的若干模块图符号

表 9-5 GPSS 若干模块的功能与编码指令

模块功能	操作信息组	A	B	C	D	E	F
供给延迟	ADVANCE	服务时间平均值	修正值				
产生实体	GENERATE	到达平均值	修正值	(初值)	(计数)	(优先)	(参数)
实体消除	TERMINATE	(基数)					
传送方向	TRANSFER	选择因子	出口名1	出口名2			

注:( )内的信息组表示可以根据情况进行选择的信息组。

表 9-6 GPSS 若干控制语句

操作信息组	A	B
END		
SIMULATE		
START	运行数	(NP)

动态实体可以代表通信中的信息流、公路运输系统中的车辆、数据处理中的记录等。在仿真时,它从一个模块到另一个模块的运动就反映了实际的事件序列。

流动实体(临时实体)在 GENERATE 模块内产生,而在 TERMINATE 模块内退出仿真,可以有多个流动实体同时运动并通过模块。每个流动实体通常都处于一个模块上,而大多数模块能同时保存多个流动实体。在一个特定的时间内或当系统条件发生某些变化时,各流动实体将同时从一个模块传送到另一个模块。

一个 GPSS 模块图可以由多个模块组成,直至程序的限定为止,对每一模块都给一定识别编号,称其为存储单元,流动实体通常是从最低存储单元的一个模块向下一个存储单元较高的模块运动。存储单元由 GPSS 内的汇编程序自动安排,以便对问题编码时模块按顺序列出,给问题编程中需要识别的模块一个符号名字,汇编程序将使用适当的存储单元以对这个符号名进行组合。模块的符号名和程序的其他实体,必须由 3 至 5 个非空字符组成,前 3 个字符必须为字母。

3. 作用时间

在仿真中,时钟时间用整数表示,而实时区间及相应的时间单位则由用户选定。时间单位可选为微秒、毫秒、分、时、日等,但一旦选定,必须贯穿始终。ADVANCE 模块表示花费的时间。当一流动实体进入 ADVANCE 模块,程序将为其计算一定的时间间隔,称之为作用时间。在仿真时间内,流动实体在试图进入下一模块前将一直驻留在这个模块内。另一个为作用时间的模块,是产生流动实体的 GENERATE 模块,GENETRATE 模块的作用时间控制着两个流动实体依次到达的时间间隔。

GENERATE 模块通常是从时间为零时开始产生流动实体的,并且这种产生贯穿整个仿真过程。信息组 C 用来表示当第一个流动实体将要到达时的固定时间偏移量。D 信息组用来表示来自模块的流动实体的总数极限。

流动实体有一优先级,E 信息组决定了在生产时间流动实体的优先级。若 E 不被使用,则优先级为最低。

4. 传送通路

TRANSFER 模块允许不按顺序选择另外的一些存储单元。通常,模块下面有两个模块 B 和 C 可供选择(也可用出口1和2表示),选择的方法是通过 TRANSFER 模块中的选择因子来设定,可以选取几种不同的选择之一。若没有确定选择模块,则选择因子留空,将无条件地传送到下一模块 B。选择因子 S 为 3 位数字的小数,因此去下一模块 B 的概率为 1−S、去模块 C 的概率为 S。

5. 设备与存储器

在构成系统的实体中,有永久实体和临时实体两种实体。永久实体在仿真期间始终存在于系统中,不会在中间产生或消失,如服务台、停车场、机器等;而临时实体可以在仿真途中产生或消失,如顾客、汽车、工件等。

实体设备在同一时间上只能接受一个流动实体,它可用于仿真一个系统中的单服务台功能,例如,生产单一品种产品的机床,银行的出纳员和加油站的汽油泵等;实体存储器可同时接纳若干个流动实体,存储器的特征是由用户定义的存储容量,例如,停车场或车辆编组站,计算机的缓冲存储器,超级市场的货架等。

6. 收集统计

GPSS 中有一些模块是为了系统性能根据统计目的而组织的,满足这种目的的模块有 QUEUE、DEPART、MARK 和 TABULATE。在此不作深入介绍,今后在实际的仿真研究中可以进一步了解这些模块的参数和使用方法。

9.4.3 主流制造系统仿真软件简介

目前,"PC 机"+"Windows 操作系统"已成为仿真软件的主要运行环境。这些仿真软件之间具有一些共性特征,如图形化用户界面、仿真运行的动画显示、仿真结果数据的自动收集、系统性能指标的统计分析等。但是,不同仿真软件在界面风格、建模术语、图形化工具、仿真模型调度方法、仿真结果表示等方面存在一定差异,主要包括:①建模界面及术语不尽相同,有些仿真软件采用类似框图法的建模方法,但更多的软件采用二维或三维图标建立仿真模型,以提高用户的友好性;②仿真调度的策略不同,多数仿真软件采用进程交互法完成仿真调度,也有一些软件采用事件驱动法等调度方法;③仿真结果的显示方法不同,如采用数据列表或图形化方法(如柱状图、饼状图、折线图)等。下面简要介绍几种常用仿真软件。

1. Flexsim 仿真软件

Flexsim 仿真软件是美国 Flexsim Software Products 公司的产品,1993 年投放市场。

它采用 C++语言开发,采用面向对象编程和 OpenGL 技术,可以以二维或三维方式提供虚拟现实的建模环境。它提供三维图形化建模环境,并集成 C++集成开发环境和编译器。

Flexsim 利用对象建立仿真模型,对象代表实际系统中的活动和过程。它提供对象模版库,并利用鼠标的拖放操作来确定对象在模型窗口中的位置。Flexsim 软件提供了众多的对象类型,如机床、操作员、传送带、叉车等。通过设置对象参数,可以快速高效地构建制造系统、物料系统等系统模型。对象的高度自定义性不仅提高了建模速度、节省了建模时间,也使仿真模型具有层次性。图 9.9 所示为 Flexsim 仿真软件的界面。

图 9.9 Flexsim 仿真软件的界面

利用 Flexsim 软件可以快速构建系统模型,通过对系统动态运行过程的仿真、试验和优化,可以提高生产效率、降低运营成本。Flexsim 软件可用于评估系统生产能力及生产流程、优化资源配置、确定合理的库存水平、缩短产品上市时间等。

2. Arena 仿真软件

Arena 仿真软件是美国 System Modeling Corporation 研发的仿真软件,1993 年进入市场,现为美国 Rockwell Software 公司的产品。Arena 软件基于 SIMAN/CINEMA 仿真语言,它提供可视化、通用性和交互式的集成仿真环境,兼具仿真程序语言的柔性和仿真软件的易用性,并可以与通用编程语言(如 VisualBasic、FORTRAN 和 C/C++等)编写的程序连接运行。

Arena 软件在仿真领域具有较高声誉,*Introduction to Simulation using SIMAN* 以及 *Simulation with Arena* 等以 Arena 仿真软件为基础的教材成为美国制造类及工业工程类专业仿真课程的主要教材之一。图 9.10 所示为 Arena 仿真软件的界面。

Arena 在制造系统中的应用主要包括:制造系统的工艺计划、设备布置、工件加工轨迹的可视化仿真与寻优、生产计划、制造系统的经济性和风险评价、制造系统改进等。

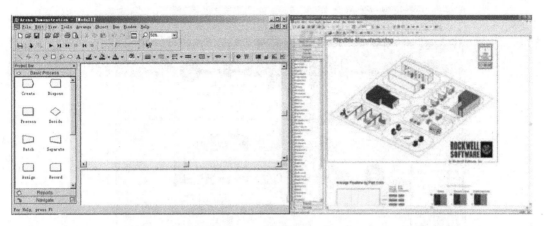

图 9.10 Arena 仿真软件的界面

Arena 软件的建模步骤

（1）数据部分。定义仿真模型的内部数据，如资源、变量、表达式、数组、仿真参数、统计变量等。

（2）逻辑部分。定义模型的仿真流程，这与实际系统流程相对应。

（3）动画显示部分。这个部分本质上对模型的定义和仿真结果没有影响，但是它可以清晰地将实际系统描述出来，并且在仿真过程中动态显示，从而直观地看到系统的运行情况，这对建模人员校核仿真模型、用户分析系统以及体验仿真过程都提供了巨大的帮助，使系统仿真更加友好、实用。

资料来源：周泓等译. 仿真使用 Arena 软件 [M]. 北京：机械工业出版社，2007

3. Extend 仿真软件

Extend 仿真软件由美国 Imagine That 公司开发，1988 年进入市场。它基于 Windows 操作系统，采用 C 语言开发，可以对离散事件系统和连续系统进行仿真，且具有较高的灵活性和可扩展性。Extend 采用交互式建模方式，具有二维半动画仿真功能，利用可视化工具和可重用的模块组快速构建系统模型。

Extend 软件的应用涉及制造业、物流业、交通、军事等领域，具体应用包括半导体生产系统调度、钢铁企业物流系统规划、生产系统性能优化等，通过对系统绩效指标的仿真分析，可以直观地评价和改进影响系统性能的因素，以实现系统最佳的配置、运行模式或经营策略等。图 9.11 所示为 Extend 仿真软件的界面。

4. Witness 仿真软件

Witness 仿真软件是英国 Lanner 集团开发的仿真软件，它的应用领域包括汽车工业、化学工业、航空、运输业等，涵盖离散事件系统和连续流体系统 Witness 的主要特点有：①采用面向对象的建模机制；②交互式建模方法；③提供了丰富的模型运行规则和灵活的仿真策略；④可视化、直观的仿真显示和仿真结果输出；⑤良好的开放性。图 9.12 所示

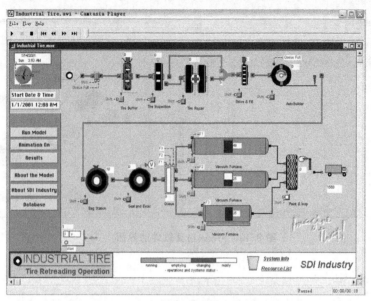

图 9.11 Extend 仿真软件的界面

为 Witness 仿真软件的界面。

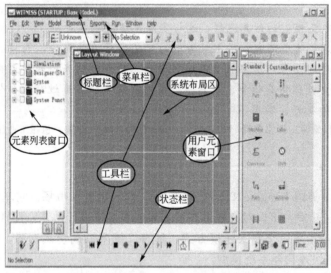

图 9.12 Witness 仿真软件的界面

5. AutoMod 仿真软件

AutoMod 仿真软件是美国 Brooks Automation 公司的产品。它由仿真模块 AutoMod、试验及分析模块 AutoStat、三维动画模块 AutoView 等部分组成，适合于大规模复杂系统的计划、决策及其控制试验。AutoMod 是的主要特点包括：①采用内置的模板技术，提供物流及制造系统中常见的建模元素，快速构建物流及自动化制造系统的仿真模型；②模版中的元素具有参数化属性；③AutoStat 模块具有强大的统计分析工具，自动对 AutoMod 模型进行统计分析，得到生成产量、成本、设备利用率等数据及图表；④AutoView 允许用户通过 AutoMod 模型定义场景和摄像机的移动，产生高质量的 AVI 格式的动画。

AutoMod 软件主要应用对象是制造系统以及物料处理系统等。图 9.13 所示为 AutoMod 仿真软件的界面。

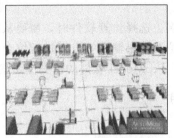
(a) 叉车、无人搬运车作业人员、拖拉车、区间车

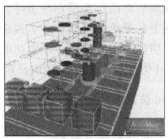
(b) 机械手臂与设备机台

(c) 仓储系统

(d) 与工厂相联立体仓库

图 9.13　AutoMod 仿真软件的界面

6．ProModel 仿真软件

ProModel(Production Modeler)仿真软件是由美国 ProModel 公司开发的离散事件系统仿真软件，它可以构造多种生产、物流和服务系统模型，是美国和欧洲使用最广泛的生产系统仿真软件之一。ProModel 基于 Windows 操作系统、采用图形化用户界面，并向用户提供人性化的操作环境。ProModel 提供二维图形化建模及动态仿真环境，并可以构建模拟的三维场景。用户根据项目需求，利用键盘或鼠标选择所需的建模元素，就可以建立仿真模型。ProModel 仿真软件的界面如图 9.14 所示。

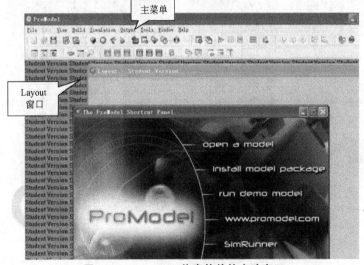

图 9.14　ProModel 仿真软件的启动窗口

ProModel 能够准确地建立系统配置及运行过程模型，分析系统的动态及随机特性。它的应用领域包括评估制造系统资源利用率、车间生产能力规划、库存控制、系统瓶颈分析、车间布局规划、产品生产周期分析等。

目前，市场上的系统仿真软件种类越来越多。选择仿真软件时，需要从功能需求、建模方法、操作便捷性、仿真速度、动画功能、仿真结果输出等方面进行综合评价。本章重点介绍 ProModel 仿真软件的相关知识及其基于 ProModel 软件的仿真应用案例。

9.4.4 ProModel 仿真软件的模型元素及其使用

1. ProModel 软件的模型元素

仿真软件的模型元素用来表达系统的结构组成及其操作。ProModel 软件中的模型元素可以分为两种类型：①系统对象元素，用来定义系统的对象，主要包括实体、位置、资源、路径等；②系统操作元素，用来定义对象参数、系统操作及其操作逻辑等，主要包括处理、到达、停机时间、班次以及逻辑元素等。下面简要介绍 ProModel 软件主要模型元素的定义、功能及其参数设置。

1）实体（Entities）

"实体"是仿真模型要加工处理或服务的对象。例如，生产车间中的原材料、毛坯等。实体具有自身的属性和操作，如图标、名称、外形尺寸、状态信息等。图 9.15 所示为实体编辑模块的界面。其中，上方为定义实体的"实体编辑表"；左下侧为"实体图形编辑窗口"，用来选择、编辑或改变代表实体的图案；右侧为"仿真模型布局窗口"，用来显示仿真模型的组成和结构。"实体编辑表"是定义实体的基本工具，它的字段组成及其含义可参考相关书籍，此处不详细介绍。

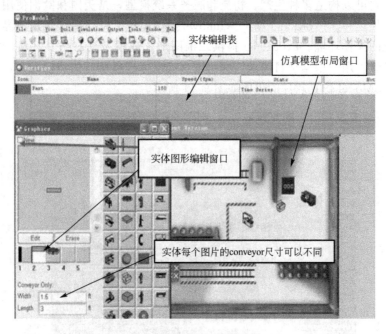

图 9.15 "实体"编辑窗口

2) 位置(Locations)

"位置"主要用来表示在系统中对实体进行加工处理、排队等待、存储等活动的固定地点或场所。例如机械制造中加工、检测、分类、装配等。"位置编辑"模块如图 9.16 所示，其中，上方为"位置编辑表"，用来设置位置的图标、名称、属性等；左下侧为"位置图形编辑窗口"；右下侧为"仿真模型布局窗口"，其中包括已经创建的位置等模型元素。

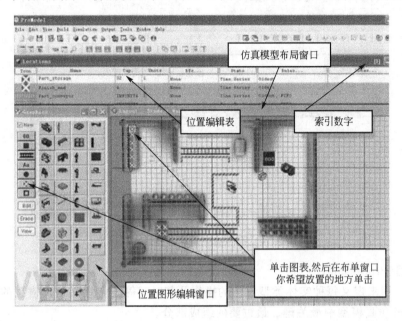

图 9.16 "位置"编辑窗口

3) 到达(Arrivals)

"到达"用来定义实体进入系统的方式。实体进入系统存在多种方式，如以任意数量或类型到达一个位置，或者按计划时间定义到达的发生。

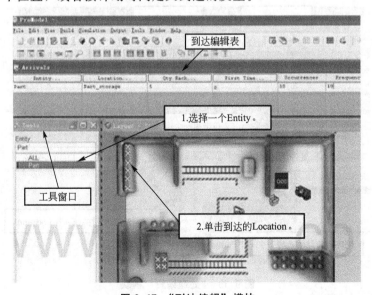

图 9.17 "到达编辑"模块

"到达编辑"模块如图 9.17 所示,该模块中包括用来定义实体到达的"到达编辑表"和一个用来图形化创建达到的"工具窗口"。为了更柔性地定义到达,ProModel 还提供首次到达时间窗口,如图 9.18 所示。

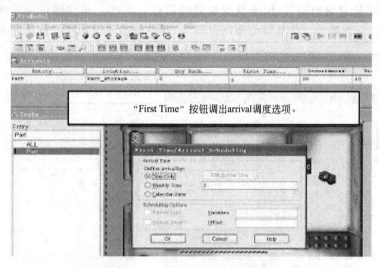

图 9.18　ProModel 首次到达时间窗口

4) 处理(Processing)

"处理"用来定义每种实体类型发生的操作及其时间等,它定义仿真模型的运行逻辑,是 ProModel 仿真模型中最关键、最重要的组成部分。

"处理编辑"模块如图 9.19 所示。其中,左上侧为"处理编辑表",用来定义每种实体在每个位置处的操作;右上侧为"路由编辑表",用来定义操作发生后的实体路由;左下侧为"处理工具窗口"用来图形化地定义处理的次序;右下侧为"仿真模型布局窗口"。

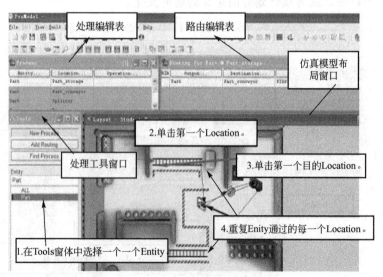

图 9.19　"处理编辑"模块

定义 Processing 的步骤：①在 Tools 窗口中选择一个 Entity；②单击一个 Location，然后单击目的 Location，用同样的方式遍历整个过程；③当有多个目的地时，单击"Add Routing"，然后选择另一个目的地；④在需要的时候添加"Operation"和"MoveLogic"。

5) 资源(Resources)

"资源"是指用来运送实体完成操作或对位置及其他资源进行维护的模型对象。资源可以是人(如操作工人、检验员等)、设备(如叉车、堆垛机等)等。根据资源在系统中是否移动，可以将资源分为静态资源和动态资源两种类型。静态资源没有路径，一般不能移动，如某工位的检验员等。动态资源是指在指定路径上移动的资源。例如，叉车可以将托盘从上料点运送到仓库中，板材加工柔性制造系统(FMS)中的堆垛机可以在原材料出入库站点、立体仓库、加工单元上料点和下料点等位置运送托盘，检验员在多个位置上完成检验等。因此，叉车、堆垛机、检验员等都可以定义为动态资源。

资源的定义在资源模块中完成。"资源编辑"模块如图 9.20 所示。资源编辑模块包括"资源编辑表"和"资源图形编辑窗口"两个部分。在图 9.20 中，上侧为"资源编辑表"，用来定义系统中的资源及其属性；左下侧为"资源图形编辑窗口"，用来选择和编辑表示资源的图形。其中，资源编辑表的字段组成及其含义可参考相关书籍，此处不详细介绍。

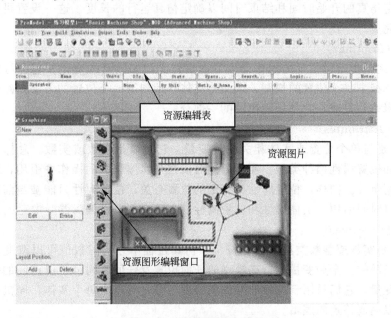

图 9.20 "资源编辑"模块

6) 路径(Path Network)

"路径"用来定义实体和资源在位置之间的行进路线。一个模型可以有多条路径，多个实体和资源可以共享相同的路径。当实体或资源沿着路径移动时，可以以时间或者速度与距离来定义路径。

"路径编辑"模块如图 9.21 所示。其中，上侧为"路径编辑表"，左下侧为"路径编辑窗口"，右下侧布局图中位置之间的连线即为路径。

7) 班次(Shifts)

"班次"是指位置或资源处当班(工作)状态的时间块，在一个班次中也可以定义一个

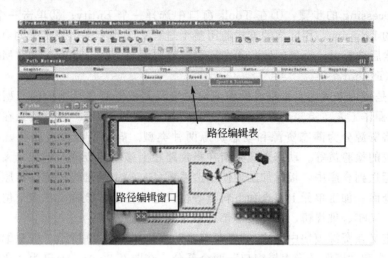

图 9.21 "路径编辑"模块

或多个休息,一般地,班次及休息的定义是以一个星期为单位。当仿真模型中使用班次时,必须指定仿真的开始时间和结束时间以确定仿真运行的长度。这一设置可以在仿真选项对话框中完成。

8) 路由(Routings)

"路由"用来指定由位置的操作而引发的实体类型和数量的变化。它也可以用来指定资源或实体选择下一个位置的规则,定义将实体移动到下一个位置的方法。路由的定义通过"路由编辑表"完成。它是处理模块的一部分。

9) 属性(Attributes)

"属性"是与单个位置或实体相关联的变量,它可以是整数或实数。总体上,属性分为实体属性和位置属性两种类型。实体属性可以在与实体相关的操作中引用,如实体到达逻辑、操作逻辑等。同样,位置属性与特定的位置有关,位置属性只能被当前位置所提及的实体或停机时间引用。实体属性和位置属性的创建在"属性编辑器"中完成。

10) 变量(Varibles)

"变量"是实数或整数类型的占位符,在仿真过程中它们的数值可以改变,变量可以是全局的或局部的。全局变量是指在模型的任何位置及任何时间都可以访问的变量;局部变量是临时变量,它们只用于特定的操作或子程序等,可以为每个实体、停机时间等创建局部变量,以完成特定的逻辑。

11) 表达式(Expressions)

表达式为一个数值或多个数值构成的集合。在 ProModel 中,表达式又可分为数值表达式、布尔表达式和时间表达式等类型。

12) 语句(Statements)

语句用来定义一些行为或逻辑操作。通常,语句与一些事件相关,如实体进入一个位置、停机时间的发生等。

2. ProModel 软件的使用步骤

如上所述,在 ProModel 软件中制造系统的加工设备(如机床、工作台等)被抽象为位置,待加工的零件则以实体表示,实体通过各位置的处理完成相应的加工操作。ProModel

软件采用交互式方法完成仿真模型的构建,它的应用步骤为:①确定仿真目标;②采集仿真数据;③建立仿真模型;④检验模型;⑤仿真试验;⑥仿真结果的分析、评价与优化。

9.4.5 基于 ProModel 软件的仿真应用案例

1. 板材加工柔性制造系统配置和参数的优化

1)板材加工 FMS 概述

板材加工是机械制造领域的重要组成部分。板材成形的零件广泛应用于仪器仪表、控制柜、汽车以及通信产品中,图 9.22 所示为一些由板材成形的零件。20 世纪 80 年代以后,发达国家的板材加工设备开始向数控化转变,出现了数控冲床、数控剪板机以及数控折弯机等系列数控加工设备。但是,独立的数控化板材加工设备仍存在生产效率低、加工成本高、车间物流管理混乱、产品质量难以控制等缺点,这成为提升企业竞争力的制约因素。

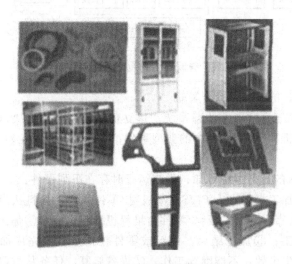

图 9.22 板材成形零件示例

20 世纪 80 年代末,板材柔性加工设备开始进入我国市场。广西柳州开关厂、上海第二纺织机械厂、江苏扬中长江集团以及南京电力自动化设备厂等多家企业已先后从国外引进生产线。图 9.23 所示为扬力集团开发的板材柔性加工自动生产线,图 9.24 所示为济南铸锻所开发的 C1 板材加工 FMS 的结构组成。

图 9.23 板材柔性加工自动生产线

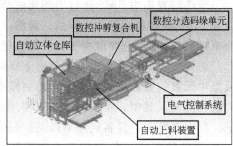

图 9.24 C1 板材加工 FMS 的结构组成

不同板材加工 FMS 的区别在于数控加工设备的性能和数量、立体仓库的规模、堆垛机的数量及服务能力、系统的调度规则等。在板材加工 FMS 中，堆垛机负责板料及零件的出入库操作是板材加工 FMS 物流系统的核心。图 9.25 所示为板材加工 FMS 的配置示意图。

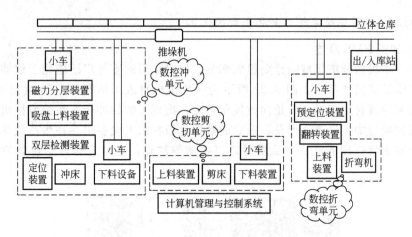

图 9.25　板材加工 FMS 的配置示意图

2）板材加工 FMS 仿真的目标与策略

板材加工 FMS 属于离散事件动态系统。建立仿真模型时需解决以下问题：①仿真模型的元素构成；②分析和定义 FMS 中的典型事件；③分析事件发生对 FMS 状态和性能的影响。

由板材加工 FMS 的运行过程可知，系统运行时存在下列事件：

①板料到达，待加工板料进入 FMS；②板料/零件入库，板料从出入库站台进入立体仓库；③板料/零件出库，待加工板料/零件由堆垛机取料出库；④加工开始，板料或零件到达指定机床开始加工；⑤加工结束，板料或零件在指定机床完成加工任务；⑥设备故障，系统中的设备发生失效，不能继续工作；⑦设备修复，任务从故障状态恢复到正常状态；⑧小车到达，小车到达装卸目的地；⑨堆垛机取料，堆垛机将托盘从立体仓库中取出放到上料小车上；⑩堆垛机存料，堆垛机将托盘从小车存放到立体仓库中；⑪小车运行，小车开始运行；⑫小车到达，运料小车到达目的地；⑬板料回库，未加工完的板料送回仓库；⑭零件入库，加工后的零件进入仓库；⑮上料，上料装置进行上料；⑯下料，下料装置下料；⑰零件离开，零件加工完毕，离开系统。

事件的发生为 FMS 运行中的路由选择提供可能，也是 FMS 柔性的体现。事件发生点也是 FMS 调度和控制的决策点。显然，决策点处的调度规则将影响仿真结果和系统性能，而 FMS 的总体性能则取决于各决策点处调度策略的影响之和。

为评价不同参数和决策规则对 FMS 性能的影响，仿真时采用以下两种方法：①修改模型中元素的参数或操作逻辑来控制模型元素的行为；②设定不同的决策规则来控制系统的进程流向。其中，第一种方法主要用来定义系统的基本结构，求解 FMS 的基本性能指标，如生产能力、设备利用率以及瓶颈位置等；第二种方法可以用来评估不同调度策略对 FMS 性能的影响，为 FMS 动态调度和控制提供决策依据。

本仿真研究的目标包括：①配置基本给定情况下，评估预测板材 FMS 的性能；②给定配置时，通过仿真评估调度规则对 FMS 性能的影响，为板材 FMS 的优化调度提供依据；③比较不同配置时 FMS 的性能（如生产率、设备利用率等），实现系统的优化配置。

由于堆垛机是板材加工 FMS 物流系统的核心，堆垛机的参数和配置是否合理直接影响 FMS 的性能。通过分析，确定堆垛机最大服务能力的判定依据为：①堆垛机具有较高的利用率；②数控冲床、数控剪床等加工设备具有较高利用率，并且没有发生因堆垛机服务能力有限而形成的堵塞现象；③在加工任务和堆垛机服务能力不变的前提下，单纯地增加加工单元的数量已不能有效地缩短加工任务的完成时间。

综上所述，本仿真研究采取的策略如下所示。

(1) 在加工任务和加工单元参数不变的前提下，改变堆垛机的参数（如运行速度、出入库操作时间、停放点以及服务规则等），以评估堆垛机参数对 FMS 性能的影响。

(2) 在加工任务不变的前提下，从两个加工单元开始，通过增加加工单元的数量，分析 FMS 性能的变化，以判定堆垛机能提供有效服务的加工单元最大数目。采用的性能指标包括：①仿真运行时间；②加工单元的利用率；③加工单元的堵塞率；④堆垛机的利用率。

就堆垛机而言，冲压—剪切加工和折弯加工对堆垛机使用过程并无本质不同。两者的区别在于：冲压—剪切后的零件多有入库要求，而折弯后的零件则无需入库。此外，为提高生产效率，板材加工 FMS 中多采用冲、剪合一的机床。下面均以冲压—剪切复合加工作为基本加工单元进行仿真研究。

3) 基于堆垛机参数的仿真

设板材 FMS 中有两个参数相同的冲压—剪切加工单元（如图 9.26 所示）。现有 2000 张板料等待加工，托盘每次可载料 40 张，单张板料冲压—剪切所需时间为 150s。堆垛机满载速度为 5m/min、空载速度为 10m/min、取料及存料时间均为 45s，上料点到立体仓库的平均距离为 8m，立体仓库至下料点的平均距离为 8.0m，下料点至出入库站的平均距离为 10m。

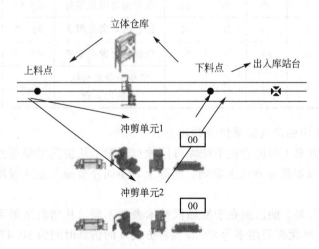

图 9.26 具有两个冲压—剪切加工单元的仿真模型

在上述参数下，仿真运行时间为 42.89h，FMS 中主要设备性能分别见表 9-7 和表 9-8。

表 9-7 加工单元的性能指标

名称	利用率(%)	加工率(%)	设置率(%)	空闲率(%)	等待率(%)	堵塞率(%)	故障率(%)
单元1	97.14	97.14	0.00	2.86	0.00	0.00	0.00
单元2	97.14	97.14	0.00	2.83	0.00	0.02	0.00

表 9-8 堆垛机的性能指标

调度时间/h	使用次数	平均每次使用时间/h	平均每次使用的运行时间/h	堵塞率(%)	利用率(%)
42.89	150	226.00	55.52	0.00	27.35

由仿真结果可知：在板材加工 FMS 中，虽然堆垛机负责板料出入库、加工后零件出入库以及板料回库等多种任务，但由于物料的运储过程是以托盘为单位，堆垛机的利用率较低，它具有为更多加工设备提供服务的能力。

保持模型其他参数不变的前提下，改变堆垛机的基本参数，可以分析堆垛机参数对 FMS 性能的影响，为确定合理的堆垛机参数提供依据。仿真方案及主要性能指标比较见表 9-9。

表 9-9 堆垛机技术参数与 FMS 性能指标的对比分析

方案	堆垛机参数						系统性能		
	停放点	满载速度 m/min	空载速度 m/min	取料时间 /h	存料时间 /h	服务规则	仿真时间/h	加工单元利用率(%)	堆垛机利用率(%)
1	上料点	5	10	45	45	最近的对象先服务	42.73	82.5	29.6
2	立体仓库	5	10	45	45	最近的对象先服务	31.42	82.75	38.78
3	下料点	5	10	45	45	最近的对象先服务	31.44	82.69	39.22
4	出入库站	5	10	45	45	最近的对象先服务	32.25	77.52	38.3
5	下料点	8	16	20	20	最近的对象先服务	30.47	82.04	21.30
6	下料点	8	16	20	20	等待时间最长的对象先服务	30.47	82.04	21.30

下面对表 9-9 中的仿真结果作一些讨论。

(1) 方案 1 至方案 4 的区别在于堆垛机停放点不同。从仿真结果可知，不同停放点对加工单元利用率和系统效率有较大影响。实际上，不同停放地点意味着堆垛机实际运行距离的不同。

(2) 方案 3 与方案 5 的区别在于堆垛机技术参数不同。从仿真结果可知，方案 3 的仿真时间为 31.44h，堆垛机利用率为 39.22%；方案 5 的仿真时间为 30.47h，堆垛机利用率为 21.53%，仿真时间减少 0.97h，减少幅度为 3.08%。堆垛机的性能参数对 FMS 性能具有重要影响。

(3) 方案 5 与方案 6 的区别在于堆垛机的调度规则不同。从仿真结果看，两方案性能指标完全相同。这主要是由于该系统配置简单，路径柔性较低，不同调度规则未能发挥作用。

4) 基于堆垛机服务能力的仿真

本仿真实验将通过改变 FMS 中加工单元的数量以评估堆垛机的服务能力。设板材 FMS 的加工任务、加工单元性能以及其他参数均与上节相同。其中，具有 6 个冲孔—剪切加工单元的板材 FMS 仿真模型布局如图 9.27 所示。

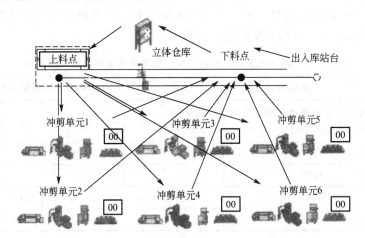

图 9.27 具有 6 个冲孔—剪切加工单元的仿真布局图

在上述参数下，完成 2000 张板料加工，具有 6 个冲孔—剪切加工单元的仿真时间为 17.24h。主要性能指标分别见表 9-10 和表 9-11。

表 9-10 加工单元的性能指标

名称	利用率(%)	加工率(%)	设置率(%)	空闲率(%)	等待率(%)	堵塞率(%)	故障率(%)
单元 1	97.15	86.99	0.00	2.85	0.14	10.02	0.00
单元 2	96.86	86.99	0.00	3.14	0.14	9.73	0.00
单元 3	88.13	77.32	0.00	11.87	0.13	10.68	0.00
单元 4	89.84	77.32	0.00	10.16	0.13	12.39	0.00
单元 5	90.22	77.32	0.00	9.78	0.13	12.76	0.00
单元 6	90.59	77.32	0.00	9.41	0.13	13.14	0.00

表 9-11 堆垛机的主要性能指标

名称	调度时间/h	使用次数	平均每次使用时间/h	堵塞率(%)	利用率(%)
堆垛机	17.24	15	226.00	0	71.04

由表 9-10 和表 9-11 可知，6 个加工单元的利用率均在 90% 左右，堆垛机的利用率也达到 71.04%。但是，6 个加工单元分别存在从 9.73% 到 13.14% 不等的堵塞现象。堵塞的原因是堆垛机服务能力的不足。堵塞的结果是形成加工单元等待，造成资源浪费和系统效率下降。因此，在上述参数条件下，堆垛机不具备为 6 个冲孔—剪切加工单元提供有效服务的能力。

为评估堆垛机的最大服务能力，改变以下模型参数：①改变堆垛机参数；②减少 FMS 中冲孔—剪切加工单元的数目，以确定堆垛机的最大服务能力，实现板材 FMS 的最佳配置。

表9-12为在保持模型其他参数不变的前提下,堆垛机参数与冲孔—剪切加工单元的堵塞率之间的关系。由表9-12可以看出,提高堆垛机的行驶速度、减少堆垛机出入库操作的时间,能有效地提高堆垛机的服务能力。例如,当堆垛机的满载速度和空载速度分别由10m/min和5m/min提高到16m/min和8m/min时,6个加工单元的堵塞率接近于0。仿真时间缩短到15.67,比原方案降低了9%。

表9-12 堆垛机参数与冲孔—剪切加工单元堵塞率之间的关系

仿真时间/h	堆垛机参数				冲剪单元的堵塞率(%)					
	满载速度(m/min)	空载速度(m/min)	取料时间/min	存料时间/min	1	2	3	4	5	6
17.24	10.00	5.00	45.00	45.00	10.02	9.73	10.68	12.39	12.8	13.14
15.67	16.00	8.00	45.00	45.00	0.00	0.00	0.00	0.11	0.20	0.30
15.49	16.00	8.00	30.00	30.00	0.00	0.00	0.00	0.00	0.00	0.00
16.34	10.00	5.00	30.00	30.00	0.00	0.08	0.41	1.39	2.37	3.34

表9-13为保持堆垛机参数不变,即满载速度为5 m/min、空载速度为10 m/min、取料及存料时间为45s的前提下,通过改变冲孔—剪切单元数目,冲孔—剪切单元性能指标的变化。

表9-13 冲孔—剪切加工单元数与单元堵塞率之间的关系

冲剪加工单元数目	仿真运行时间/h	堆垛机利用率(%)	冲剪单元的堵塞率(%)					
			单元1	单元2	单元3	单元4	单元5	单元6
6	17.24	71.04	10.02	9.73	10.68	12.39	12.76	13.14
5	19.26	63.58	5.15	6.09	6.42	6.75	7.09	
4	22.63	54.14	0.00	0.08	0.87	2.18		
3	29.36	41.72	0.00	0.06	0.67			
2	42.89	27.35	0.00	0.00				

从表9-12和表9-13可以得出以下结论。

(1)加工单元数量的增加能有效提高堆垛机的利用率,缩短仿真运行时间。

例如,2个加工单元时,堆垛机利用率为27.35%,仿真时间为42.89h,而6个加工单元时,堆垛机利用率为71.04%,仿真时间为17.24h。

(2)由表9-13中的数据可知:加工单元数量的增加与仿真时间的缩短不完全成反比关系。随着单元数量的增加,仿真时间减少趋于不明显。原因在于:堆垛机的服务能力不足造成了加工单元的空闲、等待及堵塞。

从表9-13可知,2个加工单元时,单元的堵塞率为0;6个加工单元时,单元堵塞率达到10%左右。进一步的仿真表明:随着单元数量的增加,加工单元的堵塞率增加,仿真时间的缩短也更不明显,单纯地增加加工单元数量已毫无意义。

(3)在现有参数下,就堆垛机的服务能力而言,一台堆垛机可以为4个冲孔—剪切加工单元提供有效服务,使堆垛机具有较高的利用率、加工单元保持较低的堵塞率。

2. 汽车发动机再制造车间的生产调度仿真

1) 汽车发动机再制造概述

汽车是现代工业文明的重要标志。近年来我国汽车工业发展迅速,成为世界第一大新车销售市场。但是,因汽车工业发展带来的资源和环境问题也日益突出。汽车生产时消耗了大量的矿产资源;汽车使用消费了大量的石油资源;汽车尾气排放是城市空气污染的重要源头;汽车更新换代产生大量报废汽车不仅占用了大量土地,还造成严重的环境污染。严峻的事实迫使人们关注汽车再制造。

汽车中的大多数零部件都可以实现再制造,如发动机、转向器等。其中发动机是汽车中的核心部件,也最具有再制造的价值。目前,国内汽车再制造的产品主要集中在发动机、变速器等附加值较高的汽车零部件上。

本节以发动机再制造生产车间为研究对象,在仿真建模和仿真实验的基础上,通过系统对资源、机床利用率等性能数据的分析,判断发动机再制造中的瓶颈环节,并通过对瓶颈环节的改进,实现生产线性能的优化。

2) 发动机再制造仿真模型的建立

汽车发动机再制造具有多品种、小批量、交货周期短、待加工工件的质量及制造工艺存在较大差异等特点。根据产品结构,发动机再制造生产线主要包括缸体生产线、缸盖生产线、曲轴生产线、连杆生产线以及其他小件生产线等。其中,缸体、缸盖、曲轴和连杆是汽车发动机的主要部件。考虑到其他小件的工况及加工工艺各异,本次仿真中不予考虑。

以某型发动机再制造为例,设生产能力为年产15000台发动机,按每天三班制(24h)排定班次,通过仿真寻找系统的瓶颈工位,通过修改系统配置实现系统性能的优化。由发动机的再制造工艺,建立发动机再制造流程图如图9.28所示。再制造过程用到的设备包

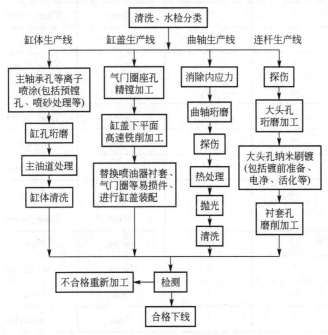

图9.28 发动机再制造工艺流程图

括物理超声波清洗设备、等离子喷涂机、立式珩磨机床、缸体磨床、气门磨床、铣床、振动时效设备、曲轴磨床、磁粒探伤仪、热处理炉、抛光机、纳米刷镀设备等。

显然,其中的每条生产线都属于排队系统模型。当工件到达的速率大于某工序或某台设备的服务速率时,就会出现排队现象。出现排队现象会使得后续设备处于空闲、等待状态,造成资源浪费和性能的下降。队列越长则系统的效率越低,但盲目地增加设备也会造成设备的闲置浪费。本仿真的目的就是寻找加工对象与加工设备之间的最佳配置,使系统的配置和效率得以优化。

(1) 发动机缸体生产线的仿真与优化。发动机缸体仿真模型的主要元素设置如下所示。

① 实体。本仿真模型中的加工对象为待加工缸体。

② 位置。本模型中,位置对应于工艺路线中的工序或设备,如等离子喷涂机、珩磨机、清洗机、铣床、装配处、检查处等。以缸体生产线为例,位置的定义见表9-14。其中,托盘起缓冲作用,使设备具有存放一定数量产品的能力,避免系统因堵塞而引起瘫痪。

表9-14 缸体仿真模型中的位置定义

名称	容量	单位	停机时间	统计	规则
仓库	2000	1	None	None	Oldest
更换水堵	1	1	None	Time Series	Oldest
托盘1	10	1	None	None	Oldest
清洗水检	1	1	None	Time Series	Oldest
托盘2	10	1	None	None	Oldest
等离子喷涂	1	1	None	Time Series	Oldest
托盘3	10	1	None	None	Oldest
铣床	1	1	None	Time Series	Oldest
托盘4	10	1	None	None	Oldest
珩磨机床	1	1	None	Time Series	Oldest
托盘5	10	1	None	None	Oldest
磨床	1	1	None	Time Series	Oldest
托盘6	10	1	None	None	Oldest
油道处理	1	1	None	Time Series	Oldest
托盘7	10	1	None	None	Oldest
清洗	1	1	None	Time Series	Oldest
托盘8	10	1	None	None	Oldest
检测	1	1	None	Time Series	Oldest

③ 资源。本模型中的资源为小车,它负责在不同设备之间运输工件。小车在不同工位之间的移动需要花费一定时间,在实际生产系统中,可以用物料传送带来代替小车,以提高效率。

④ 到达。实体的设置包括到达的初始位置、初始时间、时间间隔、每次到达的数量等,具体见表9-15。本仿真中,考虑节假日因素,按年产15000台再制造发动机计算,实体的到达间隔设定为1周(即10080min),每次到达320台废旧发动机。

表9-15 到达的定义

名称	位置	每次数量	首次时间	发生次数	频率
缸体	仓库	320	0	无限(inf)	10080min

⑤ 处理。根据图9.28所示的工艺流程,可以建立处理过程。

以缸体为例,"处理"的具体定义见表9-16。其中,"操作"表示实体在每个位置处执行的动作。模型中加工时间服从均匀分布和正态分布,"目的地"表示实体下一步到达的位置。"规则"表示实体执行下一步操作的依据,如按概率等。模型中,数字表示概率条件,First1表示先进先服务的规则。"移动逻辑"表示实体移动的条件,本模型中资源(小车)的运送时间为固定值。numout为模型中定义的全局变量,用来表示完成加工的缸体数量。

表9-16 缸体仿真模型处理的定义

实体	位置	操作	目的地	规则	移动逻辑
缸体	仓库	0	更换水堵	First1	USE 小车 FOR2
缸体	更换水堵	WAIT U(13,3)	托盘1	First1	USE 小车 FOR2
缸体	托盘1	0	清洗水检	First1	
缸体	清洗水检	WAIT U(35,10)	托盘2	0.95	Use 叉车 for1
缸体	托盘2	0	等离子喷涂	First1	
缸体	等离子喷涂	WAIT N(40,4)	托盘3	First1	Use 叉车 for1
缸体	托盘3	0	铣床	First1	
缸体	铣床	WAIT U(20,10)	托盘4	First1	Use 叉车 for1
缸体	托盘4	0	珩磨机床	First1	
缸体	珩磨机床	WAIT U(50,15)	托盘5	First1	Use 叉车 for1
缸体	托盘5	0	磨床	First1	
缸体	磨床	WAIT U(35,10)	托盘6	First1	Use 叉车 for1
缸体	托盘6	0	油道处理	First1	
缸体	油道处理	WAIT U(80,28)	托盘7	First1	Use 叉车 for1
缸体	托盘7	0	清洗	First1	
缸体	清洗	WAIT N(20,3)	托盘8	First1	Use 叉车 for1
缸体	托盘8	0	检测	First1	
缸体	检测	WAIT N(10,1.1)	托盘1	0.98	numout=numout+1

按照 ProModel 软件的建模步骤，建立缸体生产线仿真模型如图 9.29 所示。

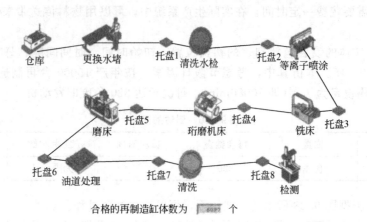

图 9.29 缸体生产线的仿真模型

运行缸体生产线仿真模型，得各位置的性能指标见表 9-17；其中，"加工率(%)"表示实体在此当前位置处接受服务时间占仿真总时间的比例；"空闲率(%)"指当前位置中没有实体的时间占仿真总时间的比例；"等待率(%)"指当前位置处于等待上一个位置的实体到达状态所占的比例；"堵塞率(%)"是指由于下一个位置服务能力的不足而导致实体需要在当前位置留驻的时间的比例。需要说明的是，由于模型中假设缸体每次到达的数量为 320 个，使得更换水堵处的堵塞率较高，在本模型中不将它列入瓶颈工序。

表 9-17 优化前缸体各位置的性能指标

名称	加工率(%)	空闲率(%)	等待率(%)	堵塞率(%)
更换水堵	16.70	2.74	1.62	78.94
清洗水检	44.92	0.00	1.49	53.59
等离子喷涂	49.81	0.01	1.49	48.69
铣床	24.94	0.16	1.47	73.43
珩磨机床	61.85	0.02	1.51	36.62
磨床	43.32	0.18	2.13	54.37
油道处理	98.39	0.04	1.57	0.00
清洗	24.64	72.30	3.06	0.00
检测	12.39	85.88	0.00	1.73

由表 9-17 可以得出以下结论：①生产线的前几个工位堵塞率很高，存在严重的瓶颈现象，影响了系统整体的生产效率，原因是设备数量不足，导致服务能力偏低；②生产线的后几个工位处于空闲状态的比例偏高，设备利用率低，造成空闲的原因包括加工能力过剩、上一个位置处于堵塞状态等；③全局变量 numout 的数值为 6097，即在上述参数和配置下，该生产线一年的缸体产量为 6097 件，生产能力不能满足要求。

由表 9-17 数据可知：缸体在各位置的等待率保持在较合理的水平，而在清洗水检、等离子喷涂、铣床、珩磨机床和磨床处发生了严重堵塞。分析其原因，油道处理工序因服务能力不足，利用率过高，导致了前续工序的堵塞和后续两道工序（清洗和检测）长时间处于空闲状态，从而造成其他资源浪费和系统效率下降，导致整个生产单元能力的下降。

为此，分别将清洗水检、珩磨机床、等离子喷涂工位设备的数量增加到 2，将油道处理设备的数量增加到 3，再次运行仿真模型，得到各位置性能见表 9-18。

表 9-18 第一次优化后缸体各位置的性能指标

名称	加工率(%)	空闲率(%)	等待率(%)	堵塞率(%)
更换水堵	36.32	6.75	4.04	52.89
清洗水检	48.87	0.01	1.88	49.24
等离子喷涂	54.40	0.01	1.86	43.79
铣床	53.82	0.02	3.63	42.53
珩磨机床	67.89	0.03	1.91	30.17
磨床	94.61	0.03	5.36	0.00
油道处理	72.29	25.88	1.83	0.00
清洗	54.33	39.51	6.16	0.00
检测	27.11	69.75	0.00	3.14

优化后的仿真模型年产量达到 13385 件，系统性能有了很大提高，前面几个位置的堵塞率不同程度地下降。优化后由于油道处理工位的生产能力提高，导致该工位利用率下降，不再是系统中的瓶颈工位，而磨床处于加工状态的比例上升为 94.61%，成为该生产线新的瓶颈工序，并使得前续工序处于堵塞状态，后续工序处于等待状态。

因此，在前次模型的基础上，将磨床的数量增加到 2，建立的仿真模型如图 9.30 所示。再次运行仿真模型，得到各位置性能见表 9-19。

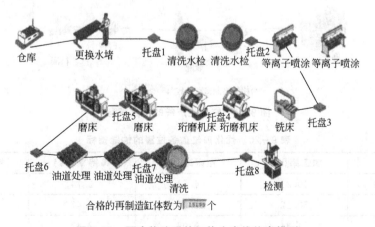

图 9.30 再次修改后的缸体生产线仿真模型

表 9-19 第二次优化后缸体各位置的性能指标

名称	加工率(%)	空闲率(%)	等待率(%)	堵塞率(%)
更换水堵	41.28	40.30	6.62	11.80
清洗水检	55.46	27.77	3.28	13.49
等离子喷涂	61.57	24.75	3.25	10.43
铣床	61.53	22.21	6.44	9.82
珩磨机床	76.89	19.49	3.51	0.11
磨床	53.70	32.67	4.40	9.23
油道处理	82.02	15.52	2.46	0.00
清洗	61.44	30.92	7.64	0.00
检测	30.77	68.15	0.00	1.08

再次优化后的仿真模型年产量达到15199件,满足生产需求,由表9-19可知,此时系统各工位的堵塞率有明显下降,但是也存在设备空闲率过高的问题,会造成资源的浪费。此时,简单地减少某工位设备的数量虽能减少资源的空闲率,但会使系统产生新的堵塞,并使得系统不能满足生产需求。解决该问题的有效方法是:在提高工人作业效率或改善设备性能的基础上,减少同工位设备的数量,使系统性能进一步优化。

(2)发动机缸盖生产线的仿真与优化。按照ProModel软件的建模步骤,建立发动机缸盖生产线模型如图9.31所示。运行仿真模型,得各位置的性能指标见表9-20。

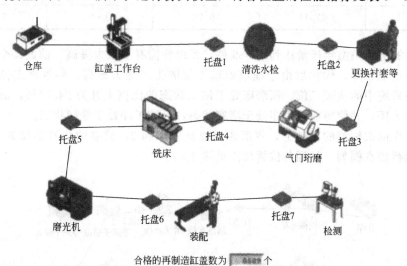

图 9.31 缸盖生产线的仿真模型

表 9-20 优化前缸盖各位置的性能指标

名称	加工率(%)	空闲率(%)	等待率(%)	堵塞率(%)
缸盖工作台	40.23	4.61	2.74	52.42
清洗水检	50.22	0.01	2.47	47.30
更换衬套	34.34	0.06	2.47	63.13
气门珩磨	97.04	0.01	2.95	0.00

(续)

名称	加工率(%)	空闲率(%)	等待率(%)	堵塞率(%)
铣床	38.89	57.99	3.12	0.00
磨光机	87.34	9.37	3.29	0.00
装配	35.02	61.46	3.52	0.00
检测	19.47	78.11	0.00	2.42

由表9-20可知,缸盖生产线气门珩磨工序处于加工状态的比例高达97.04%,直接导致前续工序的高堵塞率。因此,气门珩磨工序是该生产线的瓶颈环节,需要通过提高加工效率或增加同类型设备等方法加以改进。在上述参数和配置下,缸盖的年产量只有8589件,与生产需求相比存在较大差距。

将气门珩磨设备的数量增加到2,再运行模型,得各位置的性能指标见表9-21。在增加气门珩磨设备后,缸盖的年产量增加到10704件,生产线的整体性能比原方案提高了24.6%,但与生产需求还有相当差距。

表9-21 第一次优化后缸盖各位置的性能指标

名称	加工率(%)	空闲率(%)	等待率(%)	堵塞率(%)
缸盖工作台	44.70	4.81	2.80	47.69
清洗水检	55.82	0.01	2.51	41.66
更换衬套	38.29	0.13	2.53	59.05
气门珩磨	54.23	0.04	1.32	44.41
铣床	43.33	0.05	2.67	53.95
磨光机	97.21	0.03	2.76	0.00
装配	39.00	56.09	4.91	0.00
检测	21.71	75.38	0.00	2.91

由表9-21可知,磨光机工位处于加工状态的比率高达97.21%,成为新的瓶颈工位,并导致前续工序的堵塞。将磨光机的数量增加到2。仿真模型如图9.32所示。

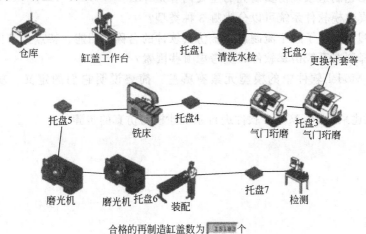

图9.32 再次修改后的缸盖生产线仿真模型

运行仿真模型，缸盖的年产量得到 15183 件，满足生产需求。各位置的性能指标见表 9-22。由表 9-22 可知，系统中各位置的堵塞率很低，但各位置处于空闲状态的比例显著上升，表明系统中设备的加工能力没有充分发挥，造成了设备的闲置。

因此，应寻找既能满足生产需求，又使设备保持较高利用率的有效方法。经过多次仿真，得出结论：当缸盖生产线每周到达 365 件待加工缸盖时，系统中各设备利用率以及其他性能将达到较合理的水平，并且可以按照每天两班制(16h)方式组织生产，生产线年产量为 15500 件，既满足用户生产需求，也有利降低生产成本，并使系统具有一定的弹性。

表 9-22 第二次优化后缸盖各位置的性能指标

名称	加工率(%)	空闲率(%)	等待率(%)	堵塞率(%)
缸盖工作台	63.58	26.67	5.89	3.86
清洗水检	79.31	15.04	5.65	0.00
更换衬套	54.21	40.13	5.66	0.00
气门珩磨	76.79	20.15	3.06	0.00
铣床	61.60	32.21	6.19	0.00
磨光机	69.31	27.47	3.22	0.00
装配	55.41	37.69	6.90	0.00
检测	30.78	69.22	0.00	0.00

复习思考题

9-1 试述计算机仿真的意义及在制造系统规划与运行中的作用。

9-2 简述计算机仿真的特点及其一般过程。

9-3 简述仿真模型的概念及其分类。

9-4 简述离散事件系统仿真程序的基本结构。

9-5 自动化制造系统仿真研究的主要内容是什么？

9-6 仿真建模软件系统可以分为哪 3 种类型？

9-7 查阅资料，了解主流制造系统仿真软件的名称、功能、特点及其典型应用。

9-8 选择制造系统仿真软件时应考虑哪些因素？

9-9 ProModel 软件中的模型元素有哪些？简要说明它们的定义、功能及其参数设置。

9-10 简述采用 ProModel 软件进行系统建模与仿真的步骤。

第 10 章
制造系统的设计自动化

本章教学要点

知识要点	掌握程度	相关知识
自动化技术在产品设计开发过程中的应用内容及分析过程	熟悉在产品设计开发过程中所采用自动化技术的内容及在各个阶段中的作用和功能； 了解产品设计开发的分析过程	CAD/CAE/CAPP/CAM 等计算机辅助技术； 产品设计开发过程及步骤
数字化设计与制造系统的工作过程、内涵、组成和特点； CAD 系统的软硬件选型及设计原则	掌握数字化设计与制造系统的工作步骤和内涵； 熟悉数字化设计与制造系统的组成和特点； 了解 CAD 系统的软硬件选型及设计原则	数字化设计的概念及内容； 数字化设计与制造系统的关系； CAD 系统的软硬件知识
虚拟产品开发与虚拟环境技术、产品虚拟原型技术和反求工程	掌握虚拟现实系统的分类和特点； 熟悉虚拟原型的定义及其建立的步骤； 了解反求工程的含义、体系结构及其应用领域	计算机虚拟仿真技术； 数学建模知识； 物理原型测量技术

 **导入案例**

北车集团启动机车车辆虚拟产品开发平台建设工程

2006年6月25日至29日,中国北车集团公司在上海召开了产品研发信息化工作会暨虚拟产品开发技术培训班,正式启动机车车辆虚拟产品开发平台建设工程实施工作。

虚拟产品开发平台VPD是在虚拟样机VP的基础上发展形成的,它应用计算机技术、仿真技术和集成技术,可以直观形象地对虚拟的产品原型进行设计优化、性能测试、制造仿真和使用仿真。机车车辆虚拟产品开发平台建设工程实施的目标是充分利用国债投资项目的机遇,保证CAD/CAE/CAM/CAPP/PDM等方面软硬件投资,扩大机车车辆虚拟样机系统工程的开发应用成果,使集团每个所属企业基本建成虚拟产品开发平台。

机车车辆虚拟产品开发平台不仅可以提高产品研发能力、增强企业竞争力,而且必将对企业信息化整体水平的提高产生重大而深远的影响。为此,北车集团要求各企业成立由总工程师挂帅的虚拟产品开发平台建设工作组,并在技术部门设立VPD中心,配备数量相当、专业知识精湛的技术人员,具体负责平台建设、应用与管理工作。

机车车辆虚拟产品开发平台要求多学科技术的协同应用,需要多方面的高水平专业人才,北车集团与大连交通大学确定了优势互补、强强联合,以"产学研"密切合作的模式,共同建立北车集团—大连交大虚拟产品开发协同能力平台。

建设虚拟产品开发平台需要国际领先软硬件与一流服务的支撑。北车集团与UGS公司、UFC公司进行了深入沟通,提出了《中国铁路机车车辆工业3D提速计划》。

资料来源:http://www.gov.cn/jrzg/2006-07/04/content_327188.htm,2006

10.1 产品设计开发中的自动化技术

产品的设计和开发是人类从事的一项创造性工作。随着社会的不断发展,产品的开发能力不断增加,因此也改变了人们的生活生产条件。

1943年底,英国人为了破译德国的密码系统建造了一台名叫Colossus的电子计算机,同时,在美国康恩(Corn)有几个大学和研究所为了进行高速度的数值计算也在研制计算机。1946年,世界上第一台电子计算机—电子数字积分计算机(Electronic Numerical Integrator And Computer,ENIAC)在美国宾夕法尼亚大学问世,标志着人类科学技术发展到了一个新的里程碑,对人们的生产、生活带来了深远影响,标志着人类开始进入了以0和1为特征的信息社会。

在经济全球化的大趋势中,每个国家都处于全球化竞争的市场中,而经济竞争归根结底是制造技术和制造能力的竞争。激烈的市场竞争对制造企业提出了很多新的挑战,如产品的复杂程度不断增加;产品生命周期不断缩短;设计风险和各种不确定因素增加;产品设计中更多地考虑环境和社会等因素。

企业要适应这些挑战,在激烈的市场竞争中占据一席之地,就必须要依赖于相关技术的发展。正确适时地运用高新技术,可以使掌握先进技术的制造企业获取高额利润,反之,对高新技术不恰当投入和对市场的不当预测,会使企业面临巨大风险。在这种情况下,在产品设计中发展新的产品设计和制造方法得到了普遍重视。

近年来,以计算机为基础的各种数字化技术广泛应用到产品的开发中,成为企业提高综合竞争力的有效手段。数字化开发技术有丰富的内涵和研究内容,在产品设计制造过程的各个阶段中引入计算机技术,便产生了计算机辅助设计(Computer Aided Design,CAD)、计算机辅助工程(Computer Aided Engineering,CAE)分析、计算机辅助工艺设计(Computer Aided Process Planning,CAPP)和计算机辅助制造(Computer Aided Manufacturing,CAM)等单元技术(CAX)。由于以有限元分析为特征的商品化软件相对自成体系,故统称为 CAE 软件,但产品设计过程应包含产品的性能分析计算,所以 CAD 一般都涵盖了 CAE 的内容。事实上,设计工艺与制造过程是相互关联的有机整体,因而在单元技术基础上产生了 CAD/CAPP/CAM 一体化技术。为了对设计制造过程和 CAD/CAM 产生的电子信息文档进行有效管理,在 20 世纪 90 年代初期产生了产品数据管理(Product Data Management,PDM)技术和相应软件系统。CAD/CAPP/CAM/PDM 在 CIMS 体系结构中被称为技术信息系统(Technology Information System,TIS)。

各种 CAX 技术在产品开发过程的各个阶段中的作用和功能如图 10.1 所示。为了实现企业信息共享与资源集成,在单元技术基础上形成了 CAD/CAE/CAPP/CAM 集成技术,国际上习惯简写为 CAD/CAM 技术。

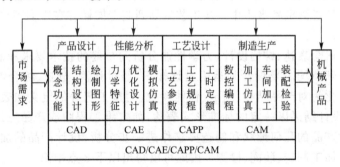

图 10.1 机械产品开发与 CAX 技术系统

10.2 产品设计开发过程分析

产品设计开发过程是指从产品需求分析到产品最终定型的全过程,包括产品的设计、分析、测试、制造、装备等全过程。企业的产品开发通常分为两种类型:新产品设计与产品改型设计。不论哪种设计,其过程都是一个创造性思维的过程。总体而言,一个产品的开发过程可划分为设计与制造两部分。设计过程从客户和市场需求入手,进行产品的总体方案构思。通过分析设计要求,参考、比较国内外同类产品的性能特点,确定出新设计的总体方案、结构和实现方法,然后分别进行各个零部件的详细设计。因此,设计过程主要包括概念设计与分析、结构设计与分析、工程图样绘制等阶段,而制造过程从产品的设计文档开始,经过工艺编制、工装制造、零件制造、装配制造、检验、包装、运输等环节。

针对产品的设计过程而言,大体可以划分成综合和分析两个阶段。

1) 综合阶段

在产品设计阶段的早期,如市场需求描述和分析、相关设计信息的收集和整理、概念方案的制订等,这些属于综合阶段。在综合阶段,设计人员对各种可能的方案进行讨论和评价,确定产品的初步布局和草图,定义产品各部件之间的内在联系及约束关系。这个阶段主要用于确定产品的工作原理和功能,在很大程度上降低了产品开发的成本,对于整个设计过程的作用至关重要。但是在综合阶段所涉及的信息多是定性的,计算机系统对于定性信息的描述、接受和利用来说是比较困难的。一般采用专家系统和基于知识的系统来处理定性问题。

2) 分析阶段

在产品的概念化设计完成之后,就进入了分析阶段。设计人员应该综合各种手段,包括算法和软件,对概念模型进行详细设计,通过建立产品模型,对产品模型进行分析、评价和优化,决定最终的产品设计方案。分析阶段的信息多半可以用定量方法进行描述,比较容易在计算机环境中进行处理。

制造过程以设计过程中产生的设计文档为基础。从工艺规划开始,确定采用的加工工艺、路线和加工方法,确定合理的工艺参数,根据生产条件选择合适的加工设备。最后产生生产计划、物料需求计划以及工装夹具设计等。工艺规划制订完毕后,将按照实际的质量要求对零件进行加工和检测。合格零件将被进行装配,并经过功能测试、包装等环节,最终运送到市场,通过营销送到消费者手中。从工艺规划到制造同样存在很多不确定因素,如人的经验、定性决策等。

从产品构思、概念表达、结构设计、力学性能分析到最终的技术要求和制造工艺的编制等,设计中的各个环节均需要设计师运用设计知识,经过计算、分析、综合等创造性思维过程,将设计要求转化为对产品结构、组成、性能参数、制造工艺等的定义和表示,最后得到产品的设计结果。设计结果以一定的标准形式表达,如二维工程图或产品三维模型。完成设计工作之后,需对产品的几何形状和制造要求作进一步分析,设计产品的加工工艺规程,进行生产准备,随后加工制造、装配、检测。由此可以得出以下 3 点结论。

(1) 设计、制造过程可以划分为几个阶段,各个阶段可包含若干个步骤,具有相对的独立性。正因为这个规律的存在,为程式化工作的计算机引入设计、制造领域,为实现设计自动化提供了客观可能性。

(2) 由于设计过程的复杂性,所以,设计工作尤其是在性能分析计算、模拟、仿真、实体装配等方面,极其需要与计算机技术相结合。

(3) 产品设计制造的各个环节也是一个相互依存且信息交换频繁的系统,需要一种有效的信息处理和交互反馈工具的支持,这样就促进了数字化设计与制造技术的产生和应用。

10.3 数字化设计与制造系统

数字化设计与制造系统是设计、制造过程中的信息处理系统,克服了传统手工设计的缺陷,充分利用计算机高速、准确、高效的计算功能、图形处理和文字处理功能以及对大量的、各类的数据的存储、传递、加工功能,在运行过程中结合人的经验、知识及创造性，形成一个人机交互、各尽所长、紧密配合的系统。

10.3.1 数字化设计与制造系统的工作过程

数字化设计与制造系统主要研究对象的描述、系统的分析、方案的优化、计算分析、工艺设计、仿真模拟、NC编程以及图形处理等理论和工程方法，输入的是系统的设计要求，输出的是制造加工信息，整个流程如图10.2所示。数字化设计与制造系统的工作过程包括以下几个步骤。

（1）通过市场需求调查以及用户对产品性能的要求，向系统输入设计要求，利用几何建模功能，构造出产品的几何模型，计算机将此模型转换为内部的数据信息，存储在系统的数据库中。

（2）调用系统程序库中的各种应用程序对产品模型进行详细设计计算及结构方案优化分析，以确定产品的总体设计方案及零部件的结构和主要参数；同时调用系统中的图形库，将设计的初步结果以图形方式输出在显示器上。

（3）根据屏幕显示的结果，对设计的初步结果作出判断，如果不满意，可以通过人机交互的方式进行修改，直至满意为止，修改后的数据仍存储在系统的数据库中。

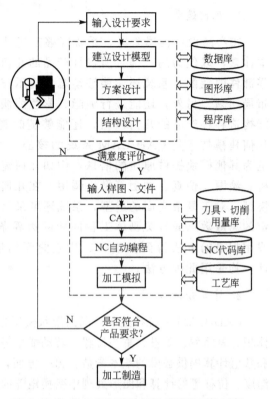

图10.2 数字化设计与制造系统的工作过程

（4）系统从数据库中提取产品的设计制造信息，在分析其几何形状特点及有关技术要求后，对产品进行工艺规程设计，设计的结果存入系统的数据库，同时在屏幕上显示输出。

（5）用户可以对工艺规程设计的结果进行分析、判断，并允许以人机交互的方式进行修改。最终的结果可以是生产中需要的工艺卡片或以数据接口文件的形式存入数据库，以供后续模块读取。

（6）利用外部设备输出工艺卡片，使其成为车间生产加工的指导性文件，或利用计算机辅助制造系统从数据库中读取工艺规程文件，生成NC加工指令，在有关设备上加工制造。

（7）有些数字化设计与制造系统在生成了产品加工的工艺规程之后，对其进行仿真、模拟，验证其是否合理、可行；同时还可以进行刀具、夹具、工件之间的干涉、碰撞检验。

（8）在数控机床或加工中心上制造出有关产品。

由上述过程可以看出，从初始的设计要求、产品设计的中间结果，到最终的加工指令，都是信息不断产生、修改、交换、存取的过程，系统应能保证用户随时观察、修改阶段数据，实施编辑处理，直到获得最佳结果，因此设计自动化系统应当具备支持上述工作过程的基本功能。同时还需要对产品设计、制造全过程的信息进行处理，包括设计与制造中的数值计算、设计分析、绘图、工程数据库的管理、工艺设计、加工仿真等各个方面。

10.3.2 数字化设计与制造系统的内涵

1. 几何造型

在产品设计构思阶段，系统能够描述基本几何实体及实体间的关系；能够提供基本体素，以便为用户提供所设计产品的几何形状、大小，进行零部件的结构设计以及零部件的装配；系统还应能够动态地显示三维图形，解决三维几何建模中复杂的空间布局问题。另外，还能进行消隐、彩色浓淡处理等。利用几何建模的功能，用户不仅能构造各种产品的几何模型，还能够随时观察、修改模型或检验零部件装配的结果。几何建模技术是CAD/CAM系统的核心，为产品的设计、制造提供基本数据，同时也为其他模块提供原始的信息，例如几何建模所定义的几何模型的信息可供有限元分析、绘图、仿真、加工等模块调用。在几何建模模块内，不仅能构造规则形状的产品模型，对于复杂表面的造型，系统还可采用曲面造型或雕塑曲面造型的方法，根据给定的离散数据或有关具体工程问题的边界条件来定义、生成、控制和处理过渡曲面，或用扫描的方法得到扫视体、建立曲面的模型。汽车车身、飞机机翼、船舶等的设计，均采用此种方法。

2. 计算分析

CAD/CAM系统构造了产品的形状模型之后，能够根据产品几何形状，计算出相应的体积、表面积、质量、重心位置、转动惯量等几何特性和物理特性，为系统进行工程分析和数值计算提供必要的基本参数。另一方面，CAD/CAM系统中的结构分析需进行应力、温度、位移等的计算和图形处理中变换矩阵的运算以及体素之间的交、并、差计算等，同时，在工艺规程设计中还有工艺参数的计算。因此，要求CAD/CAM系统对各类计算分析的算法要正确、全面，有较高的计算精度。

3. 工程绘图

产品设计的结果往往是机械图的形式，CAD/CAM系统中的某些中间结果也是通过图形表达的。CAD/CAM系统一方面应具备从几何造型的三维图形直接向二维图形转换的功能，

另一方面还需有处理二维图形的能力，包括基本图元的生成、标注尺寸、图形的编辑（比例变换、平移、图形复制、图形删除等）以及显示控制、附加技术条件等功能，保证生成满足生产实际要求、符合国家标准的机械图。

4. 结构分析

CAD/CAM系统中结构分析常用的方法是有限元法，这是一种数值近似解方法，用来解决复杂结构形状零件的静态、动态特性，以及强度、振动、热变形、磁场、温度场强度和应力分布状态等的计算分析。在进行静、动态特性分析计算之前，系统根据产品结构特点，划分网格，标出单元号、节点号，并将划分的结果显示在屏幕上。进行分析计算之后，系统又将计算结果以图形、文件的形式输出，例如应力分布图、温度场分布图、位移变形曲线等，使用户方便、直观地看到分析的结果。

5. 优化设计

CAD/CAM 系统应具有优化求解的功能，也就是在某些条件的限制下，使产品或工程设计中的预定指标达到最优。优化包括总体方案的优化、产品零件结构的优化、工艺参数的优化等。优化设计是现代设计方法学中的一个重要的组成部分。

6. 工艺规程设计

设计的目的是为了加工制造，而工艺设计是为产品的加工制造提供指导性的文件，因此 CAPP 是 CAD 与 CAM 的中间环节。CAPP 系统应当根据建模后生成的产品信息及制造要求，自动决策出加工该产品所采用的加工方法、加工步骤、加工设备及加工参数。CAPP 的设计结果一方面能被生产实际所用，生成工艺卡片文件；另一方面能直接输出一些信息，为 CAM 中的 NC 自动编程系统接收、识别，直接转换为刀位文件。

7. 数控功能

在分析零件图和制订出零件的数控加工方案之后，采用专门的数控（Numerical Control, NC）加工语言（例如 APT 语言），制成存储介质输入计算机，其基本步骤通常包括：①手工或计算机辅助编程，生成源程序；②前处理，将源程序翻译成可执行的计算机指令，经计算求出刀位文件；③后处理，将刀位文件转换成零件的数控加工程序。

8. 模拟仿真

在 CAD/CAM 系统内部建立一个工程设计的实际系统模型，例如机构、机械手、机器人等。通过运行仿真软件，代替、模拟真实系统的运行，用以预测产品的性能、产品的制造过程和产品的可制造性。如利用数控加工仿真系统从软件上实现零件试切的加工模拟，避免了现场调试带来的人力、物力的投入以及加工设备损坏等风险，减少了制造费用，缩短了产品设计周期。模拟仿真通常有加工轨迹仿真、机械运动学模拟、机器人仿真和工件、刀具、机床的碰撞、干涉检验等。

9. 产品数据管理

在传统的产品研制中，设计制造的基础依据是产品图样。建立在二维基础上的图样管理是与档案管理联系在一起的。然而，在数字化设计与制造系统中，基础依据是产品的数字化模型。由于 CAD 模型是非结构化信息，其管理成为新的问题。一般地，数字化设计与制造中的数据集成是对产品数据的统一管理和共享，通过产品数据管理来实现。1995 年 2 月，主要致力于 PDM 技术和相关计算机集成技术的国际权威咨询公司 CIMdata 公司总裁 Ed Miller 在 PDM Today 一文中给出了 PDM 的定义："PDM 是一门用来管理所有与产品相关信息和所有与产品相关过程的技术；与产品相关的所有信息，即描述产品的各种信息，包括零部件信息、结构配置、文件、CAX 技术文档、流程组织信息以及权限审批等信息；与产品相关的所有过程，包括产品形成的过程和产品的完善和改制过程，对这些过程的定义和管理以及相关信息的发放"。从这些功能可以看出，PDM 是一门管理所有与产品相关信息和与产品相关过程的技术。

10.3.3 数字化设计与制造系统的组成

1. 数字化设计与制造系统的硬件组成

在系统结构中,以图形处理为主、以 CAD 应用为目的的独立硬件环境称为 CAD 工作站。对于一个数字化设计与制造系统来说,可以根据企业的具体情况、系统的应用范围和相应的软件规模,选用不同规模、不同结构、不同功能的计算机、外设及其生产加工设备,如图 10.3 所示。系统规模一开始可能比较简单,面对高速发展的计算机技术及企业应用的增多,数字化设计与制造系统在理论方法、体系结构与实施技术上均在不断更新和发展,其规模也会不断扩展,组成相应也会比较复杂。

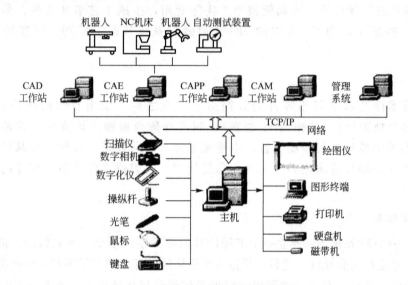

图 10.3 数字化设计与制造系统结构

CAD 工作站是指安装了 CAD 软件的计算机,用于产品的设计。CAE 工作站是指安装了 CAE 软件的计算机,用于计算分析和优化。CAPP 工作站是指安装了辅助工艺设计的 CAPP 软件的计算机,用于产品的工艺设计。同理,CAM 工作站是指安装了 CAM 软件的计算机,用于数控编程和仿真。目前大部分商业化的大型 CAD 软件都是集成软件,集成了 CAD、CAE、CAM 的功能,那么安装了这些软件的工作站可以同时承担上述 3 个工作站的工作。不过,一般情况下,CAD、CAE、CAM、工程管理等工作分别由不同部门的工程师承担,是分工合作的关系。

打印机、扫描仪、绘图仪、硬盘机等外设并不是经常使用,所以可以通过网络共享给众多用户。机器人、NC 机床等设备是机械制造的主要工作,它们接受数字化设计与制造系统提供的指令和程序,接受管理系统的管理,最终生产出产品来。

2. CAD/CAM 系统的软件体系结构

软件是用于求解某一问题并充分发挥计算机计算分析功能和交流通信功能的程序的总称。这些程序的运行不同于普通数学中的解题过程,它们的作用是利用计算机本身的逻辑功能,合理地组织整个解题流程,简化或者代替在各个环节中人所承担的工作,从而达到充分发挥机器效率，便于用户掌握计算机的目的。软件是整个计算机系统的灵魂。CAD/CAM 系统的软件可分为系统软件、支撑软件和应用软件 3 个层次。

1) 系统软件

系统软件主要用于计算机的管理、维护、控制以及计算机程序的翻译、装入与运行，它包括各类操作系统和语言编译系统。操作系统包括如 Windows、Linux、UNIX 等；语言编译系统用于将高级语言编写的程序翻译成计算机能够直接执行的机器指令，目前 CAD 系统应用得最多的语言编译系统包括 Visual Basic、Visual C/C++、Visual J++等。

为了方便用户进行二次开发，根据需要定制软件功能模块，目前多数 CAD/CAM 软件都提供二次开发语言和工具。例如，Autodesk 公司提高 Autolisp 语言用于用户的二次开发；Solidworks 软件提高了应用程序接口（Application Programming Interface，API），可以调用 Delphi、Visual Basic、VB.NET、C++等程序文件，以便用户开发、定制特定的功能模块。

操作系统是 CAD/CAM 系统的灵魂，它是用户与计算机之间的接口，负责全面管理计算机资源、合理组织计算机的工作流程，使用户更方便地使用计算机，提高计算机的利用率。当今流行的操作系统以 Unix、Windows 系列及 Macintosh 为主，近年迅速发展起来的 Linux 也正受到用户的青睐。

(1) UNIX。UNIX 是由美国斯坦福大学 AT&T 开发而发展起来的，UNIX 操作系统曾有过辉煌的历史。其系统以优越的资源管理及网络功能而成为工程工作站的操作系统，并因此风靡世界。UNIX 系统主要是用 C 语言编写的程序，其特点为：系统功能强；由于系统大部分程序是用 C 语言编写的，因此，对整个系统的修改、维护和移植是很方便的；在系统的支持下，在其外层提供可用多种语言编程和编译的功能。但软、硬件的价格高昂、操作复杂、系统维护困难、配套的应用软件匮乏等，限制了其进一步的发展。事实表明，UNIX 主要应用领域正逐步被 Windows 所取代。其应用将转移到大型机与小型机适用的银行、金融、通信等专业领域。

(2) Linux。Linux 是近年发展起来的自由操作系统，其发展的势头对 Windows 系统造成有力的威胁。主要的问题是相应的应用软件还不是太多，但这种局面正在逐渐改变，无论是世界计算机巨头还是小型的应用软件开发商，都对 Linux 加以关注。Linux 作为免费的自由软件，在各方面都具有很大的优势，人们对 Linux 软件寄予厚望。目前，越来越多公司投入到 Linux 的技术完善和应用软件开发的工作中来，相应的 Linux 正成为 Windows 在市场上最强劲的对手。

(3) Windows。微软成功地占据了 80% 以上的计算机操作系统市场。Windows 系列产品友好的用户界面、稳定的性能、低廉的价格、众多的用户、丰富的应用软件资源是其生命力的最佳体现。近年来在网络技术上的巨大成功，以及借 PC 功能的迅速提高，高性能计算机与 Windows NT 所组成的 NT 工作站系统，开始冲击工程工作站的传统应用领域。

(4) Macintosh。这是美国 Apple 计算机公司的著名产品，以其优越的视窗功能应用于图像处理、印刷出版及教育等领域。但因系统的封闭性，痛失发展良机，Macintosh 已经不可能成为操作系统的主流产品。

从软件平台的发展情况来看，Windows 成为 CAD 应用的主要操作界面。CAD 系统充分利用 Windows 的资源，完全在 Windows 环境下开发；一些从 UNIX 环境移植到 NT 工作站的软件，最初保留了大量的 UNIX 环境的痕迹，现也向全面改造成 Windows 版本推进。

2）支撑软件

支撑软件是为满足 CAD/CAM 工作中一些用户的共同需要而开发的通用软件。由于计算机应用领域迅速扩大，支撑软件的开发研制已有了很大的进展。商品化支撑软件层出不穷，通常可分为下列几类。

(1) 图形核心系统 (Graphics Kernel System，GKS)。它定义了独立于语言的图形系统的核心，提供应用程序和图形输入/输出设备之间的功能接口，包含了基本的图形处理功能，处于与语言无关的层次。

(2) 工程绘图系统 (Drawing System)。它支持不同专业的应用图形软件开发，常用的基本功能有：①基本图形元素绘制，如点、线、圆等；②图形变换，如缩放、平移、旋转等；③控制显示比例和局部放大等；④对图形元素进行修改和编辑；⑤尺寸标注、文字编辑、画剖面线；⑥存储、显示控制以及人机交互、输入/输出设备驱动等功能。目前，计算机上广泛应用的 AutoCAD 就属于这类支撑软件。

(3) 几何造型 (Geometry Modeling) 软件。几何造型软件用于在计算机中建立物体的几何形状及其相互关系，用于完整、准确地描述和显示 3 维几何形状，为产品设计、分析和数控编程提供必要的信息，因为后续的这些处理和操作都是在此模型基础上完成的，所以几何造型软件是 CAD/CAM 系统中不可缺少的支撑软件。

几何造型方法根据所产生几何模型的不同，可以分为线框模型、表面模型和实体模型 3 种形式。相应产生的模型分别为线框模型、表面模型和实体模型。目前多数开发系统都同时提供上述 3 种造型方法，而且三者之间可以相互转换。目前，特征造型技术成为产品造型的重要发展方向，它可提供产品的形状特征、精度特征、材料特征、加工特征等信息，为 CAD/CAM 集成提供必要的条件。几何造型软件通常具有消隐、着色、浓淡处理、实体参数计算、质量特性计算等功能。CAD/CAM 系统中的几何建模软件有 I−DEAS、Pro/E、UGNX 等。

(4) 有限元分析软件。它利用有限元法对产品或结构进行静态、动态、热特性分析，通常包括前置处理（单元自动剖分、显示有限元网格等）、计算分析及后置处理（将计算分析结果形象化为变形图、应力应变色彩浓淡图及应力曲线等）3 个部分。目前世界上已投入使用的比较著名的商品化有限元分析软件有 COSMOS、NASTRAN、ANSYS、ADAMS、SAP、MARC、PATRAN、ASKA、DYNA3D 等。这些软件从集成性上可划分为集成型与独立型两大类。集成型主要是指 CAE 软件与 CAD/CAM 软件集成在一起，成为一个综合型的集设计、分析、制造于一体的 CAD/CAE/CAM 系统。目前市场上流行的 CAD/CAM 软件大都具有 CAE 功能，如 SDRC 公司的 I−DEAS、EDS/Unigraphics 公司的 UGNX 软件等。

(5) 优化方法软件。这是将优化技术用于工程设计，综合多种优化计算方法，为求解数学模型提供强有力数学工具的软件，目的为选择最优方案，取得最优解。

(6) 数据库系统软件。CAD/CAM 系统上几乎所有应用都离不开数据，产品的设计和开发从本质上讲就是信息输入、分析、处理、传递以及输出的过程。这些数据中有静态数据，如各种标准、设计的规范数据等；也有动态数据，如产品设计中不同版本的数据、数字化仿真的数据结果、各子系统之间的交换数据等。所以数据管理在 CAD/CAM 产品开发中非常重要。

早期通常通过文件系统对产品开发中产生的数据进行管理。例如，将各种标准以数据文件的形式存放在磁盘中，各模块之间的信息也通过文件进行交换。文件管理简单易行，但是不能以记录或数据项为单位共享数据，导致数据出现冗余和不一致的情况。数据库是在文件系统的基础上发展起来的一门新型数据管理技术，它的工作模式与早期的文件系统的工作模式存在本质的不同，这种区别主要体现在系统中应用程序与数据之间关系的不同，如图10.4和图10.5所示。在文件系统中，数据以文件的形式长期保存，程序与数据之间有一定的独立性，应用程序各自组织并通过某种存取方法直接对数据文件进行使用。在数据库系统中，应用程序并不直接操作数据库，而是通过数据库管理系统对数据库进行操作。因此，与文件系统相比，数据库系统具有数据存储结构化、最低的数据冗余度、较高的数据独立性和共享性以及数据的安全保护、完整控制、并发控制及恢复备份等特点。利用数据库系统管理数据时，数据按照一定的数据结构存放在数据库中，由数据库管理系统管理。数据库管理系统提供各种管理功能，利用这些命令可以完成各种数据操作。

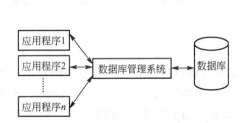

图10.4　文件系统阶段的数据处理

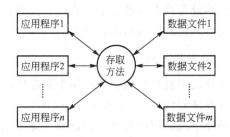

图10.5　数据库系统阶段的数据处理

目前比较流行的数据库管理系统有 FoxPro、Oracle、INGRES、Informix、Sybase 等。

为保证产品开发过程中各模块数据信息的一致性，现有的开发软件广泛采用单一数据库技术，即当用户在某个模块中对产品数据作出改变时，系统会自动地修改所有与该产品相关的数据，以避免数据不一致而产生差错。

(7) 系统运动学/动力学模拟仿真软件。仿真技术是一种建立真实系统的计算机模型的技术。利用模型分析系统的行为而不建立实际系统，在产品设计时，实时、并行地模拟产品生产或各部分运行的全过程，以预测产品的性能、产品的制造过程和产品的可制造性。动力学模拟可以仿真分析计算机械系统在某一特定质量特性和力学特性作用下系统运动和力的动态特性，运动学模拟可根据系统的机械运动关系来仿真计算系统的运动特性。这类软件在 CAD/CAM/CAE 技术领域得到了广泛的应用，例如 ADAMS 机械系统动力学自动分析软件。

3) 应用软件

用户利用计算机所提供的各种系统软件、支撑软件编制的解决用户各种实际问题的程序称为应用软件。目前，在模具设计、机械零件设计、机械传动设计、建筑设计、服装设计以及飞机和汽车的外形设计等领域都已开发出相应的应用软件，但都有一定的专用性。应用软件种类繁多，适用范围不尽相同，但可以逐步将它们标准化、模块化，形成解决各种典型问题的应用程序。这些程序的组合就是软件包(Package)。开发应用软件是 CAD 工作者的一项重要工作。

国外原版软件并不是针对中国企业的,在标准规范、技术习惯、技术思维等方面均存在差异,而且不公开其核心技术,不利于二次开发。能直接用于国内企业的国外原版 CAD 软件非常少。国产 CAD/CAM 软件结合国内实际,能够解决用户的大部分问题,不同软件各有所长。经过二次开发的国内 CAD 软件,具有自主版权,结合国内实际,适合企业技术人员学习与应用,但大多数在商品化方面还有一些差距,主要表现在系统的稳定性、可靠性、功能等方面。一般来说,基于国外平台软件开发的二维应用软件,具有更好的兼容性,并且在系统的稳定性和软件功能方面都有一定的优势,但在价格方面,国内自主平台的软件具有相当的优势,因为前者不但需要购买国外的平台软件,还要购买二次开发软件,这种费用是两次的,而且国外平台软件的费用更是不低。

10.3.4　CAD 系统的软硬件选型

CAD 系统的硬件配置与通用计算机系统有所不同,其主要差距在于 CAD 系统硬件配置中,应具有很强的人机交互作用和图形处理能力。先进的 CAD 系统的硬件由计算机及其外围设备和网络组成。CAD/CAM 的硬件设备是 CAD/CAM 运行环境的基础,要求硬件系统的设备具有高性能的计算机、大容量的存储器、灵活的人机交换能力、逼真的图形输出能力及良好的网络通信功能。

1. 计算机主机

计算机主机是控制和指挥整个系统执行运算及逻辑分析的装置,是系统的核心。主机由中央处理器(Central Processing Unit,CPU)和主存储器(Main Memory,MM),也称内存两部分组成,用于指挥、控制整个系统完成运算、分析工作。按照主机功能等级的不同,可将 CAD/CAM 系统计算机分为大中型机、小型机、工程工作站及微机等不同档次。主机的类型及性能很大程度上决定了 CAD/CAM 系统的使用性能。

大中型机通常用于解决复杂的工程和科学问题,如流体力学分析、热传导分析以及应力分析中的交互式计算。小型机的功能次于大型机,但价格较便宜,适用于商业和工业中,也可作为大型检测设备的一部分。工程工作站可以完成复杂的设计任务,例如大型机械产品的设计与组装,或者半导体芯片的设计。在这些任务中,图形应用密集度高,相应的应用软件很少具有负载均衡能力,无法利用多台机器完成同一件事情,为了获得最大的效率,要求单机的计算能力和图形显示能力比较强,尤其是三维图形显示能力要达到极限。一般而言,功能较强的 CAD 系统都选用工作站作为系统的主机。但是,工程工作站一直是传统的 UNIX 操作系统以及 RISC 处理器的天下,大量的著名工作站厂商,如 SUN、HP、SGI 等,依靠的都是这种体系。UNIX 操作系统虽然是一个开放的工业标准,但各工程工作站厂商由于种种原因在工程工作站上提供的 UNIX 操作系统互不兼容。这必然造成应用软件无法互换,造成人力物力的浪费。专有的零配件如 SGI 的图形卡不能在 HP 工作站上使用。这种模式下任何厂家都无法进行较大规模的生产,无法降低综合成本,其结果造成价格居高不下。

随着 Intel 公司和 AMD 公司不断推出性能更高的第七代中央处理器以及微软公司纯 32 位 Windows 操作系统的出现,再加上 X86 平台图形加速卡的飞速发展,基于 X86 处理器的工作站性能开始接近传统的 RISC 工程工作站。

20 世纪 90 年代来,PC 的性能得到了飞速发展,其主频速度直追传统工程工作站的速度，领域几乎覆盖了计算机应用领域的80％以上。高配置的PC工作站与传统的工程工作站的图形、图像处理能力不相上下，而系统价格只有传统工程工作站的1/5左右，而且简单易学、易于维护的系统结构，促进了企业CAD/CAM的普及推广。以PC作为CAD的硬件平台，具有以下特点：性价比高；维护方便；PC应用广；互换性好；容易升级；易于修理；容易操作；其他辅助工作的软件丰富。

目前，可用于CAD应用的硬件系统有两大类：PC和工作站。近来，在传统的工作站和PC之间又出现了一支新军：PC工作站。一方面证明，Intel/Windows系统的性能已经接近或达到传统UNIX系统的指标，另一方面也意味着用户可以用较低的成本实现CAD应用。据专家建议，国内中小企业可用四五十万元人民币甚至更少基本实现"CAD化"，整个系统即采用PC或PC工作站，但PC系统目前在做高精度大型复杂计算时还不尽如人意。专家同时建议，大型企业用户最好还是选用稳定性和速度都较为出色的中高档UNIX工作站。

存储设备外存储器是补充内存、减轻主机负荷的一种辅助存储设备，用来存放大量暂时不用而等待调用的程序和数据，它通过内存参与计算机的工作，容量比内存大，而存储速度慢。通常对存储器的评价必须考虑容量、价格、存取速度等指标。目前，最常用的存储设备有硬盘、软盘、光盘、磁带、闪存(U盘)。

2. 图形输入设备

输入设备是能够将各种外部数据转换成计算机能识别的电脉冲信号的装置。对于交互式CAD/CAM系统来说，除需要具有一般计算机系统的输入设备，还应能提供其他功能。目前CAD/CAM系统常用的输入设备包括键盘、鼠标、触摸屏、数据手套、扫描仪、数码相机和数码摄像机、语音输入设备等。

(1) 键盘是计算机最基本的输入设备之一，可用来输入文字、坐标数值、命令等。

(2) 鼠标是一种高效的手动指点输入装置，十分适合窗口操作方式。目前鼠标有机械式、光学式、光机式3种，其中机械式鼠标最为便宜。

(3) 触摸屏又称为触感型终端，是一种特殊的显示屏。与普通显示器不同的是它附加了坐标定位装置，能够感知接触点的位置，而功能和图形板与普通显示器相同。触感可由红外式、电容式、机械式传感系统获得，当手指触摸屏幕时，通过相应的电路就可以检测到该点的位置。例如，将应用软件的菜单显示在屏幕上，利用触摸技术，手指直接"点菜"，既直观又方便，还不易出错。

(4) 数据手套是虚拟现实系统中最常用的输入装置，利用光导纤维的导光量来测量手指角度。当光导纤维随手指弯曲时，传输的光将会有损失，弯曲越大，损失越多。数据手套可以帮助计算机测试人手的位置与指向，从而可以实时地生成手与物体接近或远离的图像。

(5) 扫描仪是通过电阅读装置将图样信息转化为数字信息输入计算机的一种快速输入设备。

(6) 数码相机和数码摄像机是新出现的计算机图像输入设备。它们采用光电装置将光学信号转换为数字信号，然后将其存储在磁性存储介质中，与计算机连接后可以方便地把信号输入计算机，并可对输入的信号进行编辑和修改。

(7) 语音输入设备是将人类说话的语音直接输入计算机的设备。声音通过话筒变成模拟电信号，再将模拟信号通过调制变成数字信号。语音输入的难点是如何理解、识别语音，目前的水平处于定量词语、定人语音识别的程度。已有公司开发出操作系统的语音输入系统，用户只需读出进入选项的名称，系统会自动识别用户语音而选择相应的操作，其效果与鼠标选择是相同的。

(8) 位置传感器应用在虚拟现实技术的 CAD/CAM 系统中，为了提高真实感，必须知道浏览者在三维空间中的位置，尤其是必须知道浏览者头部的位置和方向。位置传感器用于检测和确定浏览者的位置和方向，通常包括电磁场式、超声波式、机电式、光学式等。

3. 图形输出设备

CAD 常用的图形输出设备有可以分为两大类：一类是与图形输入设备相结合，构成具有交互功能的可以快速生成和修改图形的显示设备；另一类是在纸上或其他介质上输出可以永久性保存的绘图设备，也称为硬拷贝设备。CAD 系统常用的硬拷贝设备有打印机和绘图仪。

(1) 打印机按与计算机的通信方式可分为串行打印机和并行打印机。前者从 RS-232 口往打印机传递字符，一位一位串行传递；后者则通过打印机接口（LPT）按每个字符的 8 位一次并行传递，所以速度较快。目前绝大多数打印机都是并行打印机。按打印机所使用的打印技术，打印机可分为点阵式打印机、喷墨打印机与激光打印机。点阵式打印机采用机械击打的方式，结构简单、耗材成本较低，但是噪声大、打印速度慢，打印质量也较差。喷墨打印机与激光打印机均属于非击打式打印机，采用热敏、化学或光电技术来完成打印工作，它们的特点是打印质量好、打印速度快、噪声小。目前喷墨打印机的价格最低，但耗材较贵。激光打印机的打印质量较好，耗材加工也比较适中，是理想的图纸输出设备。工程上使用的激光打印机最好为宽行打印机，最大可输出 A2 图纸。遇到更大幅面的图纸，可以将图形分割，输出后再进行拼接。常见打印机实物外形如图 10.6 所示。

图 10.6 打印机

(2) 绘图仪被广泛应用在设计部门作为 CAD 系统的图形输出设备。绘图仪大体上可分为笔式绘图仪、静电绘图仪和喷墨绘图仪等。喷墨绘图仪绘图速度快、噪声小，应用较多。

10.3.5 CAD 系统的设计原则

使用单位在引入 CAD 系统时往往要投入大量的资金，花费较大的时间和精力。但是 CAD 系统是否会产生效益与系统的整体设计、软硬件的选型有很大的关系。科学、合理的选型将为 CAD/CAM 的成功应用打下良好的基础，并推动 CAD/CAM 应用沿着良性循环的轨迹前进并健康发展；而选型不当，其结果是 CAD/CAM 系统被闲置，应用软件无人问津，造成财力与资源的浪费，为进一步推广应用 CAD/CAM 技术设置了障碍。因此 CAD 的正确选型尤为重要。

1. 总体选择原则

(1) 软件优于硬件。硬件设备是看得见、摸得着的，因此很多单位在引进 CAD 系统时，非常重视购置硬件，软件则不大重视，甚至不予购买，这是非常错误的。软件是决定 CAD 系统能力的最主要因素。它是计算机的灵魂，也是评价 CAD 系统的最关键因素。正确的选型思想是，根据本单位产品开发的要求，先分析需要什么样的应用软件，再考虑配备什么样的硬件，最后组成 CAD 系统。一般而言，软件的种类和复杂程度远远超过硬件，软件决定了系统的主要功能，在软件上花费的资金要比硬件多，软件的生命周期比硬件长，硬件需要根据软件的要求来选定。但是各种 CAD 软件间存在着差异，各有其技术特色与专业分工。因此，只有在分清各种软件的特点、分清不同功能配置上的差异的基础上，才能正确认识软件，作出科学的决策。

(2) 整体设计分步实施。CAD 是不断积累、可持续发展的应用技术，在选型阶段就应该充分考虑发展的因素。CAD 系统自身不断发展，配置上可适应发展，在价格策略上要有利于发展，创造出一个良性循环的应用基础。需要清醒认识的是 CAD 系统是作为工具存在的，该工具是为满足企业特定方面的需求而存在的，所以企业没有必要追求那些当时最为高端的硬软件产品，而要根据企业的需要以及需求的发展状况。一般广义上的企业 CAD 应用分为 4 个步骤：①二维图形设计绘制，一般为实现"甩图板"的初级目标；②三维图形设计绘制，是更进一步的应用，但还未超越基本目标；③CAE 应用，通过计算机辅助分析，可使设计者不仅知道怎样设计产品，而且明白为什么这样设计，从而可进一步完善产品细节；④PDM 应用，对产品数据进行管理，CAD 应用经验积累到一定的基础，使之发生质变，真正实现设计制造的系统化。事实证明，企业要真正用好 CAD，需要一个长期的过程，非一日一时之功可实现；另外，还得多作调研，向有 CAD 使用经验的同类企业多作咨询。

(3) 加强技术人员培训。CAD 系统的功能很强，但是要熟练掌握 CAD 系统，利用 CAD 系统解决机械工程中的实际问题绝不是一件容易的事。技术人员不仅需要掌握机械工程设计的专业知识，而且还要具备计算机的基础知识。此外，由于目前国内的先进 CAD 系统主要是从国外引进的，操作人员具备一定的外语基础也是必要的。

(4) 注重合作伙伴资质。在购买到适用的技术外，CAD 系统实施更重要的是购买服务。一些可经常得到技术支持的用户，甚至可以达到降低 80％生产成本的效益，因此，厂商的服务实力是保障系统运行的重要基础。

2. 硬件设备选择原则

1) 满足系统功能要求

计算机硬件平台是 CAD 技术的基础，把握硬件平台的发展趋势，正确选择主流产品。CAD 系统的硬件选型相对于其他的计算机系统有特殊的功能要求。首先，CAD 系统与用户的交互过程非常频繁，当设计过程需要计算机做复杂的计算时，用户需要等待一段时间才能得到计算结果。因此要选择速度快的硬件产品，使用户等待的时间尽量缩短，就能有效提高设计效率。此外，CAD 软件进行图形处理工作，要求硬件有很好的图形显示效果

（分辨率、色彩种类等）和处理能力（二、三维显示、动画仿真能力），同时对采集和硬拷贝能力、网络通信能力、接口类型也有一定的要求。在键盘、鼠标、扫描仪、坐标测量仪的选购上，需要考虑的因素有输入/输出的精度、速度和工作范围等。

2）硬件不要赶时髦

在选购硬件设备时，采购者要做到全面了解，既要知道所选购设备的特点、性能和用途，更要知道本单位所选购的设备用在什么环境和安装什么软件。在信息技术飞速发展的今天，计算机的性能每 18 个月翻一番，而 CAD 软件系统的变化也很快，软硬件一两年就要升级一个版本，功能不断增强，价格却有所下降。一般而言，软件要购买最新的版本，硬件购买则选性价比较高的。在这个技术大变革的时代，在硬件上用户最好不要赶时髦，一味追求高性能、高指标。在购置硬件时，要做到切合实际，定量选购。根据实际要求和发展趋势选择适中的产品，不要进行设备囤积，以免闲置贬值。

3. 软件选用原则

1）系统功能与集成

引进 CAD 系统的目的就是为了更好地设计开发产品，因此购买的软件要能满足企业现实和未来发展的需要。在选择 CAD 软件时，首先考虑是选择能够提供一体化解决方案的厂商的产品还是选择具有高度集成性并且在技术和功能等方面都更为优秀的产品。集成是企业需要考虑的问题，如果企业的规模达到一定程度并且对系统集成有需求的话，企业还需要考虑软件的功能与企业的需求问题。一般来说，如果一个厂商能够提供一体化的解决方案，在集成性方面应该是没有太大的问题，但问题在于，构成一体化方案的每个单元是否都是功能强大、满足企业需求呢？实际情况是这样的：有的公司在 CAD 方面比较强，有的公司在 CAPP 方面处于领先地位，有的公司在 PDM 方面优势明显，而做 MIS 或 ERP 等管理软件的公司一般来说是不做设计制造类软件的，而许多软件在开发过程中就考虑到了集成问题，预留了集成用的接口，这同样可以解决集成的问题。那么企业用户在选型时，一定要全面考虑各个厂商的软件，对功能和集成性等问题进行综合考虑。

2）开放性

企业对 CAD 的要求是多种多样的，一开始引进 CAD 系统时不可能将今后一段时期的软件功能都买齐了。随着时间的推移，不断会有新的需求，而且各种软件的特点各不相同，其功能各有千秋，一般会购置多家厂商的软件以满足不同的需要。软件现有的功能再强，也不可能完全满足用户的要求。所以，一方面软件应具有较好的数据转换接口，以更好发挥不同应用软件的作用；另一方面，软件应有比较好的二次开发工具，可方便地进行应用开发，并集成到 CAD 软件中。

3）扩展能力

随着应用规模的扩大，软件应有升级和扩展的能力，保证原有系统能在新系统中继续应用，保护用户的投资不受损失。

4）可靠性和维护性

可靠性是指软件在规定的时间内完成规定任务的能力。软件在规定时间内完成规定任务的概率越高，平均无故障工作时间越长，平均修复时间越短，系统的性能就越好。据统计，由于软件的维护阶段占整个生命周期的 67% 以上，所以软件纠正错误或故障以及为满足新需要改变原有系统的难易程度也是系统选型的重要指标。维护工作是否完善、有效，决定了整个系统的运行效果。

5) 软件公司的背景和销售商的技术能力

买软件不仅要买软件强大的功能，还要买软件的技术支持。软件公司的背景对软件的前途有很大的影响，这关系到用户的投资是否能够得到保护。一般而言，软件销售商应具备工程应用方面的知识和实际工作经验，这样能很好地帮助用户解决实际问题，并能使用户很快地掌握CAD软件的应用。

10.3.6 数字化设计与制造系统的特点

数字化设计与制造是以计算机软硬件为基础，以提高产品开发质量和效率为目标的相关技术的有关集成。与传统产品开发手段相比，它强调计算机、数字化信息和网络技术在产品开发中的作用，具有以下特点。

(1) 数字化设计与制造技术不是传统设计、制造流程和方法的简单映像，也不局限于在个别步骤或环节中部分地使用计算机作为工具，而是将计算机科学、信息技术与工程领域的专业技术以及人的智慧和经验知识有机结合起来，在设计、制造的全过程中各尽所长，尽可能地利用计算机系统来完成那些重复性高、劳动量大、计算复杂以及单纯靠人工难以完成的工作，辅助而非代替工程技术人员完成产品设计制造任务，以期获得最佳效果。

(2) 从计算机科学的角度来看，设计与制造的过程是一个关于产品信息的产生、处理、交换和管理的过程。人们利用计算机作为主要技术手段，对产品从构思到投放市场的整个过程中的信息进行分析和处理，生成和运用各种数字信息和图形信息，进行产品的设计与制造。所以应将传统上把制造过程看成是物料转变过程的观念更新为主要是一个复杂的信息生成和处理过程。数字化设计与制造是一种从设计到制造的综合技术，能够对设计制造过程中信息的产生、转换、存储、流通、管理进行分析和控制，所以它是一种有关产品设计和制造的信息处理系统。

(3) 数字化设计与制造系统能有效提高产品质量、缩短开发周期、降低成本。利用计算机强大的信息存储能力可以存储各方面的技术知识和产品开发过程所需的数据，为产品设计提供科学依据。人机交互的开发环境，有利于发挥人机的各自特长，使产品设计及制造方案更加合理。还可以利用各种计算机分析工具，如有限元分析、优化、仿真，及早发现产品缺陷，优化产品的拓扑、尺寸和结构，克服以往被动、静态、单纯依赖于人的经验的缺点。数控自动编程、刀具轨迹仿真和数控加工保证了产品的加工质量，大幅度减少了产品开发中的废品和次品。

(4) 数字化设计与制造只涵盖产品生命周期的某些环节。随着相关软硬件技术的成熟，数字化设计与制造技术越来越多地渗透到产品开发过程中，成为产品开发不可或缺的手段，但是，数字化设计与制造只是产品生命周期的两大环节。除此之外，产品生命周期还包括产品需求分析、市场营销、售后服务以及生命周期结束后材料的回收利用等环节。此外，在产品的数字化设计与制造过程中，还涉及订单管理、物料需求管理、产品数据管理、生产管理、人力资源管理、财务管理、成本控制、设备管理等数字化管理环节。这些环节与数字化设计与制造技术密切管理，直接影响产品数字化开发的效率和质量。

10.4 现代产品快速开发方法

现代机械产品由于用户的要求越来越高，产品结构日益复杂，科技含量越来越高，所以使得产品的开发周期日趋延长。如何解决好产品市场寿命缩短和新产品开发周期延长的尖锐矛盾，已经成为决定企业成败兴衰的生死攸关问题。因此现代产品快速开发技术的研究与应用近年来得到了广泛关注，尤其是虚拟现实（Virtual Reality，VR）技术、虚拟原型（Virtual Prototyping，VP）技术、反求工程（Reverse Engineering，RE）等实现产品快速开发的重要技术和方法得到快速发展。

10.4.1 产品开发集成快速设计平台概述

快速设计技术是一种涉及产品开发和快速变形设计等方面内容的现代设计支持技术，它包括计算机辅助设计技术（CAD/CAPP/CAM/CAE、产品设计方法学、虚拟原型技术、虚拟设计技术）、CSCW（计算机支持的合作工作方式）、反求工程、快速原型技术等。当前，国内外针对快速设计的反求设计技术、快速原型技术、系列化模块化技术、基于模块模板的广义模块化设计技术、基于知识的工程（Knowledge Based Engineering，KBE）与智能设计、大规模定制设计和虚拟制造技术等进行了深入的研究工作，发展十分迅速。集成化快速设计平台的一般体系结构如图10.7所示。

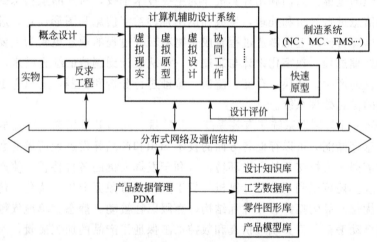

图10.7 产品开发集成快速设计平台的体系结构

10.4.2 虚拟产品开发与虚拟环境技术

虚拟产品开发是以CAD技术为基础，集计算机图形学、智能技术、并行工程、虚拟现实技术和多媒体技术为一体，由多学科知识组成的综合系统技术。而当今的CAD系统已发展到以实体造型为主的时代，比如CATIA、UG、Pro/E以及I—DEAS等软件，但就用户界面而言，无一例外地遵循WIMP（Windows Icons Menu Pointer）的操作方式，其系统采用二维显示方式，设计者与系统的交互依赖于键盘、鼠标等设备；这种输入以串行性和精确性为特征，设计者每次只能利用一种输入设备来指定一个或一系列完全确定的指令或参数。三维的设计常常不得不分解为二维甚至一维的操作，这使得三维设计过程异常复杂、乏味，约束了交互的效率。人们一直期望一种具备自动交互方式的全新CAD技术。基于虚拟现实技术的CAD技术问世，使虚拟产品开发系统更加人性化。

1. 虚拟产品开发的特点

虚拟产品开发是现实产品开发在计算机环境中数字化的映射，它使现实产品开发全过程的一切活动及产品演变过程都基于数字化模型，并对产品开发的行为进行预测和评价。应用虚拟现实技术，可以达到虚拟产品开发环境的高度真实化，并使之与人有着全面的感官接触和交融。虚拟产品开发具有如下特点。

(1) 数字化。虚拟产品开发技术要求全局产品的信息定义必须是用计算机能理解的方式给出的产品生命周期全过程的数字化定义。

(2) 集成化。虚拟产品开发不再是单一的CAD、CAM或CAPP系统，而是一种在计算机技术和网络通信技术支持下的集成的、虚拟的开发环境。

(3) 智能化。通过设立中间软件平台，使虚拟产品开发系统既能支持共性知识的获取，又能有效地支持专业化知识的获取。

(4) 并行化。开发人员、开发工具软件和虚拟资源可以分布于不同的区域，一旦需要，通过一些决策软件就能实现强强联合、优势互补、资源共享和协同设计，从而缩短开发时间，提高产品竞争力。

(5) 高度的可视化和直觉感受。由于采用虚拟现实技术，开发人员和用户在产品实物制造之前就可以感知产品的外形、色彩、质地、结构等。

(6) 良好的交互性。在虚拟产品开发过程中，不仅开发人员可以方便地修改和优化设计结果，用户也可以参与设计并提出修改意见，从而大大增强了产品开发的灵活性。

2. 虚拟现实系统的分类

虚拟现实系统按照交互和浸入程度的不同可分为4类：桌面式、沉浸式、叠加式、分布式。

1) 桌面式虚拟现实系统

桌面式虚拟现实系统(Desktop VR)也称为非沉浸式虚拟现实系统，是指利用个人计算机和低级工作站实现模拟，把计算机的显示屏作为参与者观察虚拟环境的一个窗口，同时，用户可以利用各种输入设备或位置跟踪器，包括鼠标、键盘和力矩球等控制该虚拟环境，并且操纵在虚拟场景中的各种物体，如图10.8所示。在桌面式虚拟现实系统中，参与者利用位置跟踪器和手持输入设备，通过计算机屏幕观察360°范围内的虚拟环境。

2) 沉浸式虚拟现实系统

沉浸式虚拟现实系统(Immersive VR)是利用头盔显示器和数据手套等各种交互设备把用户的视觉、听觉和其他感觉封闭起来，让使用者真正成为虚拟世界的一部分，通过这些设备可以对虚拟环境中的对象进行交互和操作，让使用者有一种身临其境的感觉，如图10.9所示。

3) 叠加式虚拟现实系统

叠加式虚拟现实系统也称为补充现实系统，是指允许用户对现实世界进行观察的同时，将虚拟图像叠加在现实世界之上。例如，战斗机驾驶员使用的头盔可让驾驶员同时看到外面世界及安装在驾驶员面前的穿透式屏幕上的合成图形。这样有利于驾驶员对真实环境的感受，以便更能准确、有效地对周围物体定位和操作。叠加式虚拟现实系统在很大程度上依赖于对使用者及其视线方向的精确三维跟踪。

图 10.8　桌面式虚拟现实系统图

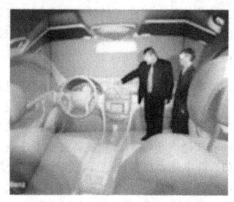

图 10.9　沉浸式虚拟现实系统图

4) 分布式虚拟现实系统

分布式虚拟现实系统(DVR)是一种基于网络的虚拟现实系统,它可使一组虚拟环境连成网络,使其能在虚拟域内交互,同时在交互过程中意识到彼此的存在,每个用户是虚拟环境中的一个化身(Avatar)。它的基础是网络技术、实时图像压缩技术等,它的关键是分布交互仿真协议,必须保证各个用户在任意时刻的虚拟环境视图是一致的,而且协议还必须支持用户规模的可伸缩性,常用的分布式协议是 DIS 和 HLA。

分布式虚拟现实技术主要运用于远程虚拟会议、虚拟医院、虚拟战场等。国外许多大学和研究机构很早就致力于分布式虚拟现实系统的研究并开发了多个试验性的分布式虚拟现实系统,如美国斯坦福大学的 PARADISE/Inverse 系统、瑞典计算机科学研究所的 DIVE、加拿大 Albert 大学的 MR 工具库等。我国在分布式虚拟现实系统方面也有一定的研究,如国家"863"计划和北京航空航天大学共同研发的分布式虚拟环境网络(DVENET),并在其基础上开发了直升机仿真器、虚拟坦克仿真器等。

10.4.3　产品虚拟原型技术

原型是一个产品的最初形式,它不必具有最终产品的所有特性,只需具有进行产品某些方面(如形状的、物理的、功能的)测试所需的关键特性。在设计制造任何产品时,都有一个叫"原型机"的环节。所谓原型机,是指对于某一新型号或新设计,在结构上的一个全功能的物理装置。通过这个装置,设计人员可以检验各部件的设计性能以及部件之间的兼容性,并检查整机的设计性能。产品原型分物理原型、数字原型和虚拟原型 3 种。

1. 物理原型

开发一种新产品,需要考虑诸多的因素。例如,在开发一种新型水泵时,其创新性要受到性能、人机工程学、可制造性及可维护性等多方面要求的制约。为了在各个方面作出较好的权衡,往往需要建立一系列小比例(或者是全比例)的产品试验模型,通过重新装配试验模型并进行试验,供设计、工艺、管理和销售等不同经验背景的人员进行讨论和校验产品设计的正确性。为了反映真实产品的特性,这种试验模型通常需要消耗设计人员相当多的时间和精力才能制造出来,甚至还可能影响系统性能的确定和进一步优化,通常称这种为物理原型或物理原型机。对物理原型机进行评价的各部门人员不仅希望能看到直观的原型，还希望原型最好能够被迅速、方便地修改，以便能展现出讨论的结果，并为进一步讨论作准备，但这样做要消耗大量的时间和费用，有时甚至是不可行的。

2. 数字原型

数字原型（Digital Prototyping）是应用 CAD 实体造型软件和特征建模技术设计的产品模型，是物理原型的一种替换技术。在 CAD 模型的基础上，可进行有限元、运动学和动力学等工程分析，以验证并改善设计结果。这些分析程序可以提供有关产品功能的详细信息，但只有专业人员才能使用。然而，在产品开发的早期阶段，例如在进行概念设计时，往往不需要进行详细的分析，这一阶段所考虑的重点是外观、总体布置以及一些诸如运动约束、可接近性等特征。这样，基于传统 CAD/CAM 的数字原型就不能满足要求了。

3. 虚拟原型的定义

虚拟原型（Virtual Prototyping）是通过构造一个数字化的原型机来完成物理原型机功能的，在虚拟原型上能实现对产品进行几何、功能、制造等方面交互的建模与分析。它是在 CAD 模型的基础上，使虚拟技术与仿真方法相结合，为原型的建立提供的一种方法。这一定义包括以下各个要点。

(1) 对于指定需要虚拟的原型机的功能应当明确定义并逼真仿真。

(2) 如果人的行为包含于原型机指定的功能之中，那么人的行为应当被逼真地仿真或者人被包含于仿真回路之中，即要求实现实时的人在回路中的仿真。

(3) 如果原型机的指定功能不要求人的行为，那么离线仿真即非实时仿真是可行的。同时，定义指出，虚拟原型机还有如下要点：首先，它是部分的仿真，不能要求对期望系统的全部功能进行仿真；其次，使用虚拟原型机的仿真缺乏物理水平的真实功能；第三，虚拟原型就是在设计的现阶段，根据已经有的细节，通过仿真期望系统的响应来作出必要判断的过程。同物理样机相比，虚拟样机的一个本质不同点就是能够在设计的最初阶段就构筑起来，远远先于设计的定型。

当然，虚拟原型不是用来代替现有的 CAD 技术，而是要在 CAD 数据的基础上进行工作。虚拟原型给所设计的物体提供了附加的功能信息，而产品模型数据库包含完整的、集成的产品模型数据及对产品模型数据的管理，从而为产品开发过程各阶段提供共享的信息。

4. 虚拟原型技术

虚拟原型技术是一种利用数字化的或者虚拟的数字模型来替代昂贵的物理原型，从而大幅度缩短产品开发周期的工程方法。虚拟原型是建立在 CAD 模型基础上的结合虚拟技术与仿真方法而为原型建立提供的新方法，是物理原型的一种替换技术。

在国外相关文献中，出现过 Virtual Prototype 和 Virtual Prototyping 两种提法。Virtual Prototype 是指一个基于计算机仿真的原型系统或原型子系统，与物理原型机相比，它在一定程度上达到功能的真实，因此可称为虚拟原型机或虚拟样机。Virtual Prototyping 是指为了测试和评价一个系统设计的特定性质而使用虚拟样机来替代物理样机的过程，它是构建产品虚拟原型机的行为，可用来探究、检测、论证和确认设计，并通过虚拟现实呈现给开发者、销售者，使用户在虚拟原型机构建过程中与虚拟现实环境进行交互，称其为虚拟原型化。虚拟原型化属于虚拟制造过程中的主要部分，而一般情况下简称的

VP 则是泛指以上两个概念。美国国防部将虚拟原型机定义为利用计算机仿真技术建立与物理样机相似的模型,并对该模型进行评估和测试,从而获取关于候选的物理模型设计方案的特性。

开发虚拟原型的目的是便于用户对产品进行观察、分析和处理。同物理原型机相比,虚拟原型机的一个本质不同点就是能够在设计的最初阶段就构筑起来,远远先于设计的定型。

美国密歇根大学(University of Michigan)的虚拟现实实验室曾经在克莱斯勒汽车公司的资助下对建立汽车虚拟原型的过程进行了研究,包括如何从一个产品的 CAD 模型创建虚拟原型以及如何在虚拟环境中使用虚拟原型,同时还开发了人机交互工具、自动算法和数据格式等,结果使创建虚拟原型所需的时间从几周缩短到几小时。

建立虚拟原型的主要步骤如下所示。
(1) 从 CAD/CAM 模型中取出几何模型。
(2) 镶嵌——用多面体和多边形逼近几何模型。
(3) 简化——根据不同要求删去不必要的细节。
(4) 虚拟原型编辑——着色、材料特性渲染、光照渲染等。
(5) 粘贴特征轮廓,以更好地表达某些细节。
(6) 增加周围环境和其他要素的几何模型。
(7) 添加操纵功能和性能。

10.4.4 反求工程

反求工程亦称为逆向工程(Reverse Engineering,RE),是近年来随着计算机技术的发展和成熟以及数据测量技术的进步而迅速发展起来的一门新兴学科与技术,它是消化、吸收和提高先进技术的一系列分析方法和应用技术的组合。在机械领域中,反求工程是指在没有设计图样或者设计图样不完整以及没有 CAD 模型的情况下,按照现有模型,利用各种数字化技术及 CAD 技术重新构造形成 CAD 模型的过程。它是以设计方法学为指导,以现代设计理论、方法、技术为基础,运用各种专业人员的工程设计经验、知识和创新思维,对已有模型进行解剖、深化和再创造,是已有设计的设计。反求工程所涵盖的意义不只是重制,也包含了再设计的理念。反求工程为快速设计和制造提供了很好的技术支持,已经成为制造业信息获取、传递的重要和简捷途径之一。以往单纯的复制或仿制制造已不能满足现代化生产的需要,反求工程主要是将原始物理模型转化为工程设计概念或设计模型,重点是运用现代设计理论和方法去探究原型的精髓和再设计。一是为提高工程设计、加工、分析的质量和效率提供足够的信息,二是充分利用先进的 CAD/CAM/CAE 技术对已有的物件进行再创新工程服务。

反求工程的体系结构如图 10.10 所示,它由离散数据获取技术、数据预处理与三维重建以及快速制造等部分组成。

反求工程与传统的正向工程主要区别在于:正向工程是由抽象的较高层概念或独立实现的设计过渡到设计的物理实现,从设计概念到 CAD 模型具有一定明确的过程;反求工程是基于一个可以获得的实物模型来构造出它的设计概念,并且可以通过重构模型特征的调整和修改来达到对实物模型/样件的逼近或修改,以满足生产要求,从数字化点的产生到CAD模型的产生是一个推理的过程。通过对模型/样件的复杂曲面的数字化及处理再重新构造CAD模型有着正向工程不可替代的作用，使得这一技术得到深入广泛的发展和应用，已成为快速产品开发技术不可缺少的重要手段。反求工程与正向工程的流程区别如图10.11所示。

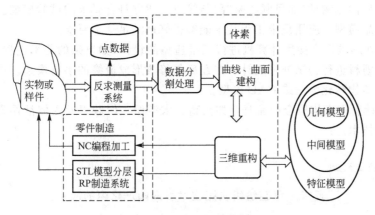

图10.10 反求工程结构框图

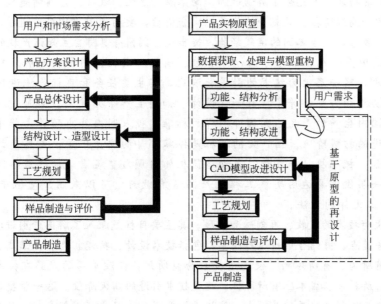

(a)传统设计制造过程　　　　　　(b)反求工程设计制造过程

图10.11 传统设计制造与反求工程设计制造过程

目前反求工程在制造业的应用领域大致可分为以下几种情况。

(1) 在没有设计图样或者设计图样不完整以及没有CAD模型的情况下，在对零件原型进行测量的基础上，使其原型再现，形成零件的数字化模型，通过性能分析及结构改进，最后形成CAD模型，并以此为依据进行快速原型制造或编制数控加工的NC代码，加工复制出一个相同的零件。

(2) 对现有的产品某个零件艺术品进行修复时，需要反求工程获得现有产品零件的CAD模型，对CAD模型进行各种性能及尺寸分析，从而确定该零件结构信息和工艺信息，或者借助于反求工程技术抽取零件原型的设计思想，指导新的设计。这是由实物逆向推理出设计思想的一种渐进过程。

（3）当设计必须通过实验测试才能定型的工件时，通常也采用反求工程的方法。譬如在航天航空领域，为了满足产品对空气动力学等的性能要求，首先要求在初始设计模型的基础上经过各种性能测试（如风洞实验等）与修改，建立符合要求的试验模型。为将这试验模型转换为产品模型，应用反求工程技术能够很好地满足这个要求。

（4）对于外形难以直接用计算机进行三维造型的设计（如复杂的艺术造型），一般用黏土、木材或者塑料进行初试外形设计，并经反复修改形成最终的事物模型。这时就需要通过反求工程将实物转化为三维 CAD 模型。

（5）当设计制作人体拟合产品时，如头盔、太空服、假肢以及人体活性骨骼等，可以应用反求工程技术。

阅读材料

反求工程在纺织机械技术引进国产化中的应用

现代纺织机械是高速、高效、高度机电一体化的产物。首先，要充分消化引进技术和装备工艺方面的功能，并充分了解制造加工的难点，消化、吸收、再创新是技术引进国产化的最终目的和高级阶段。经充分消化及对比分析后，要树立尊重国外先进技术和挑战国外先进技术的理念，结合本国的实践经验，提出适合国情并具有自主知识产权的创新点。

技术引进国产化包括 5 个方面，即引进、消化、吸收、创新、发展。它实际上包含了两个层次，第一层次为技术的引进和消化，其主要任务和目标是吃透国外先进技术的特点、功能和作用，并掌握好如何设计、如何生产等关键点。同时，在技术引进完成后能使国内生产的产品达到国外同样的标准，投入国内外市场并占领市场，这仅仅是技术引进的初级阶段。国产化的过程是抓零部件的国产化率，尤其是结构复杂的零部件，例如，梳棉机、并条机、自动络筒机的自调匀整装置，细纱与络筒连接装置等。达到这一层次需要运用反求工程把产品认真做好，可以采用测量点云直接生成 RP 和 NC 加工文件的方法。

第二层次为技术的吸收、再创造和发展。其主要目标是深入了解国外引进技术和装备的先进性和关键点，并结合国情进行改革，包括技术设计、功能扩展、加工工艺、工装夹具等，做到有所为、有所不为，使先进技术为我所用，使改革后的产品在技术上有所提升、功能上有所扩展、成本上有所降低，这是技术引进的高级阶段。这一步要运用反求工程在产品建立三维模型重构的基础上，依据设计要求对产品进行功能分析，从中输入自己的实践经验，加上自己的设计思想，设计出新模型，然后制造出改进的新产品。

➥ 资料来源：http://www.texindex.com.cn/Articles/2007-9-26/110022_2.html，2007

复习思考题

10-1 什么是数字化设计与制造？它们分别涵盖哪些环节和内容？

10-2 论述数字化设计制造与产品开发之间的关系。

10-3 数字化设计与制造系统对于计算机硬件有什么要求？

10-4 在数字化设计与制造系统的选型中应考虑哪些因素？
10-5 概述虚拟现实技术的概念及其实现的关键技术。
10-6 虚拟现实技术的实现形式有哪些？
10-7 典型虚拟现实系统的基本构成是什么？
10-8 概述虚拟原型的概念及其在产品开发中的意义。
10-9 反求工程与正向工程的区别在哪里？其中主要的数据处理技术有哪些？

第 11 章 制造系统的工艺自动化

本章教学要点

知识要点	掌握程度	相关知识
工艺自动化系统概述	掌握 CAPP 的基本概念、结构组成、基本技术； 熟悉工艺设计自动化的意义、应用的社会经济效益	CAPP 的基本模块； CAPP 的基本技术内容
计算机辅助工艺设计	熟悉派生式 CAPP 系统、创成式 CAPP 系统、半创成式 CAPP 系统、CAPP 专家系统基本内容	3 种系统的工作原理、系统特点和工序设计
CAPP 技术发展趋势	熟悉 CAPP 技术的发展方向	CAPP 技术的能化、集成化、实用化

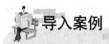 **导入案例**

上海众力携手华天软件 PDM/CAPP 项目

2009年11月9日,上海众力汽车部件有限公司与华天软件首次携手,共同打造企业信息化里程,建立统一的产品数据管理平台以及工艺设计与管理平台。

上海众力汽车部件有限公司创建于1998年,是以汽车零部件及总成部件为核心业务,集设计、研发、制造、销售、物流于一体的企业。其主要产品可分为发动机悬置、底盘减震件、底盘模块、塑料内饰件等四大系列。在各个系列都具有独立的设计和研发能力,并与国内外汽车主机厂进行同步开发。

随着企业的发展壮大,新产品的开发,技术人员的扩充,管理层深刻认识到提高信息化的重要性,并从2007年起,筹备PDM项目建设。但由于种种原因,信息化建设一直未能付诸实施。2009年7月底,华天软件开始与上海众力接触,9月初,参与其PDM项目招标,华天软件先进的项目管理给客户留下深刻印象。凭借强大的综合实力最终击败竞争对手,在招标中胜出。国庆期间,上海众力确定华天软件为其PDM项目供应商。

双方合作后,华天软件将为上海众力搭建统一的数据管理系统以及工艺设计与管理系统,大大提升上海众力的技术创新能力,缩短其产品研发周期,提高其研发速度,降低成本,实现数据的有序规范、设计过程的优化和资源的共享,并规范其工艺流程,提升工艺管理水平。上海众力技术部门在进行反复的交流和沟通之后也对华天软件PDM/CAPP系统表示高度认可。

本次合作是华天软件PDM/CAPP系统在上海的首次应用,也是华天软件PDM解决方案在汽车零部件行业的又一典型应用,为华天软件PDM/CAPP系统在上海市场大规模应用打响了第一枪,同时也为华天软件PDM解决方案在上海地区的大规模应用奠定了基础。

资料来源:http://info.mt.hc360.com/2009/12/01154951775.shtml,2009

11.1 工艺自动化系统概述

11.1.1 工艺设计自动化的意义

工艺设计是机械制造过程技术准备工作中的一项重要内容,是产品设计与车间生产的纽带。以文件形式确定下来的工艺规程是指导生产过程的重要文件及制订生产计划调度的依据,它对组织生产、保证产品质量、提高生产率、降低成本、缩短生产周期、改善劳动条件等都有着直接的影响,是生产中的关键性工作。

工艺设计是典型的复杂问题,包含了分析、选择、规划、优化等不同性质的各种业务工作和功能要求;工艺设计又与具体的生产环境及个人经验水平密切相关,因此是一项技术性和经验性很强的工作。长期以来,工艺设计都是依靠工艺设计人员个人积累的经验完成的。这种工艺设计方式已经严重地阻碍了设计效率的提高,不能适应现代制造技术发展的需要,主要表现在以下各方面。

(1) 传统的工艺设计是人工编制的,劳动强度大,效率低,是一项烦琐重复性的工作。

(2) 难以保证数据的准确性。由于工艺设计需要处理大量的图形信息、数据信息,并通过工艺设计产生大量的工艺文件和工艺数据,数据繁多且很分散,因此,工作烦琐、易出错。

(3) 工艺设计优化、标准化较差,设计效率低下,存在大量的重复劳动。

(4) 无法利用 CAD(Computer Aided Design)的图形、数据。由于工艺设计部门仍采用人工方式进行设计,这样就无法有效利用 CAD 的图形及数据,不便于计算机对工艺技术文件进行统一的管理和维护。

(5) 信息不能共享。由于工艺部门仍采用手工方式来查询其他部门的数据,工作效率低且易出错;同时产生的工艺数据也无法方便地与其他部门进行交流和共享。

(6) 不便于将工艺专家的经验和知识收集起来加以充分地利用。

(7) 传统的手工设计方式无法实现集成制造。

随着科学技术的飞速发展,产品更新换代日益频繁,多品种、小批量的生产模式已占主导地位,传统的工艺设计方法已不能适应机械制造业的发展需要,因此,计算机辅助工艺过程设计(Computer Aided Process Planning,CAPP)受到了工艺设计领域的高度重视,用 CAPP 系统代替传统的工艺设计具有重要意义,主要表现在以下各方面。

(1) CAPP 可以使工艺设计人员摆脱大量、烦琐的重复劳动,将主要精力转向新产品、新工艺、新装备和新技术的研究与开发。

(2) CAPP 有助于工艺设计的最优化、标准化及自动化工作,提高工艺的继承性,最大限度地利用现有资源,缩短工艺设计周期,降低生产成本,提高产品的市场竞争能力。

(3) CAPP 有助于对工艺设计人员的宝贵经验进行总结和继承。

(4) CAPP 是企业推行信息集成和制造业信息化工程的重要基础之一。

11.1.2 CAPP 的基本概念

CAPP 是指在人和计算机组成的系统中,依据产品设计信息、设备约束和资源条件,利用计算机进行数值计算、逻辑判断和推理等功能来制订零件加工的工艺路线、工序内容和管理信息等工艺文件,将企业产品设计数据转换为产品制造数据的一种技术,也是一种将产品设计信息与制造环境提供的所有可能的加工能力信息进行匹配与优化的过程。

20 世纪 80 年代以来,随着机械制造业向 CIMS(Computer Integrated Manufacturing System)或智能制造系统 IMS(Intelligence Manufacturing System)的发展,CAD/CAM(Computer Aided Manufacturing)集成化的要求越来越强烈,CAPP 在 CAD、CAM 中起到桥梁和纽带作用。在集成系统中,CAPP 必须能直接从 CAD 模块中获取零件的几何信息、材料信息、工艺信息等,以代替人机交互的零件信息输入,CAPP 的输出是 CAM 所需的各种信息。随着 CIMS 的深入研究与推广应用,人们已认识到 CAPP 是 CIMS 的主要技术基础之一,因此,CAPP 从更高、更新的意义上再次受到广泛的重视。在 CIMS 环境下,CAPP 与 CIMS 中其他系统的信息流如图 11.1 所示。

第11章 制造系统的工艺自动化

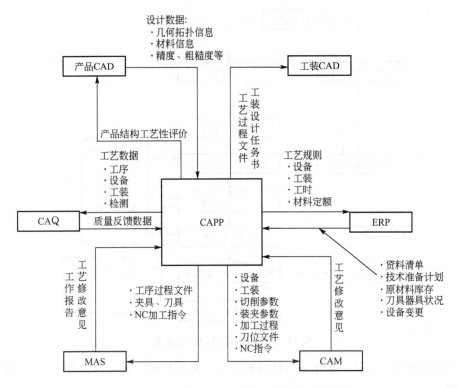

图 11.1　CAPP 与 CIMS 中其他系统的信息流图示

(1) CAPP 接收来自 CAD 的产品几何拓扑、材料信息以及精度、粗糙度等工艺信息；为满足产品设计的要求，需向 CAD 反馈产品的结构工艺性评价信息。

(2) CAPP 向 CAM 提供零件加工所需的设备、工装、切削参数、装夹参数以及反映零件切削过程的刀具轨迹文件、NC 指令；同时接收 CAM 反馈的工艺修改意见。

(3) CAPP 向工装 CAD 提供工艺过程文件和工装设计任务书。

(4) CAPP 向企业资源计划(Enterprise Resources Planning，ERP)提供工艺过程文件、设备工装、工时、材料定额等信息；同时接收由 ERP 发出的技术准备计划、原材料库存、刀量具状况及设备更改等信息。

(5) CAPP 向制造自动化系统(Manufacturing Automation System，MAS)提供各种过程文件和夹具、刀具等信息；同时接收由 MAS 反馈的工作报告和工艺修改意见。

(6) CAPP 向计算机辅助质量管理(Computer Aided Quality，CAQ)提供工序、设备、工装、检测等工艺数据，以生成质量控制计划和质量检测规程；同时接收 CAQ 反馈的控制数据，用以修改工艺过程。

由以上可以看出，CAPP 对于保证 CIMS 中信息流的畅通，实现真正意义上的集成是至关重要的。

11.1.3　CAPP 的结构组成

CAPP 系统的构成，视其工作原理、开发环境、产品对象、规模大小不同而有较大差异。图 11.2 所示的系统构成是一个比较完整的 CAPP 系统，其基本模块如下所示。

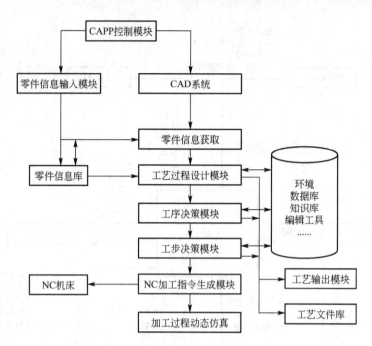

图 11.2 CAPP 系统的结构组成

（1）控制模块。对整个系统进行控制和管理，协调各模块的运行，是实现人机信息交互的窗口。

（2）零件信息输入模块。零件信息输入可以有两种方式：一是人工交互输入；二是从 CAD 系统直接获取来自集成环境下统一的产品数据模型。

（3）工艺过程设计模块。进行加工工艺流程的决策，生成工艺过程卡。

（4）工序决策模块。生成工序卡。

（5）工步决策模块。对工步内容进行设计，形成 NC 指令所需的刀位文件。

（6）NC 加工指令生成模块。根据刀位文件，生成控制数控机床的 NC 加工指令。

（7）输出模块。输出工艺过程卡、工序卡、工序图等各类文档，并可利用编辑工具对现有文件进行修改后得到所需的工艺文件。

（8）加工过程动态仿真。可检查工艺过程及 NC 指令的正确性。

上述的 CAPP 系统结构是一个比较完整、广义的 CAPP 系统，实际上，并不一定所有的 CAPP 系统都必须包括上述全部内容。例如，传统概念的 CAPP 不包括 NC 指令生成及加工过程动态仿真，实际 CAPP 系统组成可以根据生产实际的需要而调整。但它们的共同点应使 CAPP 的结构满足层次化、模块化的要求，具有开放性，便于不断扩充和维护。

11.1.4　CAPP 的基本技术

（1）成组技术（Group Technology，GT）。我国 CAPP 系统的开发可以说是与 GT 密切相关，早期开发的 CAPP 系统大多为以 GT 为基础的派生式 CAPP 系统。

（2）产品零件信息的描述与获取。CAPP 与 CAD、CAM 一样，其单元技术都是按照自己的特点而各自发展的。零件信息（几何拓扑及工艺信息）的输入是首要的，即使在集成化、智能化、网络化、可视化的 CAD/CAPP/CAM 系统，零件信息的描述与获取也是一项关键问题。

(3) 工艺设计决策方法。其核心为特征型面加工方法的选择、零件加工工序及工步的安排及组合。其主要决策内容包括工艺流程决策、工序决策、工步决策、工艺参数决策、制造资源决策。为保证工艺设计达到全局最优化，系统把这些内容集成在一起，进行综合分析，动态优化，交叉设计。

(4) 工艺知识的获取及表示。工艺设计是随着设计人员、资源条件、技术水平、工艺习惯的变化而变化的。要使工艺设计在企业内得到有效的应用，必须总结出适应本企业零件加工的典型工艺及工艺决策方法，按所开发 CAPP 系统的要求，用相应的形式表示这些工艺经验及决策逻辑。

(5) 工序图及其他文档的自动生成。

(6) NC 加工指令的自动生成及加工过程动态仿真技术。

(7) 工艺数据库的建立。

11.1.5 CAPP 系统应用的社会经济效益

将 CAPP 与传统工艺设计方法比较，可以得到如下应用 CAPP 系统的效益。

首先，实践经验较少的工艺人员应用 CAPP 系统能设计出较好的工艺过程，这样不仅可以弥补有经验高级工艺师的难求和不足，而且能使大量有经验的工艺师从目前烦琐的重复劳动中解放出来，去从事研究新工艺和改进现有工艺的工作，促进工厂技术进步，提高生产率。

其次，采用 CAPP 系统不仅可以充分发挥计算机高速处理信息的能力，而且由于将工艺专家的集体智慧融合在 CAPP 系统中，所以保证了迅速获得高质量优化的工艺规程。据一些工厂统计，一般可将工艺设计时间缩短到原来的 $1/10\sim 1/7$。此外，设计出的工艺规程是规范化和高质量的。工艺过程标准化、优化、工艺用语和文件的规范化也将促进企业文明生产。

最后，应用 CAPP 系统还可获得综合的经济效益。美国联邦技术研究中心的报告称，一个先进的 CAPP 系统可以在工艺过程设计费、材料费、工时费、刀具费、管理费等多个方面获得节约。例如，在一个零件的成本中，其费用组成以及运用 CAPP 系统的部分收益见表 11-1。

表 11-1 运用 CAPP 系统的部分收益

项目	费用占总费用的百分比%	节省的百分比%
工艺过程设计费	8	58
材料费	23	4
工时费	28	10
返修及其废品费	4	10
刀具费	7	10
管理、利润费	30	10

根据表 11-1 中的数字可以算出，采用 CAPP 系统可以使零件生产成本降低 12.46%。

11.2 计算机辅助工艺设计

CAPP 系统按照系统工作原理、零件类型、工艺类型和开发技术方法可以对 CAPP 系统进行不同分类,例如,依据工艺决策的工作原理可将 CAPP 系统分为交互式 CAPP 系统、派生式 CAPP 系统、创成式 CAPP 系统、混合式 CAPP 系统、基于知识的 CAPP 系统等类型,下面将对部分 CAPP 系统的工作原理作概要介绍。

CAPP 在机械制造业中的应用

EJ-CAPP 系统是由上海二纺机股份有限公司自行开发的基于产品数据管理(Products Data Management,PDM)环境下的面向并行工程的集成化 CAPP。该系统提供了工艺人员一个在线的、集成的并行工作环境,能进行工艺的设计与管理工作。

EJ-CAPP 系统主要包括工艺数据录入模块、工艺数据管理模块、技术文档管理模块及各类查询报表等。EJ-CAPP 系统具有文件、导向、工艺信息、工艺表、材料定额、校核、查询、报表和帮助 9 个功能模块。

EJ-CAPP 系统提供了一个集成化、网络化的工艺设计与管理环境。它不仅仅是完成了工艺文件的编写,提高了工艺设计效率,缩短了产品生产周期,同时积累了大量的工艺基础数据,提高了企业信息化应用水平,更重要的是为企业推广先进的工艺技术打下了扎实的基础。EJ-CAPP 系统的成功实施与应用,使二纺机工艺部门的企业信息化推向了一个新的高度。

资料来源:周晓虹. CAPP 在机械制造业中的应用 [J]. 纺织机械,2010.2:58~60

11.2.1 派生式 CAPP 系统

1. 派生式 CAPP 系统的工作原理

根据成组技术相似性原理,如果零件的结构形状相似,则它们的工艺过程也有相似性。对于每一个相似零件族,可以采用一个公共的制造方法来加工,这种公共的制造方法以标准工艺的形式出现。通过专家、工艺人员的集体智慧和经验及生产实践的总结制定出标准工艺文件,然后储存在计算机中。当为一个新零件设计工艺规程时,从计算机中检索标准工艺文件,然后经过一定的编辑和修改,就可以得到该零件的工艺规程,派生一词由此得名。派生式 CAPP 系统又称检索式或变异式、经验法或样件法 CAPP 系统。根据零件信息的描述与输入方法不同,派生式 CAPP 系统又分为基于成组技术(GT)的派生式 CAPP 系统与基于特征的派生式 CAPP 系统。前者用 GT 码描述零件信息,后者用特征来描述零件信息,后者是在前者的基础上发展起来的。本节以基于成组技术的派生式 CAPP 系统为例讲述派生式 CAPP 系统。基于成组技术的派生式 CAPP 系统的工作流程如图 11.3 所示。

2. 派生式 CAPP 系统的使用过程

派生式 CAPP 系统使用过程主要包括以下步骤。

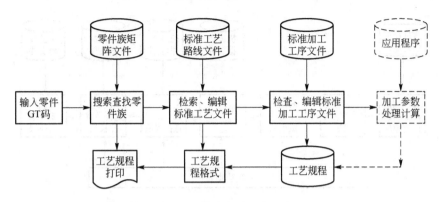

图 11.3 派生式 CAPP 系统

(1) 按照已选定的零件分类编码系统，给新零件编码；
(2) 根据零件编码判断新零件是否包括在系统已有的零件族内；
(3) 如果新零件包括在已有零件族内，则调出该零件族的标准工艺过程；如果不在，则计算机将告知用户，必要时需创建新的零件族；
(4) 计算机根据输入代码和已确定的逻辑，对标准工艺过程进行筛选；
(5) 用户对已选出的工艺过程进行编辑、增删或修改；
(6) 将编好的工艺过程存储起来，并按指定格式打印输出。

3．派生式 CAPP 系统的特点

(1) 派生式 CAPP 系统以成组技术为理论基础，利用相似性原理和零件分类编码系统，因此有系统理论指导，比较成熟。
(2) 有较好的实用价值，问世较早，应用范围比较广泛。
(3) 适用于结构比较简单的零件，在回转体类零件中应用更为广泛。由于派生式工艺过程设计的零件多采用编码描述，对于复杂的或不规则的零件则不易胜任。
(4) 对于相似性差的零件难以形成零件族，不适于用派生式方法，因此派生式 CAPP 系统多用于相似性较强的零件。

11.2.2 创成式 CAPP 系统

1．创成式 CAPP 系统的工作原理

创成式 CAPP 系统与派生式 CAPP 系统不同，它的生成并不是通过修改或编辑相似零件的复合工艺实现的，而是利用系统中的决策逻辑和相关工艺数据信息，通过一定的算法对加工工艺进行一系列的决，从无到有，自动地生成零件的工艺过程。创成式 CAPP 系统的工作原理如图 11.4 所示。系统按工艺生成步骤划分为若干功能模块，每个模块按其功能要求对应的决策表或决策树编制；系统各模块工作时所需要的各种数据均以数据库形式存储；系统工作时，根据零件信息，自动提取制造知识，按有关决策逻辑生成零件上各待加工表面的加工顺序和各表面的加工链，产生零件加工的各工序和工步内容；自动完成机床、夹具、刀具、工具的选择和切削参数的优化；最后，系统自动进行编排并输出工艺规程。

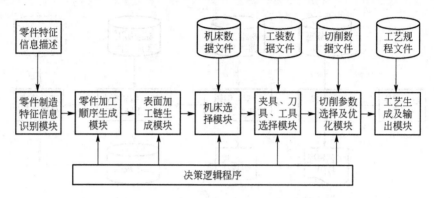

图 11.4 创成式 CAPP 系统工作原理图

要实现完全创成式 CAPP 系统，必须解决 3 个关键问题：①零件的信息必须要用计算机能识别的形式完全精确地描述；②收集大量的工艺决策逻辑和工艺过程设计逻辑，并以计算机能识别的方式存储；③工艺过程的设计逻辑和零件信息的描述必须收集在统一的加工数据库中。要做到这 3 点，目前在技术上还有一定难度，由于工艺过程设计的复杂性，要使一个创成式 CAPP 系统包含所有的工艺决策，且能完全自动地生成理想的工艺过程是比较困难的。利用现有的创成式 CAPP 系统生成的工艺，有时还需要用户进行一些编辑修改。由于目前对创成式 CAPP 系统的研究还不够完善，加上工艺过程设计本身的复杂性，设计创成式 CAPP 系统还没有统一、标准化的方法。

2. 逆向设计原理

在创成式 CAPP 系统中，工艺规程设计有两种方法：一种是从零件毛坯开始进行分析，选择一定的加工方法和顺序，直到能加工出符合最终目标要求的零件形状，这种方法称为正向设计；另一种方法是从零件最终的几何形状和技术条件开始分析，反向选择合适的加工顺序，直到零件恢复成无须加工的毛坯，这种方法称为逆向设计。传统上，工艺人员都采用正向设计方法，即从毛坯开始进行工艺设计。由于正向设计的起始点是毛坯粗表面，其前提条件不是很明确，导致零件在加工过程中的状态也不明确。若根据不明确的前提进行工艺规程的自动设计，则其包含的设计自由度较多，会导致工艺规程的自动设计走弯路。

在逆向设计原理中，以零件的最终状态作为前提，这样出发点就很明确。一个零件的工艺规程设计是从图样上规定的几何形状和技术条件开始考虑，然后填补金属材料，逐步降低公差和粗糙度要求。很明显，金属填补过程要优于金属切除过程，采用这种方法，很容易满足最终目标的要求，而且其加工过程的中间状态也容易确定，即从已知要求出发选择预加工方法的要求比较容易满足，从而易于保证零件的加工质量。另外，逆向设计还便于确定零件在加工过程中的工序尺寸、公差以及工序图的自动绘制等。所以，在已开发的创成式 CAPP 系统中，逆向设计原理得到了较多的应用。

3. 工序设计

创成式 CAPP 系统并不是以标准工艺规程为基础，而是从零开始，由创成式 CAPP 软件系统根据零件信息直接生成零件新的工艺规程。所以，当系统选择了零件各个表面的加工方法并安排加工顺序后，还必须进行详细的工序设计。这一点对于在 NC 机床或加工中心机床上加工的零件来说尤为重要。工艺设计的主要内容是机床和刀量具的选择、工步顺序的安排、工序尺寸和公差的计算、切削用量的确定、工时定额和加工成本的计算、工序图的生成和绘制、工序卡的编辑和输出等工作。其中，很多任务与工艺规程设计是一样的，需要采用各种逻辑决策、数学计算、计算机绘图和文件编辑等手段来完成。

1) 工序内容的确定和工步顺序的安排

在安排零件的工艺路线时，一般是分层次、分阶段地考虑各个工序的加工顺序。例如，划分出粗、半精、精、超精等不同的加工阶段。整个加工过程应符合先粗后精、先主后次、先基准后其他、先面后孔等工艺原则。在具体安排时常把主要表面的加工顺序作为基本路线，把一般表面和辅助表面的加工工序按合理的顺序安排到基本路线中去，有些还要作适当的合并。所以，当工艺路线确定后，工序内容一般也就确定了。

在工序设计中，主要根据零件形状特征选择加工基准、确定装夹方式及装夹次数，并安排各个表面的加工顺序等。

2) 工序尺寸和公差的计算

零件在加工过程中，各工序的加工尺寸和公差是根据逆向设计原理计算的。现在的创成式 CAPP 系统中已有多种计算机辅助求解工艺尺寸链的方法，例如，工序尺寸图解法、尺寸跟踪法及尺寸树法等。这些都已作为一种通用的功能子程序，需要时可以随时调用。

3) 工序图的自动绘制

工序图的自动绘制是创成式 CAPP 系统中的重要研究课题。由于图形语言直观、简洁，适合工厂使用，目前，我国大多数工厂中还使用附有工序图的工序卡片。所以，如果创成式 CAPP 系统能自动绘制出工序图，则可大大提高它的使用价值。

绘制工序图必须从创成式 CAPP 系统本身获得每个工序的图形信息，自动绘制出工序图，并能把工序尺寸、公差及各种技术要求标注在工序图上。

零件由毛坯状态向最终状态的演变过程中，需经过一个个不同的加工状态，逐步去掉自身多余的材料而最终完成演变。这些不同的加工状态反映在图形上就是各加工工序的工序图。所以，从逻辑上看，零件图与工序图的关系如同是树根与树枝的关系，即工序图是由零件图延伸而派生出来的。

为了使创成式 CAPP 系统能自动生成和绘制工序图，必须对创成式 CAPP 系统的零件信息描述和输入方法提出更高的要求。首先，对零件信息的描述必须完整，即对零件的几何形状和技术要求信息必须详细输入；其次，输入零件信息时，除了输入必要的数据和符号以外，还必须完整地输入零件的图形信息，并在计算机内生成零件图形，储存在图形文件中。这是因为没有图形信息，也不可能产生工序图。

工序图绘制的一般方法有以下两种。

(1) 图素参数法。该方法要求将零件的图形要素分离成图素单元，然后确定绘制各图素所需要的参数。对每一种图素单元编制一个绘图子程序。所有子程序构成工序图图素库，CAPP 控制模块向工序图绘制子程序提供了各工序的每一个加工表面要素的尺寸信息，这些尺寸信息就是绘图子模块的输入参数。每个图素单元的绘图子程序都设置一个图素标识符，根据图素标识符和输入参数可以方便地调出相应的子程序，绘制出图形。这种方法适合于图素容易分解的零件，如回转体零件。该方法的难点在于工艺决策系统很难向子程序提供各图素所需的参数。

(2) 特征参数法。该方法也称特征拼装法，它以圆柱体、倒角、孔等形状特征为基本单元进行拼装式绘图。零件模型和工艺规程都要求是基于特征的。特征参数法是目前常用的一种方法。这种方法适合于回转体零件图的绘制，其他类型零件的工序图绘制也可以借鉴这种方法。

4. 创成式 CAPP 系统的特点

(1) 创成式 CAPP 系统不依赖于操作人员的知识、经验，不需人工干预，能保证相似零件工艺过程的高度相似性和相同零件工艺过程的高度一致性。

(2) 创成式 CAPP 系统能实现工艺过程合理化和优化，容易适应生产技术和生产方式的发展。

(3) 便于 CAD/CAM 的集成。

(4) 系统一切从零开始，对一些显而易见的工艺决策问题显得浪费计算机的时空资源，系统规模庞大，开发技术难度大。

11.2.3 半创成式 CAPP 系统

半创成式 CAPP 系统，又称为混合式、综合式 CAPP 系统。半创成式 CAPP 系统是将派生式 CAPP 系统与创成式 CAPP 系统相结合，利用这两种方法的优点，并克服各自的缺点。半创成式 CAPP 系统沿用派生式 CAPP 系统的检索编辑原理，在生成和编辑工序时却引入了创成式 CAPP 系统的决策逻辑。由于 CAPP 系统是面向企业的实用软件，所以，要建立完全创成式 CAPP 系统是很困难的，因此，半创成式 CAPP 系统是目前实用型 CAPP 系统的主要形式。

1. 半创成式 CAPP 系统的工作原理

半创成式 CAPP 系统综合了派生式 CAPP 系统与创成式 CAPP 系统的方法和原理，采取派生与自动决策相结合的方法生成工艺规程，如需对一个新零件进行工艺设计时，先通过计算机检索零件所属零件族的标准工艺，然后根据零件的具体情况，对标准工艺进行自动修改，工序设计则采用自动决策，进行机床、刀具、工装夹具以及切削用量的选择，输出所需的工艺文件。半创成式 CAPP 系统的工作原理如图 11.5 所示。半创成式 CAPP 系统兼顾了派生式 CAPP 系统与创成式 CAPP 系统两者的优点，克服了各自的不足，既具有系统的简洁性，又具有系统的快捷和灵活性，具有很强的实际应用性。

2. 半创成式 CAPP 系统的工艺生成方法

在 CAPP 的设计中，最为关键的是工艺文件的生成，由于该部分涉及面广，包括毛坯的设计、工序的设计(定位、夹紧、工序顺序安排、热处理安排等)、工序尺寸的计算、机床的选择、刀具及量具的确定等，因此，需要分别建立其相应的功能模块。其中关键部分是采用不同表面生成不同加工链方法，然后通过相关模块的逻辑判断，很好地解决工艺的生成。

1) 工艺路线决策

生成合理的工艺路线是 CAPP 系统的关键。半创成式 CAPP 系统工艺路线的生成是利用派生式原理，也就是按成组技术原理，对零件进行分类编码、划分零件族并编制标准工艺的。在生成具体零件工艺时，对检索的零件族标准工艺进行编辑修改，生成零件的工艺

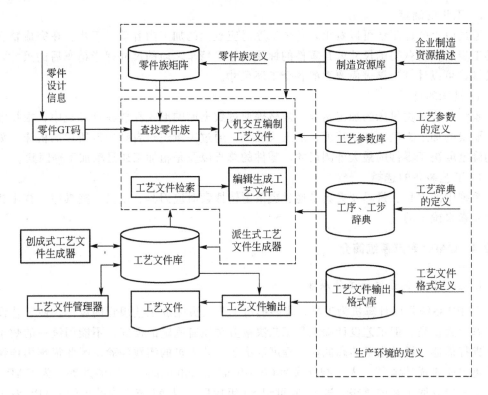

图 11.5 半创成式 CAPP 系统的工作原理图

路线,而工艺路线的编辑是依据零件 GT 码,并由工艺决策模型自动进行筛选的。

根据零件表面要素确定其加工链,加工链可描述为:在一定的工艺条件下,加工某特征表面,为达到预定的工艺要求所采用的加工路线(加工步骤)的字符串表达式。例如:加工精度等级为 IT7,表面粗糙度 Ra 为 $1.6\mu m$,最终热处理硬度小于 32HRC 的黑色金属材料的外圆柱面,如工艺路线为粗车外圆→半精车外圆→精车外圆,如果在系统中建立的工步代码中,12、24、43 分别代表粗车外圆、半精车外圆、精车外圆,则该圆柱面的加工路线可表示为 122443 数码串,也即加工链为 122443。通过将各特征表面加工方案转化为加工链,以便于计算机识别、推理。加工链决定了加工零件各特征表面的加工方法,可作为工艺编辑、工序内容(工步顺序和内容)的生成、工序尺寸的计算、切削参数计算、工时定额计算等的依据。对于加工链的确定,根据零件的加工精度、表面粗糙度、热处理情况、批量大小以及毛坯形式有不同的结果。

工艺路线决策模型是根据生成的零件特征表面加工链文件,对标准工艺文件的各主要工序进行匹配比较来编辑工艺,也就是根据输入的几何信息和工艺信息,生成零件各特征表面的加工链,再根据加工链对标准工艺进行编辑。编辑过程的原理如下:首先对标准工艺路线的主要加工工序进行搜索,把搜索到的主要工序与零件的加工链文件中的特征表面加工链的工序序列进行比较,如两者能对应,就保留该工序,否则就删除。例如,在工艺路线中检索到精车工序(工序代码为 43),该零件的加工链文件中存在一个加工链为 122443,说明加工链中有粗车、半精车、精车工序,在编辑工艺路线时要保留精车工序,反之则删除。

2）工步的确定

通过以上的加工链可以看出，各个工序对应表面的加工内容就是工步。在完成精车外圆的工步后，所获得的尺寸就是零件的标注尺寸，精车之前的尺寸即半精车后的尺寸，依次类推，可以计算出该表面要素的各个工序尺寸。

3）机床的选择

系统中将各类机床的加工精度、规格等通过数据库的形式存放在计算机中，根据零件表面要素的加工方法、加工精度、加工尺寸等，通过决策逻辑自动确定所用的机床。如车床的确定取决于零件的最大外圆尺寸、零件的总长以及是粗加工还是精加工等因素。

4）工艺装备的选择

系统中的刀具、量具及夹具是通过决策逻辑搜索对应刀具、量具、夹具库，找出相匹配的元素来确定的。

11.2.4 CAPP专家系统简介

1. CAPP专家系统的工作原理

CAPP系统是以计算机为工具，能够模仿工艺人员完成工艺规程的设计，使工艺设计的效率大大提高。但工艺设计知识和工艺决策方法没有固定的模式，不能用统一的数学模型来进行描述。设计水平的高低很大程度取决于工艺人员的实践经验，因此很难用传统的计算机程序来描述清楚。人工智能技术（Artificial Intelligence，AI）的发展，为CAPP的进一步发展开辟了新的道路。进入20世纪80年代后，以AI技术为基础的CAPP专家系统已成为制造业研究的主要课题之一，由于CAPP专家系统具有较大的灵活性以及处理不确定性和多义性的特点，因此CAPP专家系统克服了传统CAPP系统的缺点；同时，CAPP专家系统还具有对话能力和学习能力，使计算机能真正模拟工艺人员进行工艺设计。

CAPP专家系统与一般的CAPP系统的工作原理不同，两者在结构上也有很大差别，如图11.6所示。一般CAPP系统结构主要由两部分组成，即零件信息输入模块和工艺规程生成模块。其中工艺规程生成模块是CAPP系统的核心，它包括工艺设计知识和决策方法，而且这些知识都使用计算机能识别的程序语言编制在系统程序中。当输入零件的描述信息后，系统经过一系列的判断，调用相应的子程序或程序段，生成工艺规程。当使用环境有变化时，就必须修改系统程序。这对于用户来说是比较困难的，所以一般CAPP系统的适应性较差。

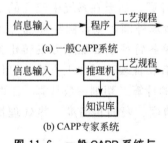

图11.6 一般CAPP系统与CAPP专家系统结构比较

CAPP专家系统由零件信息输入模块、知识库、推理机3部分组成，其工作原理如图11.7所示。其中知识库和推理机是相互独立的，CAPP专家系统不再像一般CAPP系统一样，在程序的运行中直接生成工艺规程，而是根据输入的零件信息频繁地去访问知识库，并通过推理机中的控制策略，从知识库中搜索能够处理零件当前状态的规则，然后执行这条规则，并把每一次执行的规则得到的结论部分按照先后顺序记录下来，直到零件加工达到一个终结状态，这个记录就是零件加工所要求的工艺规程。CAPP专家系统以知

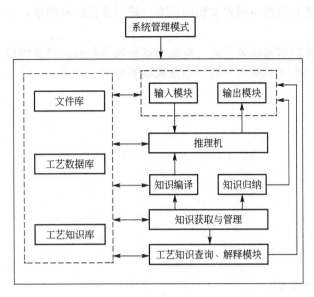

图 11.7 CAPP 专家系统的工作原理

识结构为基础,以推理机为控制中心,按数据、知识、控制 3 级结构来组织系统,并且知识库和推理机相互分离,这就增加了系统的灵活性。当生产环境变化时,可以通过修改知识库,加进新规则,使之适应新的要求,因而解决问题的能力大大加强。此外,CAPP 专家系统还包括解释部分,它负责对推理过程给出必要的解释,为用户了解推理过程、向系统学习工艺过程设计方法和系统维护提供了方便,使用户容易接受。

CAPP 专家系统能处理多义性和不确定的知识,可以在一定程度上达到模拟人脑进行工艺设计,使工艺设计中很多模糊问题得以解决。特别是对箱体、壳体等非回转类零件的工艺设计,由于它们结构形状复杂,加工工序多,工艺流程长,而且可能存在多种加工方案,其工艺设计的优劣主要取决于人的经验和智慧,因此采用一般原理设计的 CAPP 系统很难满足这些复杂零件的工艺设计要求。而 CAPP 专家系统能汇集众多工艺专家的知识和经验,并充分利用这些知识,进行逻辑推理,探索解决问题的途径和方法,因而能给出合理完善甚至最优的工艺决策。

2. CAPP 专家系统的知识表达及知识库的建立

工艺过程所用的知识可分为陈述性知识、过程性知识和控制性知识。对陈述性知识,可以采用框架表示法来表达,而对控制性知识,则融入推理机的各种控制策略中。以下主要讨论过程性知识的表达及其知识库的建立。

在一般的 CAPP 系统中,都把工艺设计各阶段所用的工艺知识归纳成工艺决策逻辑形式,并编制在系统程序中。而在 CAPP 专家系统中,则是单独地建立工艺知识库。工艺知识在 CAPP 专家系统中属于过程性知识,它包括选择工艺决策逻辑(如选择加工方法、工艺装备以及切削用量等)、排序决策逻辑(如安排工序顺序、确定工序中加工步骤等)和加工方法知识(如加工能力、表面处理要求等)。一般都采用产生式规则来表示决策知识,这是由于产生式规则与人的思维方式相近,为人们所熟悉,也比较直观,容易收集和组织工艺专家的知识;而且这种规则彼此之间完全独立,容易适应各种情况,也容易检验、维护和扩充；另外，它还有描述不确定知识的能力，易于连接解释功能，从而使知识库更适合于解决实际问题。

产生式规则是将领域知识表示成一组或多组规则的集合，每条规则由一组条件和一组结论两部分组成。产生式规则的一般表达方式如下所示。

  IF<条件 1>
  AND/OR<条件 2>
    ⋮
  AND/OR<条件 n>
  THEN<结论 1>
  AND<结论 2>
    ⋮
  AND<结论 n>

例如：

  IF 加工表面为淬火金属孔
  AND 直径 D>12
  AND 精度等级 IT7～IT8
  AND 表面粗糙度 Ra0.6～0.08μm
  THEN 推荐采用精磨
  AND 要求预加工表面精度 IT10,表面粗糙度 Ra0.32μm

一般可以通过到生产厂家实际考察，调查研究，征求工艺专家的意见，阅读工艺书籍、工艺手册以及有关文献资料来收集工艺知识，再经过归纳、整理后，选择合适的表达形式，建立相应的工艺知识库。工艺知识库是一个完整的规则集，可以包括若干个规则子集，如加工方法规则集、工艺路线规则集、毛坯选择规则集、切削用量选择规则集、机床选择规则集等。

3. 推理机的控制策略

推理机是 CAPP 专家系统的控制结构，它规定了如何从知识库中选用适当的规则来进行工艺规程设计，只有在一定的控制策略下，规则才被启用。为了能在较短的时间内搜索到能启用的规则，一般都采用分阶段或分级推理的方法，也就是把工艺规程的设计划分为若干个子任务，如毛坯的选择、加工方法的选择、工艺路线的制定、工序设计、工序尺寸计算、切削用量计算以及加工费用计算等。有些子任务下面还可分为更小的子任务。知识库中的规则可按照各自所适用的子任务进行分组，按类存储。如加工方法选择的规则，还可进一步分成内、外圆柱面加工，内、外圆锥面加工，内、外螺纹加工，内、外花键加工，内、外圆柱齿轮加工等加工规则子集。要执行哪一个子任务，则相应地调用适合子任务的规则子集。使用这种分级推理方法，可以使内存需求少，搜索效率高，知识组织的条理性好，而且由于规则子集的范围很小，因此可以很快地求出问题的解答。

在 CAPP 专家系统中，一般都采用逆向搜索的方法，即从零件加工的最终状态开始，反向逐步选择合适的加工方法，直至选出无须预加工的毛坯状态为止，从而确定出加工计划。具体做法是：推理机根据用户提出的零件设计要求选用适当的规则，确定出能满足零件设计要求的最终加工方法和加工参数,并且给出这种方法所需的预加工零件状态,修改动态数据库,把预加工的零件状态作为新的要求再选用适当的规则,确定适当的加工方法和加工参数。这是一个递归过程,直到所确定的加工方法不再需要预加工为止。这时也就推出了零件所需的毛坯,由于这种推理方法是以零件的最终状态,即零件设计图样作为起始点,它在一开始就是确定的,而从已知要求出发进行选择,推理比较自然,也容易给定各级中间状态(每次加工所需的预加工要求),不会走弯路。采用这种方法设计工艺过程,容易满足最终目标要求,从而能保证零件的加工质量。

11.3 CAPP 技术发展趋势

随着 CAD、CAPP、CAM 单元技术的日益成熟,同时又由于 CIMS 及 MIS 的提出和发展、企业信息化建设的不断深入,促使 CAPP 向智能化、集成化和实用化方向发展。

1. 智能化

无论从理论研究,还是实际应用上讲,CAPP 技术的智能化研究对当今 CAPP 所取得的成绩功不可没。CAPP 的智能化,指的是人工智能(AI)技术和专家系统(ES)技术在 CAPP 中的应用,以"推理+知识"为特征,包括知识库和推理机。其中,知识库是由零件设计信息和表达工艺决策的规划集组成,而推理机是根据当前事实,通过激活知识库的规划集得到工艺设计结果。

工艺设计是一个典型的复杂工程问题,在很大程度上依赖于具体制造资源和设计者的经验和技巧。专家系统技术可以灵活和有效地处理工艺决策和专家知识。专家系统采用独立的知识库,使知识的扩充和修改与程序无关,所以 CAPP 系统可以灵活地适应各种具体场合,扩充系统的功能。模糊理论和人工神经网络技术在 CAPP 中的应用正受到越来越多的重视,它们与专家系统的有机结合,使得 CAPP 系统更具柔性,能处理更为复杂的工艺过程设计问题。

2. 集成化

随着企业信息化建设的不断深入,各种单元系统在企业均得到很好的应用,如 CAD、CAM、CAE、MIS、PDM、ERP 等,但各单元系统之间的信息得不到充分利用,甚至很多信息需要重新输入,这是企业所不能接受的。尤其 CAPP 在整个信息中起到桥梁作用(CAPP 是 CAD 和 CAM 或 ERP 的桥梁),是 CIMS 各子系统信息的汇集处,是实现 CAD/CAM 真正集成的关键环节,所以集成 CAPP 系统是发展的必然趋势。在并行工程思想的指导下实现 CAD/CAPP/CAM 的全面集成,进一步发挥 CAPP 在整个生产活动中的信息中枢和功能调节作用,这包括与产品设计实现双向的信息交换与传送、与生产计划调度系统实现有效集成、与质量控制系统建立内在联系。CAPP 集成化的基础是 CAPP 的信息集成,开放式结构、分布式网络和数据库系统是 CAPP 集成化应用的支撑环境。集成化 CAPP 的研究主要包括两个方面。

(1) CAD/CAPP 的集成。这种集成主要是系统信息的集成,它是克服 CAPP 系统信息输入困难的根本途径,也是 CAD/CAPP/CAM 集成成败的关键。

(2) CAPP/PPS 的集成。这种集成主要是系统功能的集成,其实现方法主要有非线性工艺规划、动态工艺规划和准时工艺规划等，其实质就是根据制造系统底层的状态以及提供的信息生成适应性最优的工艺规程。

3. 工具化

为了能使 CAPP 系统在企业中有更好的推广应用，CAPP 系统应提供更好的开发模式。传统专用型 CAPP 系统虽然针对性强，但由于开发周期长、缺乏商品化的标准模块、适应性差，很难适应企业的产品类型、工艺方法和制造环境的发展和变化。而应用面广、适应性强的平台型(工具式)CAPP 系统，已经成为开发和应用的趋势。平台型 CAPP 系统把系统的功能分解成一个个相对独立的工具，用户可以通过友好的用户界面根据本企业的情况输入数据和知识，针对不同的应用环境，形成面向特定制造环境和工艺习惯的具体的 CAPP 系统。通常也可以将开发平台提供给用户，使用户可以进行 CAPP 系统的二次开发，在开发平台上构造符合用户需要的 CAPP 系统。从理论上讲，它可以适应各种应用环境，具有较好的通用性和柔性；而且由于其还具有二次开发能力，能适应企业内部发生的较大的变化。

4. 并行化

并行 CAPP 是以并行设计理论为指导、在集成化和智能化的基础之上进一步发展起来的。并行设计是并行工程(CE)的核心内容，在传统的串行模式中，工艺设计按照一个固定的串行次序来进行。它完全根据设计之后的零件信息生成工艺规程，一旦在制造中发现产品设计或工艺设计上的缺陷，就必须重新返回来修改设计和工艺，这是一个设计上的"大循环"。而在并行设计模式中，工艺设计的各个子过程是并行工作的，它强调在产品设计的同时，考虑与制造相关的各种因素，尽早发现设计中存在的与制造相关的问题，一旦发现问题便及时反馈，以保证产品的可制造性。这样就可通过一个个串行的多次"小循环"来避免产生"大循环"，在不断的小循环中达到并行的效果，这正是并行设计的实质。

5. 网络化

迅速发展的 Internet 技术给 CAPP 的应用领域带来了新的活力，网络化 CAPP 正是在这种环境下提出来的，它着重强调的是数据交换和资源共享。随着计算机集成制造系统、敏捷制造和虚拟制造等新模式的出现，现代企业已越来越趋向于群体化、协作化和国际化。因此，建立开放式和分布式的 CAPP 系统体系结构、支持动态工艺设计的数据模型、支持开发工具的功能抽象方法和信息抽象方法、统一数据结构以及协同决策机制和评价体系、规范、方法等方面的研究，已成为 CAPP 技术发展的主流趋势。

6. 人机一体化

所谓人机一体化就是指在人与计算机组成的系统中，采取以人为中心、人机一体的技术路线，人与计算机平等合作，各自完成自己最擅长的工作。人类智能与人工智能相互补充，以合理的代价实现较高的智能，进而达到甚至超过人的能力。人机一体化 CAPP 系统就是基于"以人为中心的人机一体化"的思想，将人工智能和人类智能结合起来，由此开发 CAPP 系统。

复习思考题

11-1 简要分析 CAPP 系统的基本组成和功能。

11-2 简述 CAPP 系统的工作原理。

11-3 简要说明 CAPP 的作用与意义。

11-4 派生式 CAPP 系统和创成式 CAPP 系统的工作原理、主要特点有何不同?

11-5 CAPP 专家系统和一般的 CAPP 系统的工作原理有何不同?

11-6 简述 CAPP 技术的发展趋势。

参 考 文 献

[1] 张根保. 自动化制造系统 [M]. 北京：机械工业出版社，2006.
[2] 赵东福. 自动化制造系统 [M]. 北京：机械工业出版社，2004.
[3] 刘治华，李志农，刘本学. 机械制造自动化技术 [M]. 郑州：郑州大学出版社，2009.
[4] 周骥平，林岗. 机械制造自动化技术 [M]. 2版. 北京：机械工业出版社，2009.
[5] 卢泽生. 制造系统自动化技术 [M]. 哈尔滨：哈尔滨工业大学出版社，2010.
[6] 全燕鸣. 机械制造自动化 [M]. 广州：华南理工大学出版社，2010.
[7] 龙伟. 生产自动化 [M]. 北京：科学出版社，2011.
[8] （美）Amirouche F. 计算机辅助设计与制造 [M]. 崔洪斌，译. 北京：清华大学出版社，2006.
[9] 苏春. 数字化设计与制造 [M]. 北京：机械工业出版社，2006.
[10] 殷国富. 机械 CAD/CAM 技术基础 [M]. 武汉：华中科技大学出版社，2010.
[11] 王先逵. 计算机辅助设计与制造 [M]. 北京：清华大学出版社，2008.
[12] 张胜文，赵良才. 计算机辅助工艺设计——CAPP 系统设计 [M]. 北京：机械工业出版社，2005.
[13] 李伟，魏国丰. 数控技术 [M]. 北京：中国电力出版社，2011.
[14] 傅卫平，原大宁. 现代物流系统工程与技术 [M]. 北京：机械工业出版社，2007.
[15] （美）杰弗里·布斯罗伊德. 装配自动化与产品设计 [M]. 2版. 熊永家，等译. 北京：机械工业出版社，2009.
[16] 刘德忠，费仁元，Stefan Hesse. 装配自动化 [M]. 2版. 北京：机械工业出版社，2011.
[17] 王建国，刘彦臣. 检测技术及仪表 [M]. 北京：中国电力出版社，2010.
[18] 张志君，于海晨，宋彤. 现代检测与控制技术 [M]. 北京：化学工业出版社，2007.
[19] 施文康，余晓芬. 检测技术 [M]. 2版. 北京：机械工业出版社，2007.
[20] 范狄庆，杜向阳. 现代装备传输系统 [M]. 北京：清华大学出版社，2010.
[21] 田奇. 仓储物流机械与设备 [M]. 北京：机械工业出版社，2008.
[22] 刘延林. 柔性制造自动化概论 [M]. 2版. 武汉：华中科技大学出版社，2009.
[23] 李培根. 制造系统性能分析建模——理论与方法 [M]. 北京：清华大学出版社，2004.
[24] 孙小明. 生产系统建模与仿真 [M]. 上海：上海交通大学出版社，2006.
[25] Villania Emilia, Pascal Jean C, Miyagi Paulo E, et al. A Petri net – based object – oriented approach for the modeling of hybrid productive systems [J]. Nonlinear Analy, 2005, 62(2): 1394 – 1418.
[26] 苏春，王圣金，许映秋. 复杂系统动态可靠性建模及其数值仿真研究 [J]. 机械设计，2007，24(2): 4 – 6.

北京大学出版社教材书目

❖ 欢迎访问教学服务网站 www.pup6.com，免费查阅已出版教材的电子书(PDF 版)、电子课件和相关教学资源。
❖ 欢迎征订投稿。联系方式：010-62750667，童编辑，13426433315@163.com，pup_6@163.com，欢迎联系。

序号	书　名	标准书号	主　编	定价	出版日期
1	机械设计	978-7-5038-4448-5	郑　江，许　瑛	33	2007.8
2	机械设计	978-7-301-15699-5	吕　宏	32	2013.1
3	机械设计	978-7-301-17599-6	门艳忠	40	2010.8
4	机械设计	978-7-301-21139-7	王贤民，霍仕武	49	2014.1
5	机械设计	978-7-301-21742-9	师素娟，张秀花	48	2012.12
6	机械原理	978-7-301-11488-9	常治斌，张京辉	29	2008.6
7	机械原理	978-7-301-15425-0	王跃进	26	2013.9
8	机械原理	978-7-301-19088-3	郭宏亮，孙志宏	36	2011.6
9	机械原理	978-7-301-19429-4	杨松华	34	2011.8
10	机械设计基础	978-7-5038-4444-2	曲玉峰，关晓平	27	2008.1
11	机械设计基础	978-7-301-22011-5	苗淑杰，刘喜平	49	2013.6
12	机械设计基础	978-7-301-22957-6	朱　玉	38	2013.8
13	机械设计课程设计	978-7-301-12357-7	许　瑛	35	2012.7
14	机械设计课程设计	978-7-301-18894-1	王　慧，吕　宏	30	2014.1
15	机械设计辅导与习题解答	978-7-301-23291-0	王　慧，吕　宏	26	2014.1
16	机械原理、机械设计学习指导与综合强化	978-7-301-23195-1	张占国	63	2014.1
17	机电一体化课程设计指导书	978-7-301-19736-3	王金娥，罗生梅	35	2013.5
18	机械工程专业毕业设计指导书	978-7-301-18805-7	张黎骅，吕小荣	22	2012.5
19	机械创新设计	978-7-301-12403-1	丛晓霞	32	2012.8
20	机械系统设计	978-7-301-20847-2	孙月华	32	2012.7
21	机械设计基础实验及机构创新设计	978-7-301-20653-9	邹旻	28	2014.1
22	TRIZ 理论机械创新设计工程训练教程	978-7-301-18945-0	蒯苏苏，马履中	45	2011.6
23	TRIZ 理论及应用	978-7-301-19390-7	刘训涛，曹　贺等	35	2013.7
24	创新的方法——TRIZ 理论概述	978-7-301-19453-9	沈萌红	28	2011.9
25	机械工程基础	978-7-301-21853-2	潘玉良，周建军	34	2013.2
26	机械 CAD 基础	978-7-301-20023-0	徐云杰	34	2012.2
27	AutoCAD 工程制图	978-7-5038-4446-9	杨巧绒，张克义	20	2011.4
28	AutoCAD 工程制图	978-7-301-21419-0	刘善淑，胡爱萍	38	2013.4
29	工程制图	978-7-5038-4442-6	戴立玲，杨世平	27	2012.2
30	工程制图	978-7-301-19428-7	孙晓娟，徐丽娟	30	2012.5
31	工程制图习题集	978-7-5038-4443-4	杨世平，戴立玲	20	2008.1
32	机械制图(机类)	978-7-301-12171-9	张绍群，孙晓娟	32	2009.1
33	机械制图习题集(机类)	978-7-301-12172-6	张绍群，王慧敏	29	2007.8
34	机械制图(第 2 版)	978-7-301-19332-7	孙晓娟，王慧敏	38	2014.1
35	机械制图	978-7-301-21480-0	李凤云，张　凯等	36	2013.1
36	机械制图习题集(第 2 版)	978-7-301-19370-7	孙晓娟，王慧敏	22	2011.8
37	机械制图	978-7-301-21138-0	张　艳，杨晨升	37	2012.8
38	机械制图习题集	978-7-301-21339-1	张　艳，杨晨升	24	2012.10
39	机械制图	978-7-301-22896-8	臧福伦，杨晓冬等	60	2013.8
40	机械制图与 AutoCAD 基础教程	978-7-301-13122-0	张爱梅	35	2013.1
41	机械制图与 AutoCAD 基础教程习题集	978-7-301-13120-6	鲁　杰，张爱梅	22	2013.1
42	AutoCAD 2008 工程绘图	978-7-301-14478-7	赵润平，宗荣珍	35	2009.1
43	AutoCAD 实例绘图教程	978-7-301-20764-2	李庆华，刘晓杰	32	2012.6
44	工程制图案例教程	978-7-301-15369-7	宗荣珍	28	2009.6
45	工程制图案例教程习题集	978-7-301-15285-0	宗荣珍	24	2009.6
46	理论力学（第 2 版）	978-7-301-23125-8	盛冬发，刘　军	38	2013.9
47	材料力学	978-7-301-14462-6	陈忠安，王　静	30	2013.4
48	工程力学(上册)	978-7-301-11487-2	毕勤胜，李纪刚	29	2008.6
49	工程力学(下册)	978-7-301-11565-7	毕勤胜，李纪刚	28	2008.6

50	液压传动（第2版）	978-7-301-19507-9	王守城，容一鸣	38	2013.7
51	液压与气压传动	978-7-301-13179-4	王守城，容一鸣	32	2013.7
52	液压与液力传动	978-7-301-17579-8	周长城等	34	2011.11
53	液压传动与控制实用技术	978-7-301-15647-6	刘 忠	36	2009.8
54	金工实习指导教程	978-7-301-21885-3	周哲波	30	2014.1
55	金工实习(第2版)	978-7-301-16558-4	郭永环，姜银方	30	2013.2
56	机械制造基础实习教程	978-7-301-15848-7	邱 兵，杨明金	34	2010.2
57	公差与测量技术	978-7-301-15455-7	孔晓玲	25	2012.9
58	互换性与测量技术基础(第2版)	978-7-301-17567-5	王长春	28	2014.1
59	互换性与技术测量	978-7-301-20848-9	周哲波	35	2012.6
60	机械制造技术基础	978-7-301-14474-9	张 鹏，孙有亮	28	2011.6
61	机械制造技术基础	978-7-301-16284-2	侯书林 张建国	32	2012.8
62	机械制造技术基础	978-7-301-22010-8	李菊丽，何绍华	42	2014.1
63	先进制造技术基础	978-7-301-15499-1	冯宪章	30	2011.11
64	先进制造技术	978-7-301-22283-6	朱 林，杨春杰	30	2013.4
65	先进制造技术	978-7-301-20914-1	刘 璇，冯 凭	28	2012.8
66	先进制造与工程仿真技术	978-7-301-22541-7	李 彬	35	2013.5
67	机械精度设计与测量技术	978-7-301-13580-8	于 峰	25	2013.7
68	机械制造工艺学	978-7-301-13758-1	郭艳玲，李彦蓉	30	2008.8
69	机械制造工艺学	978-7-301-17403-6	陈红霞	38	2010.7
70	机械制造工艺学	978-7-301-19903-9	周哲波，姜志明	49	2012.1
71	机械制造基础(上)——工程材料及热加工工艺基础(第2版)	978-7-301-18474-5	侯书林，朱 海	40	2013.2
72	机械制造基础(下)——机械加工工艺基础(第2版)	978-7-301-18638-1	侯书林，朱 海	32	2012.5
73	金属材料及工艺	978-7-301-19522-2	于文强	44	2013.2
74	金属工艺学	978-7-301-21082-6	侯书林，于文强	32	2012.8
75	工程材料及其成形技术基础（第2版）	978-7-301-22367-3	申荣华	58	2013.5
76	工程材料及其成形技术基础学习指导与习题详解	978-7-301-14972-0	申荣华	20	2013.1
77	机械工程材料及成形基础	978-7-301-15433-5	侯俊英，王兴源	30	2012.5
78	机械工程材料（第2版）	978-7-301-22552-3	戈晓岚，招玉春	36	2013.6
79	机械工程材料	978-7-301-18522-3	张铁军	36	2012.5
80	工程材料与机械制造基础	978-7-301-15899-9	苏子林	32	2011.5
81	控制工程基础	978-7-301-12169-6	杨振中，韩致信	29	2007.8
82	机械工程控制基础	978-7-301-12354-6	韩致信	25	2008.1
83	机电工程专业英语(第2版)	978-7-301-16518-8	朱 林	24	2013.7
84	机械制造专业英语	978-7-301-21319-3	王中任	28	2012.10
85	机械工程专业英语	978-7-301-23173-9	余兴波，姜 波等	30	2013.9
86	机床电气控制技术	978-7-5038-4433-7	张万奎	26	2007.9
87	机床数控技术(第2版)	978-7-301-16519-5	杜国臣，王士军	35	2014.1
88	自动化制造系统	978-7-301-21026-0	辛宗生，魏国丰	48	2014.1
89	数控机床与编程	978-7-301-15900-2	张洪江，侯书林	25	2012.10
90	数控铣床编程与操作	978-7-301-21347-6	王志斌	35	2012.10
91	数控技术	978-7-301-21144-1	吴瑞明	28	2012.9
92	数控技术	978-7-301-22073-3	唐友亮 余 勃	45	2014.1
93	数控技术及应用	978-7-301-23262-0	刘 军	49	2013.10
94	数控加工技术	978-7-5038-4450-7	王 彪，张 兰	29	2011.7
95	数控加工与编程技术	978-7-301-18475-2	李体仁	34	2012.5
96	数控编程与加工实习教程	978-7-301-17387-9	张春雨，于 雷	37	2011.9
97	数控加工技术及实训	978-7-301-19508-6	姜永成，夏广岚	33	2011.9
98	数控编程与操作	978-7-301-20903-5	李英平	26	2012.8
99	现代数控机床调试及维护	978-7-301-18033-4	邓三鹏等	32	2010.11
100	金属切削原理与刀具	978-7-5038-4447-7	陈锡渠，彭晓南	29	2012.5
101	金属切削机床	978-7-301-13180-0	夏广岚，冯 凭	28	2012.7
102	典型零件工艺设计	978-7-301-21013-0	白海清	34	2012.8

103	工程机械检测与维修	978-7-301-21185-4	卢彦群	45	2012.9
104	特种加工	978-7-301-21447-3	刘志东	50	2014.1
105	精密与特种加工技术	978-7-301-12167-2	袁根福，祝锡晶	29	2011.12
106	逆向建模技术与产品创新设计	978-7-301-15670-4	张学昌	28	2013.1
107	CAD/CAM 技术基础	978-7-301-17742-6	刘 军	28	2012.5
108	CAD/CAM 技术案例教程	978-7-301-17732-7	汤修映	42	2010.9
109	Pro/ENGINEER Wildfire 2.0 实用教程	978-7-5038-4437-X	黄卫东，任国栋	32	2007.7
110	Pro/ENGINEER Wildfire 3.0 实例教程	978-7-301-12359-1	张选民	45	2008.2
111	Pro/ENGINEER Wildfire 3.0 曲面设计实例教程	978-7-301-13182-4	张选民	45	2008.2
112	Pro/ENGINEER Wildfire 5.0 实用教程	978-7-301-16841-7	黄卫东，郝用兴	43	2011.10
113	Pro/ENGINEER Wildfire 5.0 实例教程	978-7-301-20133-6	张选民，徐超辉	52	2012.2
114	SolidWorks 三维建模及实例教程	978-7-301-15149-5	上官林建	30	2012.8
115	UG NX6.0 计算机辅助设计与制造实用教程	978-7-301-14449-7	张黎骅，吕小荣	26	2011.11
116	CATIA 实例应用教程	978-7-301-23037-4	于志新	45	2013.8
117	Cimatron E9.0 产品设计与数控自动编程技术	978-7-301-17802-7	孙树峰	36	2010.9
118	Mastercam 数控加工案例教程	978-7-301-19315-0	刘 文，姜永梅	45	2011.8
119	应用创造学	978-7-301-17533-0	王成军，沈豫浙	26	2012.5
120	机电产品学	978-7-301-15579-0	张亮峰等	24	2013.5
121	品质工程学基础	978-7-301-16745-8	丁 燕	30	2011.5
122	设计心理学	978-7-301-11567-1	张成忠	48	2011.6
123	计算机辅助设计与制造	978-7-5038-4439-6	仲梁维，张国全	29	2007.9
124	产品造型计算机辅助设计	978-7-5038-4474-4	张慧姝，刘永翔	27	2006.8
125	产品设计原理	978-7-301-12355-3	刘美华	30	2008.2
126	产品设计表现技法	978-7-301-15434-2	张慧姝	42	2012.5
127	CorelDRAW X5 经典案例教程解析	978-7-301-21950-8	杜秋磊	40	2013.1
128	产品创意设计	978-7-301-17977-2	虞世鸣	38	2012.5
129	工业产品造型设计	978-7-301-18313-7	袁涛	39	2011.1
130	化工工艺学	978-7-301-15283-6	邓建强	42	2013.7
131	构成设计	978-7-301-21466-4	袁涛	58	2013.1
132	过程装备机械基础（第 2 版）	978-301-22627-8	于新奇	38	2013.7
133	过程装备测试技术	978-7-301-17290-2	王毅	45	2010.6
134	过程控制装置及系统设计	978-7-301-17635-1	张早校	30	2010.8
135	质量管理与工程	978-7-301-15643-8	陈宝江	34	2009.8
136	质量管理统计技术	978-7-301-16465-5	周友苏，杨 飒	30	2010.1
137	人因工程	978-7-301-19291-7	马如宏	39	2011.8
138	工程系统概论——系统论在工程技术中的应用	978-7-301-17142-4	黄志坚	32	2010.6
139	测试技术基础(第 2 版)	978-7-301-16530-0	江征风	30	2014.1
140	测试技术实验教程	978-7-301-13489-4	封士彩	22	2008.8
141	测试技术学习指导与习题详解	978-7-301-14457-2	封士彩	34	2009.3
142	可编程控制器原理与应用(第 2 版)	978-7-301-16922-3	赵 燕，周新建	33	2011.11
143	工程光学	978-7-301-15629-2	王红敏	28	2012.5
144	精密机械设计	978-7-301-16947-6	田 明，冯进良等	38	2011.9
145	传感器原理及应用	978-7-301-16503-4	赵 燕	35	2014.1
146	测控技术与仪器专业导论	978-7-301-17200-1	陈毅静	29	2013.6
147	现代测试技术	978-7-301-19316-7	陈科山，王燕	43	2011.8
148	风力发电原理	978-7-301-19631-1	吴双群，赵丹平	33	2011.10
149	风力机空气动力学	978-7-301-19555-0	吴双群	32	2011.10
150	风力机设计理论及方法	978-7-301-20006-3	赵丹平	32	2012.1
151	计算机辅助工程	978-7-301-22977-4	许承东	38	2013.8

如您需要免费纸质样书用于教学，欢迎登陆第六事业部门户网(www.pup6.com)填表申请，并欢迎在线登记选题以到北京大学出版社来出版您的大作，也可下载相关表格填写后发到我们的邮箱，我们将及时与您取得联系并做好全方位的服务。